电力生产知识

（第三版）

柏学恭　主编

中国电力出版社
CHINA ELECTRIC POWER PRESS

内 容 提 要

《中华人民共和国职业技能鉴定规范・电力行业》要求，电力行业各工种人员应熟悉电力生产知识，为此修订编写了《电力生产知识》这本教材，本书为第三版。本教材重点突出、层次分明、深入浅出、易教易学、图文并茂。全书共分八章：第一章对电力生产过程、电力市场及电力改革的内容进行了概述；第二～四章分别介绍了火力、水力、核能等发电生产过程；第五～七章介绍了电能的输送与配用电网的组成及电力系统；第八章介绍了部分电力企业生产指标。

本教材除作为电力行业各工种的职工培训使用外，还可作为电力行业非生产人员了解电力生产过程学习之用，同时还可作为刚进入电力行业工作的复转军人、职工的培训教学教材，也可作为通俗读物供广大的读者阅读。

图书在版编目（CIP）数据

电力生产知识 / 柏学恭主编. —3 版. —北京：中国电力出版社，2020.6（2024.10重印）
ISBN 978-7-5198-4463-9

Ⅰ. ①电… Ⅱ. ①柏… Ⅲ. ①电力工业–技术培训–教材 Ⅳ. ①TM6

中国版本图书馆 CIP 数据核字（2020）第 041785 号

出版发行：中国电力出版社
地　　址：北京市东城区北京站西街 19 号（邮政编码 100005）
网　　址：http://www.cepp.sgcc.com.cn
责任编辑：刘　薇（010-63412357）
责任校对：黄　蓓　常燕昆
装帧设计：张俊霞
责任印制：石　雷

印　　刷：三河市百盛印装有限公司
版　　次：1994 年 12 月第一版　2020 年 6 月第三版
印　　次：2024 年 10 月北京第二十五次印刷
开　　本：710 毫米×1000 毫米　16 开本
印　　张：17.5
字　　数：328 千字
印　　数：3001—4000 册
定　　价：68.00 元

努力搞好教材建設
為提高電業職工
素質服務

史大楨
一九九三年十月

出 版 说 明

《全国电力工人公用类培训教材》自1994年出版以来，已用于电力行业工人培训10余年，得到了广大电力工人和培训教师的一致好评。为提高电力职工素质、使电力职工达到相应岗位的技术要求奠定了基础。

近年来，随着国家职业技能标准体系的完善，《中华人民共和国职业技能鉴定规范·电力行业》已在电力行业正式实施。随着电力工业的高速发展，电力行业的职业技能标准水平已有明显提高，为满足职业技能鉴定规范对电力行业各有关工种鉴定内容中共性和通用部分的要求，我们对《全国电力工人公用类培训教材》重新组织了编写出版。本次编写出版的原则是：以《中华人民共和国职业技能鉴定规范·电力行业》为依据，以满足电力行业对从业技术工人基本知识结构的要求为目标，兼顾提高电力从业人员的综合素质。本次编写出版的教材共14种，即：

电力工人职业道德与法律常识	应用机械基础（第二版）
电力生产知识（第二版）	应用力学基础（第二版）
电力安全知识（第二版）	应用水力学基础（第二版）
应用电工基础（第二版）	实用热工基础
应用电子技术基础（第二版）	应用计算机基础
电力工程识绘图	电力工程常用材料（第二版）
应用钳工基础（第二版）	电力市场营销基础

本教材此次编写出版得到了以上各册新老作者的大力支持，在此表示由衷的感谢！同时，欢迎使用本教材的广大师生和读者对其不足之处批评指正。

中国电力出版社

2004.6

前　言

《电力工人技术等级标准》《中华人民共和国职业技能鉴定规范·电力行业》要求电力行业各工种人员熟悉电力生产知识，与此同时，国家和国务院环保政策与标准的与时俱进与提高，也对电力企业提出了更高的要求，为此我们对《电力生产知识》（第二版）进行了修订。此次修订后的第三版教材将继续秉承原教材重点突出、层次分明、深入浅出、易教易学、图文并茂等特点，立足新知识、新技术、新设备等，对原教材中不适应现阶段职工培训教育的内容进行了更新与调整，同时扩充了电力环保方面的新内容，并对教材内容的编排进行了微调，以适应电力生产发展与职工培训的需要。

全书共分八章。第一章电力生产综述中增加了一节内容——电力环境保护，同时对第一节中的风力发电、太阳能发电和生物质能发电内容部分进行了完善和补充。第二章为火力发电厂部分，对内容编排进行了较大的调整：增加火力发电厂类型并编为第一节，将原燃料运输与供水、水处理、除尘与除灰等内容和新增加的烟气脱硫、脱硝及废水处理内容一起合在第五节火电厂的辅助生产系统中，简化了章节，突出了重点，第四节信息量很大，将现代电力生产和环保要求结合得非常紧密，这也是这次修订的一个亮点。第三章为水力发电部分，增加了微机调速器内容，并对辅助设备内容进行了完善。第四章为核能发电部分，对图文进行了一定的更新。第五章为发电厂、变电站电气部分，对相关内容进行了更新。第六章为电力线路，根据已发展的新技术，对特高压交、直流输送线路和设备相关内容进行了修订。第七章为电力系统，近几年电力系统及其自动化发展迅速，相应的技术更新也快，故本章的新技术、新知识内容更新较多。第八章为电力生产指标简介，期望读者通过本章的学习能够对电力企业生产过程的安全与经济效益的考核、经营及管理有一定的了解。

本教材除作为电力行业各工种的职业培训使用外，还可作为电力行业非生产人员了解电力生产过程学习之用，同时还可作为刚进入电力行业工作的复转军人、职工的培训教学教材，也可作为通俗读物供广大读者阅读。

本书由国网山西电力公司技能培训中心暨大同电力高级技工学校柏学恭主编，并编写第一章、第三章第一、二、三、五节；任永红编写第二章第一、二节，第四章；韩云编写第二章第三、四、六节，第三章第四、六节，第七章第三、四节；于雨编写第五、六章，第七章第一、二节；内蒙古京宁热电有限责任公司许丽华编写第二章第五节，第八章。

本书在编写过程中得到了部分电力企业及同行们的关心和支持，在此表示衷心的感谢。由于编者水平有限，加之时间仓促，书中难免存在错误或不妥之处，敬请各单位和广大读者批评指正。

编　者

2019 年 12 月

第二版前言

《中华人民共和国职业技能鉴定规范·电力行业》中要求，电力行业各工种人员应熟悉电力生产知识，为此修订编写了《电力生产知识》这本教材。新教材在保持原教材重点突出、层次分明、深入浅出、易教易学、图文并茂等特点的基础上，用新设备、新知识对有关部分内容进行了更新，并增加了一些新概念、新内容，同时在教材内容组织与编排上也作了相应的调整，以适应电力生产不断发展与职工培训的需要。本书共分八章，第一章对电力生产过程进行了概述，并编入了电力市场及电力改革的内容。第二至第四章分别介绍了火力、水力、核能等发电生产过程，第五至第七章介绍了电能的输变电与电力线路的组成及电力系统，第八章介绍了部分电力企业生产指标。

本教材除作为电力行业各工种的职工培训使用外，还可作为电力行业非生产人员了解电力生产过程学习之用，同时还可作为刚进入电力行业工作的复转军人、职工的培训教学教材，也可作为通俗读物供广大的读者阅读。

本书由大同电力高级技工学校柏学恭主编，并编写第一章、第三章第一、二、三、四、六节；任永红编写第二章第一、二节，第四章；韩云编写第二章第三、八节，第三章第七节；于雨编写第二章第四节，第三章第五节，第五、六、七章；山西大同热电有限责任公司许丽华编写第二章第五、六、七节，第八章。全书由大同电力高级技工学校张文芳主审，周振民、相改霞审稿。

本书在编写过程中得到了部分发电企业及同行们的关心和支持，在此表示衷心的感谢。由于编者水平有限，加之时间仓促，书中难免存在错误或不妥之处，敬请各单位和广大读者批评指正。

编　者

2004年4月

目　录

电 力 生 产 综 述

电能是由一次能源转化而来的二次能源。一次能源又叫自然能源，它是以自然形态存在于自然界中的，是直接来源于自然界而未经人们加工转换的能源。如石油、煤炭、天然气、水力、原子能、风能、地热能、海洋能、太阳能等都是一次能源。一次能源通过不同的生产过程转化而成的能源称为二次能源。如电能、汽油、柴油、焦炭、煤气、蒸汽等均为二次能源。

电能是优质的二次能源，它可方便地转换为社会所需要的各种形式的能，如机械能、光能、磁能、化学能等，而且转换效率高；它容易控制，无污染；以电能作为动力，可有效地提高各行各业生产的自动化水平，促进技术进步，从而提高劳动生产率，改善劳动者的工作环境和工作条件；它在提高人民的物质文化生活水平方面同样起着非常重要的作用。世界各国都把电力工业的发展规模和电能消耗量占总能源消耗的比例作为衡量一个国家现代化水平的一个标志。人类可以将那些不宜或不便于直接利用的一次能源，尤其是绿色环保型能源（如水力、风、太阳能、核能等），转换成电能而得到充分利用。

电力工业是国民经济发展的基础工业，截至 2018 年底，我国全口径发电装机容量 19.0 亿 kW，同比增长 6.5%，其中水电装机 3.5 亿 kW、火电 11.4 亿 kW、核电 4466 万 kW、并网风电 1.8 亿 kW、并网太阳能发电 1.7 亿 kW。水电、风电、太阳能发电等单项装机容量高居世界之首。我国电网规模持续扩张，稳居世界第一大电网之位。截至 2018 年底，全国 220kV 及以上变电设备容量达到 40.23 亿 kVA，220kV 及以上输电线路回路长度达到 73.34 万 km，全社会总用电量达到 6.8 亿 kWh 以上。

电力生产企业的任务就是把一次能源转换成电能，并输送、分配、销售给用户。

电力企业生产的电能也是一种商品，且是一种特殊的商品，即它不能大量储存。所以电能的转换（发电）、输送、分配（配电）、使用是同时完成的。这就要求发电厂发出的电功率必须随时与用户所消耗的电功率（负荷）保持平衡，为此发电设备的运行工况必须随着外界负荷的变化而变化。同时，电力生产的各个环节必须安全可靠，因为任何一个环节发生故障，不但给自身造成损失，还会影响到用户的安全经济生产、人们的正常生活，因此电力生产的方针是“安全第一”“人民电业为人民”。

电力生产过程中，不但要力求经济，还要保证电能的质量。电力生产是大规模集中生产，不但要尽量提高一次能源的利用率，还要使发电、输电配电、售电过程中自用电率和损失率更低，更要保证向用户供应电压稳定、频率稳定的合格电能，并且在电能的生产过程中要采取有效措施防止对环境造成严重污染。

第一节　电能的转换过程——发电

发电就是将一次能源转换成电能的过程，这一过程在发电厂内完成。根据利用一次能源的不同，有火力发电、水力发电、原子能发电、风力发电、地热发电、海洋能发电、太阳能发电、生物质能发电等之分，它们的设备构成与生产过程也不尽相同。

一、火力发电

火力发电就是将煤、石油、天然气等化石燃料的化学能通过火力发电设备转换成电能的生产过程。按照我国的能源政策，火力发电厂要以燃煤为主，并且优先使用劣质煤，故本教材以燃煤电厂为主介绍火力发电厂的生产过程。

（一）燃煤火力发电厂的构成

燃煤火力发电厂主要由锅炉设备、汽轮机设备、发电机及电气设备和辅助生产设备（如燃料运输设备、供水设备、化学水处理设备、除尘除灰设备、热电厂的供热设备）等构成。其中锅炉、汽轮机、发电机称为火力发电厂的三大主设备。

1. 燃料运输设备

卸煤设备用来将车辆、船只等运输工具运来的煤卸下来。

煤的运输设备将卸煤设备卸下的煤运送至锅炉燃烧或储煤设备储存起来备用。电厂内煤的运输设备一般是带式输送机。

煤的储存设备的任务是储存一定数量的煤，以保证厂外无来煤或来煤数量少时锅炉有足够的燃料，同时它还能起到煤的干燥及不同煤种的混合作用。储煤设备有煤场、煤棚、煤仓等。

2. 锅炉设备

燃煤被破碎或制成煤粉送入锅炉，在炉膛内燃烧后将水加热变成具有很大做功能力的高温高压的过热蒸汽。锅炉的辅助设备主要有磨煤机、送风机、引风机等。

燃煤电厂中大部分为煤粉锅炉，磨煤机用来将煤磨制成煤粉，这样有利于煤的充分燃烧。对于循环流化床锅炉，则由碎煤机将煤破碎到一定粒度即可送入锅炉燃烧。

送风机向锅炉炉膛内送入足量的空气供煤燃烧之用，而引风机则是将煤燃烧后产生的烟气从锅炉中引出，再通过高大的烟囱排走。

煤在锅炉中燃烧后产生的灰渣必须及时排出，以保证锅炉的正常运行。被烟气携带走的细小灰粒通过除尘设备（如电气除尘器）收集起来与锅炉底部排出的炉渣用除灰设备送至厂外的储灰场或送去综合利用。

3. 汽轮机设备

锅炉产生的高温高压过热蒸汽送入汽轮机后冲动汽轮机转子高速旋转，从而将蒸汽的热能转化成机械能驱动发电机发电。火电厂的汽轮机均是多级的，蒸汽在其中依次通过各级做功，压力和温度不断降低，最后排入凝汽器。汽轮机的辅助设备主要有回热加热器、除氧器、凝汽器、给水泵、凝结水泵、循环水泵等。

凝汽器的作用是将在汽轮机中做完功的蒸汽凝结成水再用给水泵送入锅炉循环使用。汽轮机排入凝汽器的蒸汽的温度虽然很低（使得这些热能无法再使用），但所携带的热量却很大，故造成火电厂的热损失量大，热效率很低，这部分热损失称为冷源损失。

回热加热器用汽轮机中间级抽出的蒸汽对锅炉给水进行加热，提高了给水温度及电厂的热经济性。

除氧器除去锅炉给水中溶解的氧气，防止锅炉及给水管道发生氧化腐蚀，提高设备工作的安全可靠性。

凝结水泵和给水泵用来输送凝结水和给水，循环水泵将冷却水（循环水）送到凝汽器中用以吸取汽轮机排汽的热量，使其凝结成水。

4. 供热设备

有些火电厂在发电的同时还向热用户集中供应大量的热能，构成热电联合能量生产。锅炉产生的蒸汽在汽轮机内做功的过程中参数不断降低，当降低到符合供热温度时，将部分或全部蒸汽从汽轮机中引出直接送给用户或进入热网加热器加热水向外供应热水。热电联合能量生产对电厂来说减少了凝汽器中的冷源损失，提高了热效率。电厂集中供热省去了热用户安装小型锅炉，既保护环境又提高能源的利用率。供热设备主要有热网加热器、热网水泵、阀门等。

5. 发电机及电气设备

发电机的轴与汽轮机轴相连接，高速旋转的汽轮机转子带动发电机转子同速旋转切割磁力线从而将机械能转换成电能。发电厂发出的电为三相交流电，一般用三条并行的线送出。此外发电厂还有主变压器、断路器、隔离开关、母线等主要电气设备。

主变压器将发电机发出的电升高电压后送到输电线路，采用高电压输送可大大降低电能输送中的能量损失。

断路器的作用是可靠地将电气设备与电路或其他电气设备接通或断开，它具有灭弧装置。

隔离开关是将电气设备与带电部分隔离开的设备，但它没有灭弧装置，所以不能在其带电时操作，必须与断路器配合使用。当切断电路时应先断开断路器再断开隔离开关，而接通电路时应先合上隔离开关再合断路器。

母线将主变压器、断路器、隔离开关等按照一定方式连接起来，其实质就是按一定方式连接的导线。

6. 化学水处理设备及环境保护设备

火力发电厂生产用水主要有锅炉补给水和汽轮机凝汽器用冷却水。

为了防止锅炉、汽轮机及其他热力设备结垢，保证热力设备的安全经济运行，锅炉补给水须用软化水（中、低压锅炉）或除盐水（高压以上锅炉）。电厂中广泛采用化学方法对来水进行处理后供锅炉使用，水处理设备主要是阴离子交换器和阳离子交换器，它们分别除去水中的阴离子和阳离子，使水成为不含盐类离子的纯水。

火力发电厂生产过程中会产生废水、废渣、废气等，为了保护环境各电厂中均设有相应的处理设备对“三废”进行处理后，达标排放。

（二）火力发电过程

火力发电过程如图 1–1 所示，煤由列车运来后，用卸煤设备卸下来后用输煤设备输送到煤斗，再经给煤机送入磨煤机磨制成煤粉。与煤同时进入磨煤机的热空气起干燥、输送煤粉的作用。

煤粉与空气同时进入锅炉炉膛，迅速燃烧把燃料的化学能转化成高温热能的火焰和烟气，将水冷壁内的水加热成饱和蒸汽再经布置在烟道内的过热器加热成过热蒸汽，烟气放热后沿烟道排出锅炉。具有做功能力的高温高压过热蒸汽引入汽轮机后，冲动汽轮机转子使其高速旋转起来，从而把蒸汽的热能转换成汽轮机转子的旋转机械能。汽轮机拖动与它相联的发电机同速转动，再将旋转机械能转换成电能。

煤在锅炉中燃烧后生成的烟气中携带有大量的飞灰，故烟气从锅炉出来后先经过高效率的除尘器除去飞灰，再用引风机送至高大的烟囱排到大气中。煤燃烧后产生的大块渣落入炉膛底部被排出。电厂中的灰与渣由除灰设备排往灰场或送往它处进行综合利用。

在汽轮机中，做完功的乏汽进入凝汽器，被冷却水冷却后凝结成水。凝结水由凝结水泵经低压加热器送入除氧器除氧。除氧后的水再作为锅炉给水被给水泵经高压加热器送入锅炉循环使用。高、低压加热器利用在汽轮机中做过部分功的蒸汽加热锅炉给水，提高其温度从而提高电厂热经济性。凝汽器中的冷却水可利用江河、湖泊里的水或海水，一次性地流经凝汽器，这样冷却效果好，热经济性高。但因凝汽器需要的冷却水量非常大而我国水资源又比较缺乏，故火电厂广泛采用冷却水循环使用的方式。更好的一种节水方式是将电厂中的凝汽器做成空冷式，即用空气代替冷却水冷却汽轮机排汽，这样的汽轮机发电机组称作空冷机组。

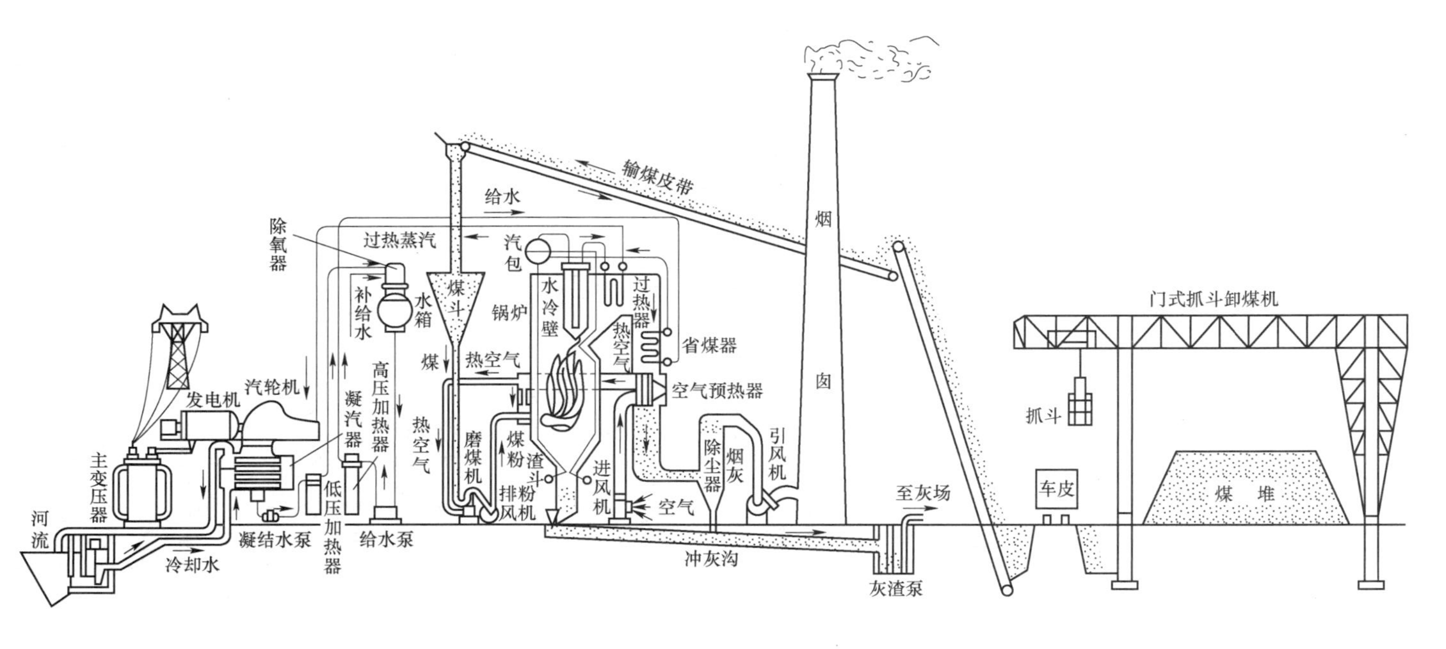

图 1-1　火电厂生产过程和主要设备

二、水力发电

水力发电是将自然界的水所蕴藏的能量转换成电能的生产过程。水能量的大小与其流量的大小及位置高差（称为落差）有着直接的关系，水的流量和落差越大，则蕴藏的能量越大。由于天然河流的径流量是随季节和气象的变化而变化的，因此水量变化很大，要保证水电站的发电量，必须人为地改变或调节河流的水流量，一般采用建坝造水库的形式，这样不仅使河段的落差集中，同时将水量充足季节的多余水储存起来，以补充枯水期发电水量的不足。同时水库还可起到防洪、调节水库下游河流水量及供工农业用水等作用。

（一）水电站的构成

水电站主要由水工建筑物、水轮发电机组和电气设备等组成。

1. 水工建筑物

水电站水工建筑物主要有坝、引水建筑物、泄水建筑物、闸门、电站厂房等。

坝的作用主要是形成水库、集中落差，使水电站具备发电的基本条件，还可起到调节河中水流量的作用。水电站中的坝一般为钢筋混凝土浇筑而成，有重力坝、拱坝、支墩坝等形式，重力坝应用最多。重力坝依靠坝体自身重量与坝基之间形成的摩擦力来保持稳定。

进水和引水建筑物用来将河流或水库中的水引入水轮机做功，并使引入的水清洁且水流能量损失小。进水和引水建筑物包括进水口、压力前池、引水道、调压室等。

泄水建筑物用于泄放洪水，确保大坝和水电站的安全，它又分为溢流式和深水式。

闸门主要用来关闭和开启过水孔口，以控制进入水轮机的水流、调节上游水位、排除泥沙与漂浮物等，还有用于过船的船闸。常见的有平板闸门、弧形闸门和人字形船闸。

2. 水轮发电机组和电气设备

水轮机将水流的机械能转换成水轮机转子的转动机械能，再经与之相联的发电机将机械能转换成电能。电站厂房内布置水轮发电机组及其辅助设备等。

与火电厂的汽轮机发电机组相比，水轮发电机组尺寸大、重量大、转速低。按工作原理不同，水轮机有反击式和冲击式两种。反击式水轮机的过水部件主要有进水蜗壳、导水机构、转子、尾水管等。

水电站的电气设备和火力发电厂的相同。

（二）水力发电过程

水力发电过程如图 1–2 所示，通过建造的拦河坝将河流的水集中起来，提高落差，具有较大能量的水通过压力水管引至水轮机，冲动水轮机转动，将水能转换为水轮机的旋转机械能。水轮机带动与其相联的发电机发出电能。电能经变压器升高电压后送到输电线路。在水轮机中做功后的水通过尾水管排到河流下游。

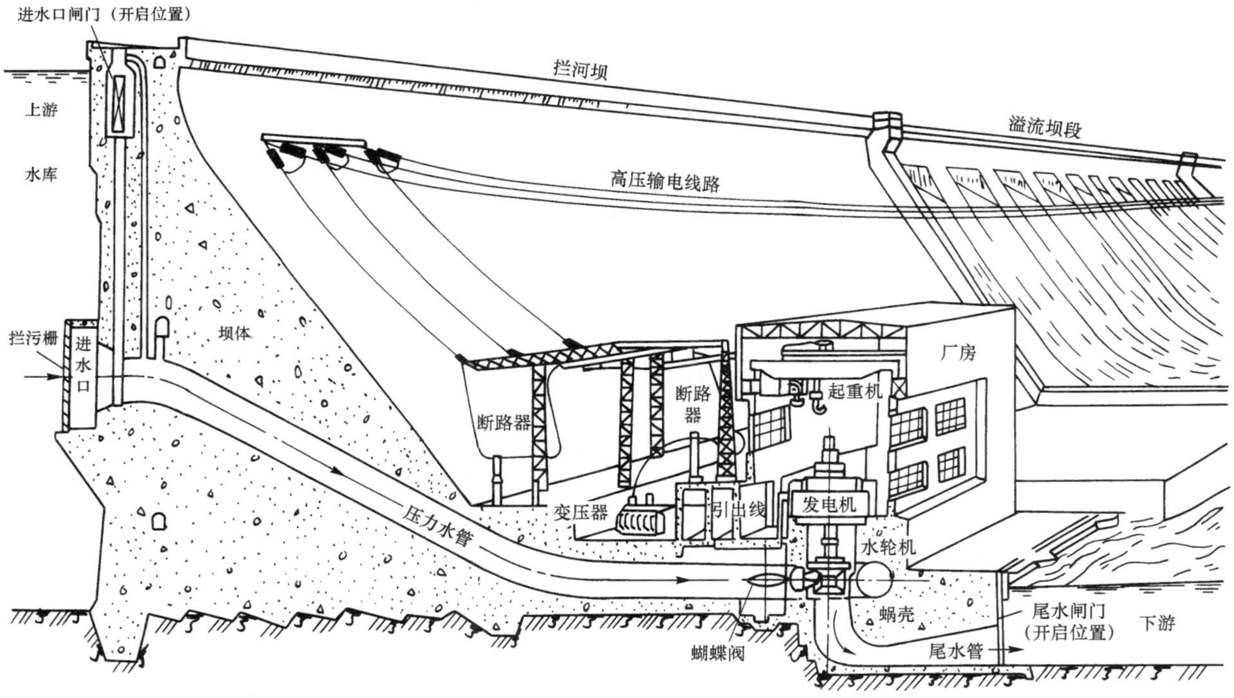

进水口闸门（开启位置）
上游
水库
拦污栅
进水口
坝体
拦河坝
溢流坝段
高压输电线路
断路器
断路器
变压器
引出线
压力水管
厂房
起重机
发电机
水轮机
蜗壳
蝴蝶阀
尾水管
尾水闸门
（开启位置）
下游

图 1-2　坝后式水电站

三、原子能发电

核电站是利用原子核内部蕴藏的能量大规模生产电能的新型发电站。它是以核反应堆来代替火电站的锅炉，以核燃料在核反应堆中发生特殊形式的“燃烧”产生热量，来加热水使之变成蒸汽。蒸汽通过管路进入汽轮机，推动汽轮发电机发电。核电站使用的燃料称为核燃料，目前国际上技术最为成熟的核岛设计多采用压水式反应堆，使用的核燃料含有易裂变物质铀-235。中子打入铀-235的原子核以后，原子核就变得不稳定，会分裂成两个较小质量的新原子核，这是核的裂变反应。核裂变发生时不但会产生巨大能量（裂变能），同时还会放出2～3个中子和其他射线。这些中子再打入别的铀-235核，引起新的核裂变，新的裂变又产生新的中子和裂变能，如此不断持续下去，就形成了链式反应。一座1000MW的核电站每年只需要补充30t左右的核燃料，而同样规模的烧煤电厂每年要烧煤300万t。

（一）核电站的构成

核电站大体上可分为两部分：① 利用核能产生蒸汽的核岛，包括核反应堆组成的一回路系统；② 利用蒸汽发电的常规岛，包括汽轮发电机组系统。常规岛与普通火电厂大同小异，而核岛则截然不同。下面以压水堆核电站为例说明核岛的构成。

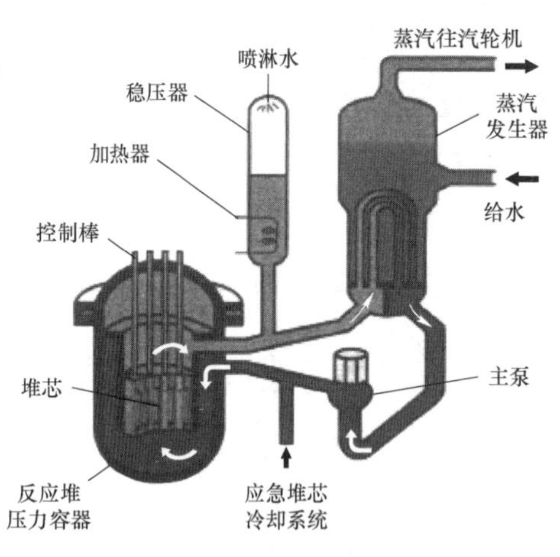

图1-3　压水堆核岛结构示意图

核岛主要由核反应堆、主泵、稳压器、蒸汽发生器、安全壳、冷却系统等组成，如图1-3所示。

核反应堆是核电站的关键设备，链式裂变反应就在其中进行。压水堆的核燃料是将烧结二氧化铀芯块装入锆合金管，并组装在一起成为燃料组件。每个组件中有一束控制棒，控制着链式反应的急缓程度和反应的开始与终止。压水堆中以水作为冷却剂，吸收了核裂变产生的热能以后成为高温高压的水流出反应堆，进入蒸汽发生器。

主泵作用是把冷却剂送进堆内吸热，然后流过蒸汽发生器放热，以保证裂变反应产生的热量及时传递出来。

稳压器又称压力平衡器，是用来控制反应堆系统压力变化的设备，在正常运行时，保持压力的稳定。

蒸汽发生器的作用是把通过反应堆的冷却剂的热量传给二次回路的水，并使之变成蒸汽，再通入汽轮机做功。

安全壳用来控制和限制放射性物质从反应堆扩散出去，以保护公众免遭放射性物质的伤害。

危急冷却系统是为了应对核电站一回路主管道破裂的极端失水事故的发生而设的，它由注射系统和安全壳喷淋系统组成。一旦接到极端失水事故的信号后，安全注射系统向反应堆内注射高压含硼水，喷淋系统向安全壳喷水和化学药剂，限制事故蔓延。

（二）核电站的发电过程

压水堆核电站发电过程如图 1-4 所示，一回路系统中核燃料在反应堆内发生反应，产生大量的热，反应堆冷却剂在主泵的驱动下进入反应堆，流经堆芯带走热量后从反应堆容器的出口管流出，进入蒸汽发生器将热量通过管壁传给二回路的水和蒸汽，然后再由主泵送回反应堆形成循环。

二回路给水在蒸汽发生器内吸收一回路冷却剂传给的热量后蒸发为蒸汽，蒸汽进入汽轮机高压缸做功，从高压缸中出来的蒸汽进入汽水分离再热器，提高干度后的蒸汽再进入汽轮机低压缸做功，最终进入冷凝器凝结成水，然后用凝结水泵送入低压加热器、除氧器，再由给水泵升压经高压加热器送回蒸汽发生器。

带有放射性的冷却剂始终循环流动于闭合的一回路系统环路中，与二回路是完全隔离的，这就使得蒸汽发生器产生的蒸汽无放射性。一回路中冷却剂的工作压力目前一般为 14.7M～15.7MPa，提高冷却剂工作压力有利于二回路蒸汽参数的提高，但是受到各设备承压能力和经济性的限制。冷却剂在反应堆进口的温度一般为 280～300℃，从反应堆出去的温度一般为 310～330℃，即温升一般为 30～40℃。

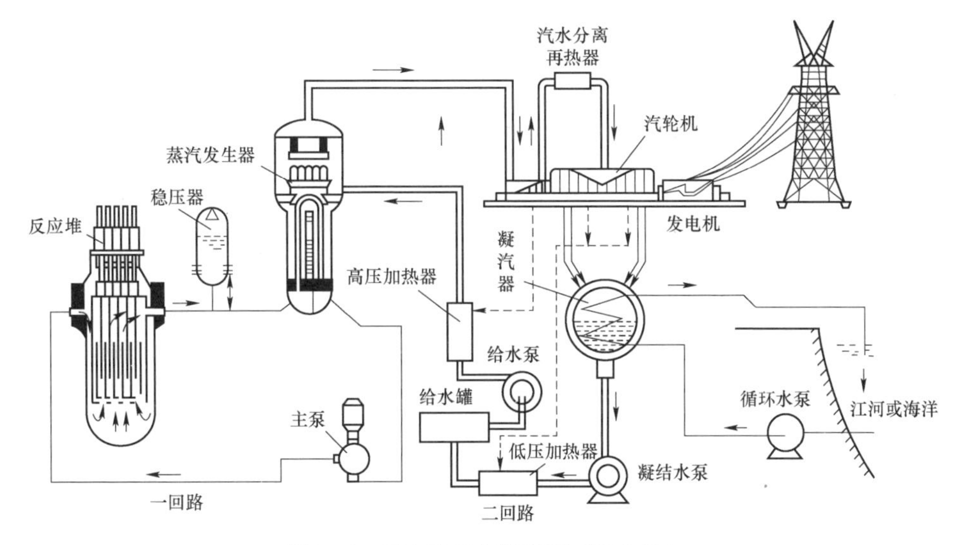

图 1-4　核电站工作流程图（压水堆）

四、风力发电

在我国，风能资源主要集中在华北、西北和东北的草原、戈壁滩以及东部、东南部的沿海地带和岛屿及海洋上。这些地区缺少煤炭及其他常规能源，风能具有非常好的开发前景。

风力发电包含两个能量转换过程，即风力机（风轮）将风能转换为机械能和发电机将机械能转换为电能。风力发电机组按风轮轴的安装形式不同分为水平轴式和垂直轴式两种；按功率大小分为微型（额定功率为 50～1000W）、小型（额定功率为 1.0～l0kW）、中型（额定功率为 10～100kW）和大型（额定功率大于100kW）风力发电机组；按运行方式分为独立运行和并网运行风力发电机组。

水平轴风力发电机组技术成熟，被广泛应用于风力发电厂中。

（一）风力发电机组的构成

典型的风力发电机组主要由风力机（风轮）、传动装置、制动装置、偏航装置、变桨距装置、液压装置、发电机以及支撑保护装置等部分构成。

风力机也称为风轮，其作用是将风能转换为转动机械能，风吹动叶片推动风轮旋转。

传动装置的作用是将风轮获得的机械能传给发电机。由于风轮转数较低，而发电机往往需要较高转数，所以一般传动装置中设有增速齿轮提高转数。

制动装置的作用是对运行状态（转动状态）的风力发电机组进行制动使其转变为停止状态。它是保证机组正常运行及出现不可控情况下安全防护的最后一道屏障。制动分正常情况的制动和突发故障时的紧急制动。

偏航装置又称为对风装置，其作用是将风轮旋转平面对准来风方向从而获得最大风能。

变桨距装置的作用是调节叶片的角度以适应风力改变时作用在叶片上的推动力最佳，从而保证风轮的转速稳定且能量转换效率高。

液压装置是为制动装置、变桨距装置和偏航装置等动作提供动力的。

支撑装置主要指塔架，其作用是将机舱和风轮牢固安全地支撑在一定高度。

大型风力发电机组由叶片、轮毂、主轴、增速齿轮箱、调向机构、发电机、塔架、控制系统及附属部件（机舱、机座、回转体、制动器）等组成，如图 1–5 所示。

（二）风力发电机组的工作过程

1. 独立运行的风力发电机组

水平轴独立运行的风力发电组主要由风轮（包括尾舵）、发电机、支架、充电控制器、逆变器、蓄电池组等组成，其结构如图 1–6 所示。

在独立运行的风力发电机组中，风轮驱动风力发电机，将风能转化为电能，通过蓄电池蓄能，直接或通过逆变器转换成交流电供给用户使用，尾舵的作用是使风轮对准风向，以捕获最大的风能。

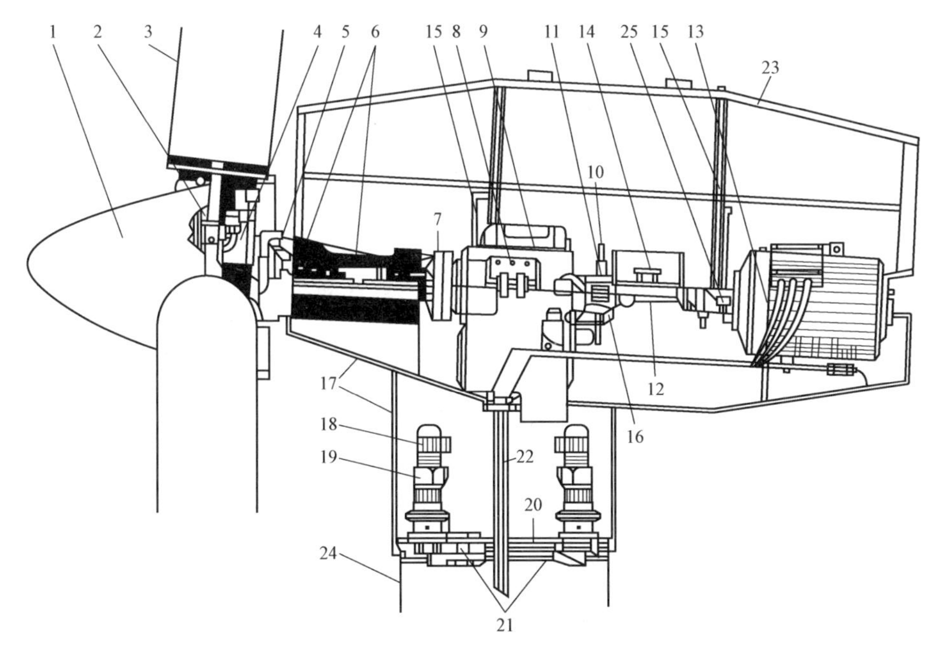

图 1－5　大型风力发电机组基本结构

1—导流罩；2—轮毂；3—叶片；4—叶尖刹车控制系统；5—集电环；6—主轴；7—收缩盘；8—锁紧装置；9—增速齿轮箱；10—刹车片；11—刹车片厚度检测器；12—万向联轴器；13—发电机；14—安全控制箱；15—舱盖开启阀；16—刹车气缸；17—机舱；18—偏航电机；19—偏航齿轮；20—偏航圆盘；21—偏航锁定；22—主电缆；23—舱盖；24—塔架；25—振动传感器

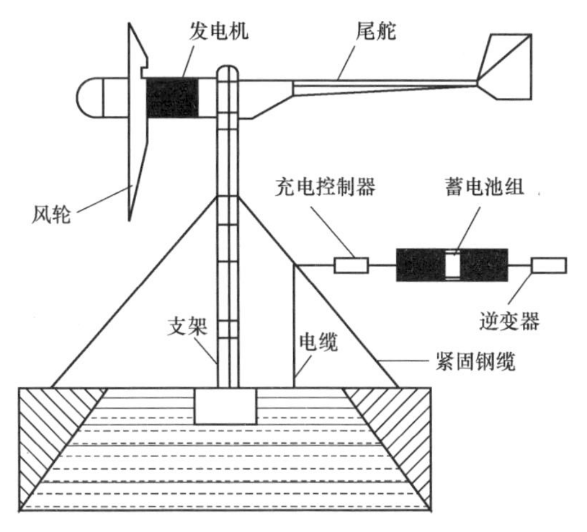

图 1－6　水平轴独立运行风力发电机组构成示意图

2. 并网运行的风力发电机组的构成

如图 1－7 所示为并网运行风力发电机组示意。它的发电过程为风吹动风轮旋转，通过升速装置带动发电机发电，电流经升压站升压后并入电网。控制装置包括定向装置（调整风轮对准风向）、启动和停止装置、风力调整装置（根据风力大小调整风叶角度以保证转子转速恒定）和保护装置（风速过高时停车、发电机保护等）。支撑塔用来支撑发电设备，并将其位于一定高度以接受较高位置处的高速风。由于单台风力发电设备的功率较小，大的也只有几兆瓦，所以一个风力发电场有几十台甚至上百台风力发电机。

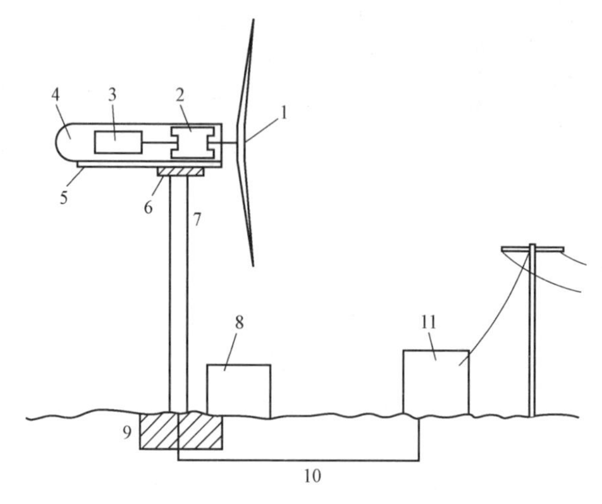

图 1－7　风力发电机组示意图

1—风轮；2—升速装置；3—发电机；4—控制装置；5—底板；6—定向装置；7—支撑铁塔；8—控制与保护装置箱；9—基础；10—电力电缆；11—升压站

五、太阳能发电

太阳能发电技术可分为光热发电和光伏发电。

（一）光热发电

光热发电是利用集热器把太阳辐射热能集中起来，直接或间接地将给水加热产生一定压力和温度的蒸汽用于驱动汽轮发电机组发电。光热发电又分为直接（单循环）和间接（双循环）型发电系统。在前一种情况下，水在集热器中被加热成蒸汽后直接送到汽轮机中驱动机组发电；而后一种情况，则是在主系统使用一种沸点高于水的熔盐或液态钠，通过热交换器加热做功系统内的水产生蒸汽送入汽轮发电机组发电。虽然前一种系统简单，但难以取得高温蒸汽，故热效率低于后者。

双循环太阳能光热发电系统由集热系统、储热与热交换系统以及汽轮发电机组系统组成。按集热方式不同光热发电系统有塔式、槽式、碟式以及线性菲涅尔等多种类型。

图 1－8 所示为塔式光热发电系统示意。塔式光热发电系统适合高温蒸汽循环发电，故能量转换效率较高。该系统由定日镜（聚光镜），吸热塔，接收器，高、低温储热罐和蒸汽发生器及汽轮发电设备构成。

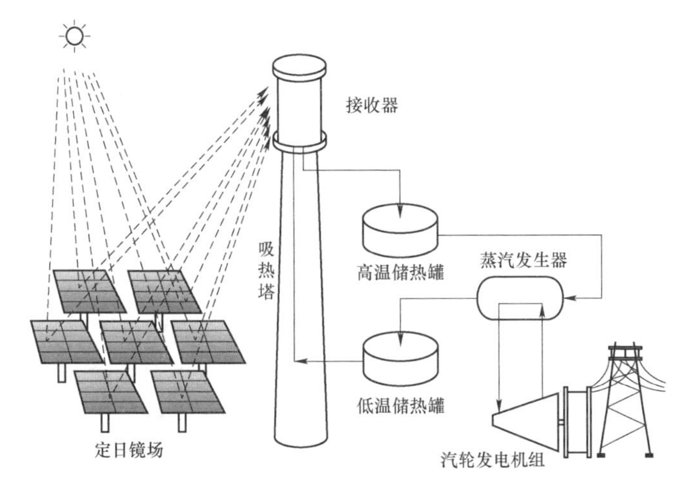

图 1-8　塔式光热发电系统

塔式发电系统中的吸热塔顶部安装接收器，四周地面上布置了大量的定日镜形成定日镜场。定日镜采用平面或球面反射镜，按照一定的朝向排列成组合阵列，构成塔式发电聚光系统，将太阳能汇聚到吸热塔顶部的接收器上。定日镜设置有太阳光跟踪系统，使定日镜能够随太阳移动而旋转，最大化地接收太阳辐射。

接收器内部常用水、熔盐或导热油作为换热工质。在以熔盐为换热工质的光热发电系统中，其熔盐一般为硝酸钠和硝酸钾的混合物，熔盐混合物的凝固点在 220℃左右，沸点高达 620℃。首先，熔盐在接收器中被加热到 600℃左右后，被输送到高温储热罐中储存；然后，部分高温热熔盐流经蒸汽发生器，将发生器中的水加热成高温蒸汽，之后被冷却到 250℃左右的熔盐再流入低温储热罐内；最后，熔盐泵把低温熔盐重新送入接收器进行再次加热。整个循环中的熔盐一直处于熔融状态，通过熔盐的流动实现热量的传输及储热功能，而且这一过程是在较低的工作压力下完成的。

（二）光伏发电

1. 光伏发电系统的构成

光伏发电系统主要由光伏电池组件、蓄能元件（蓄电池）、逆变器和控制器等部分构成，图 1-9 为光伏发电系统方框图。

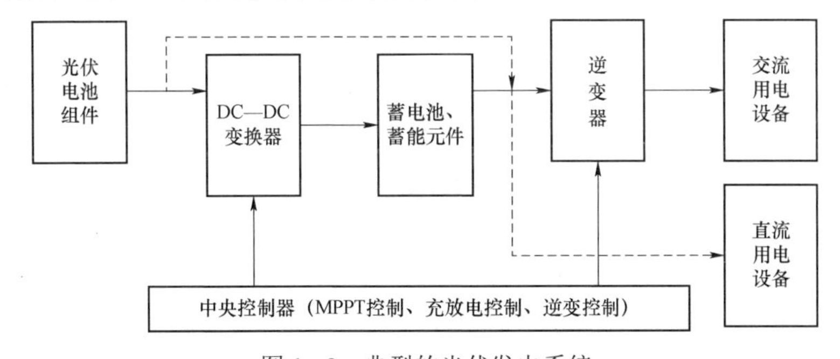

图 1-9　典型的光伏发电系统

（1）光伏电池组件。由光伏电池按照系统的需要串联或并联而组成的矩阵或方阵，在太阳光照射下将太阳能转换成电能，它是光伏发电的核心部件。

（2）逆变器。按照负载电源或电网的需求，使光伏阵列转换的直流电变换成交流电。

（3）蓄电池、蓄能元件。蓄电池或其他蓄能元件将光伏电池阵列转换后的电能储存起来，以使无光照时也能够连续并且稳定地输出电能，满足用电负载的需求。

（4）中央控制器。本部分除了对蓄电池或其他中间蓄能元件进行充放电控制外，还要控制逆变器的工作，同时在这个环节要完成许多比较复杂的控制，如提高太阳能转换最大效率的控制、跟踪太阳的轨迹控制以及可能与公共电网并网的变换控制与协调等。

2. 太阳能光伏发电过程

光伏发电是利用光伏电池将太阳光能直接转化为电能。如图 1-10 所示，在太阳光的照射下，将光伏电池产生的电能通过对蓄电池或其他中间储能元件进行充放电控制或直接对直流用电设备供电或将直流电经由逆变器逆变成交流电源供给交流用电设备，或者由并网逆变控制系统将直流电进行逆变后并接入公共电网实现并网发电。

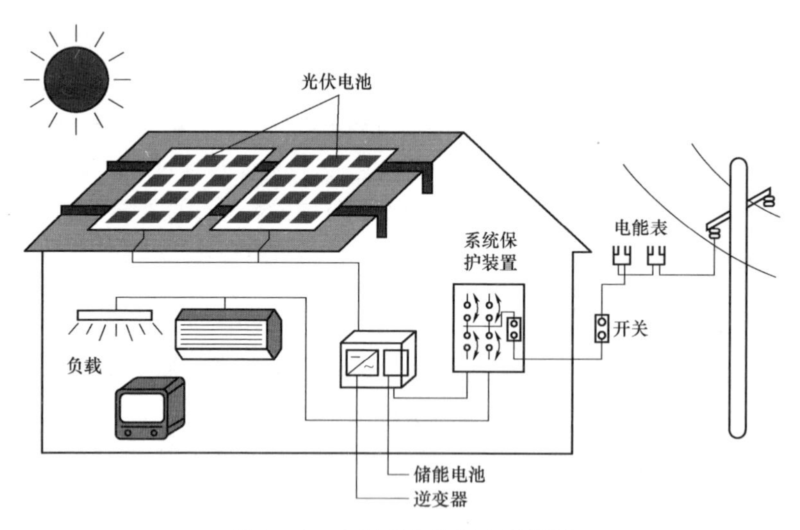

图 1-10　太阳能光伏发电系统图

光伏发电装置主要由电子元器件构成，不涉及机械部件，所以光伏发电设备极为精炼、可靠稳定、寿命长、安装维护简便。

光伏发电系统一般可分为独立系统、并网系统。

独立光伏发电系统需要借助储能电池为用户提供电力，运行时不依赖电网。独立型太阳能光伏发电系统通常适合用在一些特殊的场合，如在一些电网无法到达的偏远地区居民用户、户外庭院、广告牌或警示牌等。

并网光伏发电系统可以看作是将电网作为储能组件的系统，光伏发电系统与电网系统之间必须搭配使用。并网光伏发电系统产生的电能会优先提供给负载，当负载无法全部消耗光伏发电系统产生的电能时，多余电能会输送到电网上。当光伏发电系统的电能无法满足负载需求时，电网会弥补不足的电能。并网太阳能光伏发电系统可以布置在用户附近方便供电，还可以在广阔的荒漠、开阔地带建设大型光伏电站，通过高压电网将电能输送到负荷中心。

六、生物质能发电

生物质能是蕴藏在生物质中的能量，是绿色植物通过叶绿素将太阳能转化为化学能而储存在生物质内部的能。它具有储量丰富、可再生、清洁等特点。生物质能的来源通常包括六个方面：木材及森林工业废弃物；农作物及其废弃物；水生植物；油料植物；城市和工业有机废弃物（垃圾）；动物粪便。

生物质能发电是将生物质所蕴含的生物质能按照某种方式进行发电的过程，是可再生能源发电的一种。它包括农林废弃物直接燃烧发电、农林废弃物气化发电、垃圾焚烧发电、垃圾填埋气化发电、沼气发电、生物质直接液化制燃料油发电等发电技术。

目前生物质能发电主要是利用农业、林业和工业废料或垃圾为原料，采取直接燃烧或气化的方式发电。

1. 生物质直接燃烧发电

如图 1－11 所示，生物质直接燃烧发电是采用生物质锅炉，利用其直接燃烧后的热能生产蒸汽，进而推动汽轮机发电机组进行发电，其技术原理与传统的火力发电类似。

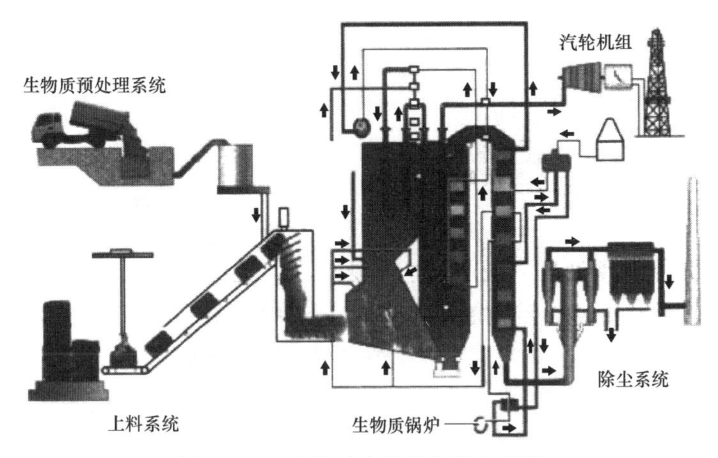

图 1－11　生物质直接燃烧发电系统

生物质燃料在进行燃烧之前需要进行一系列的预处理，使生物质变为可以直接使用的燃料。预处理工艺主要包括生物质燃料的储存、干燥、破碎和成型。由于生物质的生长具有周期性，必须建立起适合生物质的燃料储存系统，以满足连续使用。一般会在生物质发电厂内建造两个储存仓，一个为电厂提供近期燃料（约存放一周的生物质原料），一个为长期储备的露天燃料堆（储存两个月甚至更长时间的生物质原料）。原料经过干燥和破碎并加工成某种颗粒形状才能用于燃烧。图 1－12 所示为一种加工成型的生物质燃料。

图 1－12　加工成型的生物质燃料

生物质直接燃烧发电技术中的生物质燃烧方式包括固定床燃烧和流化床燃烧等方式。

固定床燃烧对生物质原料的预处理要求较低，生物质经过简单处理就可投入炉排炉内燃烧。流化床燃烧要求将大块的生物质原料预先粉碎至易于流化的粒度，其燃烧效率和强度都比固定床高。

2. 垃圾焚烧发电

垃圾焚烧发电系统如图 1－13 所示。

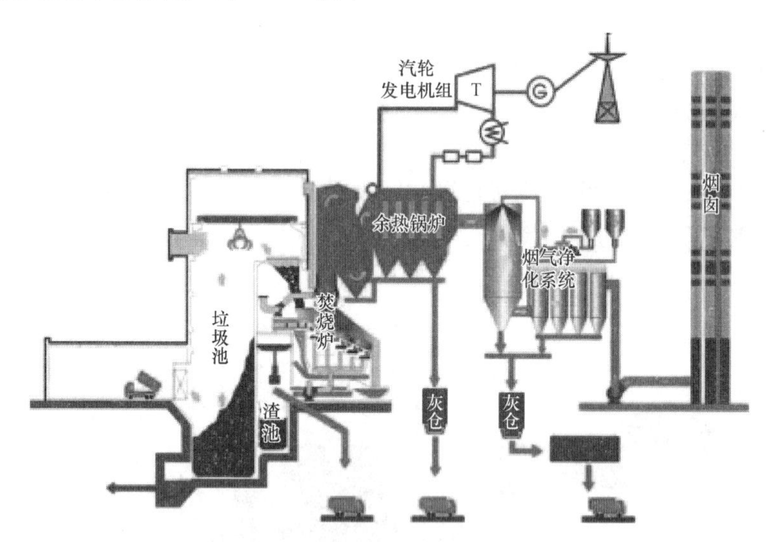

图 1－13　垃圾焚烧发电系统示意图

垃圾焚烧前，经过一系列输送、筛选和粉碎装置，把那些不易处理和不能燃烧的垃圾清理掉。然后，输入垃圾焚烧炉在 1000℃的高温下焚烧，形成的灰渣送出填埋；焚烧炉产生的烟气将水加热变成过热蒸汽，送入汽轮发电机组发电。烟气在排放前经注入石灰、脱硫中和酸性气体，再经布袋或静电除尘达标后通过烟囱排放，烟气除尘下来的细灰运出做建材综合利用。

目前我国城市垃圾热值低，水分含量高，一般采用生物质混合燃烧发电，也就是把生物质和煤一起送入锅炉燃烧发电，其中生物质所占份额一般较小。煤与垃圾或生物质共燃，可以利用现役电厂提供一种快速而低成本的生物质能发电技术，廉价且低风险。

3. 生物质气化发电

生物质气化发电的基本原理是先把生物质转化成燃气，再将燃气送入燃气发电设备进行发电。

根据燃气发电设备的不同，生物质气化发电可分为内燃机发电系统、燃气轮机发电系统及燃气—蒸汽联合循环发电系统。

如图 1－14 所示为生物质气化内燃机发电系统。生物质在气化炉中气化生成的可燃气经净化干燥后送到内燃机，驱动内燃发电机组发电。气化炉中排出的灰渣和燃气中分离出的灰可送去综合利用或填埋。

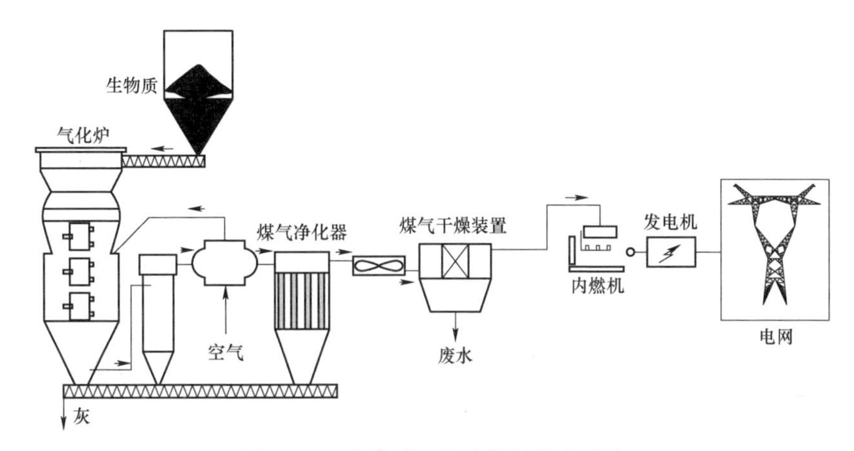

图 1－14　生物质气化内燃机发电系统

七、地热发电

目前地热发电主要是利用从地下开采的热水和水蒸气蕴含的能量发电。其发电原理和火力发电是一样的，都是利用蒸汽的热能在汽轮机中转变为机械能，然后带动发电机发电。所不同的是，地热发电不像火力发电那样要安装庞大的锅炉，也不需要消耗燃料，它所用的能源就是地热能。地热发电的方式有蒸汽型和热水型两大类。

1. 蒸汽型地热发电

蒸汽型地热发电是把蒸汽井中引出的干蒸汽或过热蒸汽直接引入汽轮发电机组发电，但在引入发电机组前应把蒸汽中所含的岩屑和水滴分离出去。这种发电方式最为简单，但蒸汽地热资源十分有限，且多存于较深的地层，开采技术难度大。

2. 热水型地热发电

热水型地热发电是地热发电的主要方式，目前热水型地热电站有以下两种循环发电系统：

（1）闪蒸式发电系统，也叫扩容发电系统。如图1－15所示，湿蒸汽两级扩容发电系统的发电过程为：把地下引出的高压热水或汽水混合物送至压力较低的扩容器中，由于压力突然降低，热水会沸腾，部分水瞬间“闪蒸”成蒸汽，蒸汽送至汽轮机推动汽轮发电机组发电。扩容器中未蒸发的热水还可再引入压力更低的扩容器中“闪蒸”出低压蒸汽引至汽轮机做功，形成两级扩容发电系统。最后把剩余的水再回注入地层。

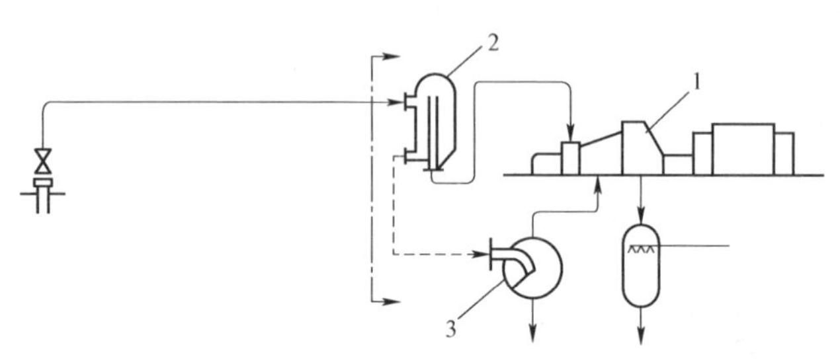

图1－15　湿蒸汽两级扩容发电系统

1—汽轮发电机组；2—一级扩容器；3—二级扩容器

（2）双循环发电系统，又叫双流地热发电系统。如图1－16所示，低沸点工质双循环发电系统中地热水首先流经热交换器，将地热能传给另一种低沸点的工作流体，使之沸腾而产生蒸汽。蒸汽进入汽轮机做功后进入凝汽器凝结成液体，再用泵送回热交换器而完成发电循环。地热水在热交换器内放热后回注入地层。这种系统特别适合于含盐量大、腐蚀性强和不凝结气体含量高的地热资源。这种发电方法的优点是，利用低温位热能的热效率较高，设备紧凑，汽轮机的尺寸小，易于适应化学成分比较复杂的地下热水。发展双循环发电系统的关键技术是开发高质量的低沸点工质和高效的热交换器。常用的低沸点工质有氯乙烷、正丁烷、异丁烷、氟利昂等。在常压下，水的沸点为100℃，而低沸点的工质在常压下的沸点要比水的沸点低得多。

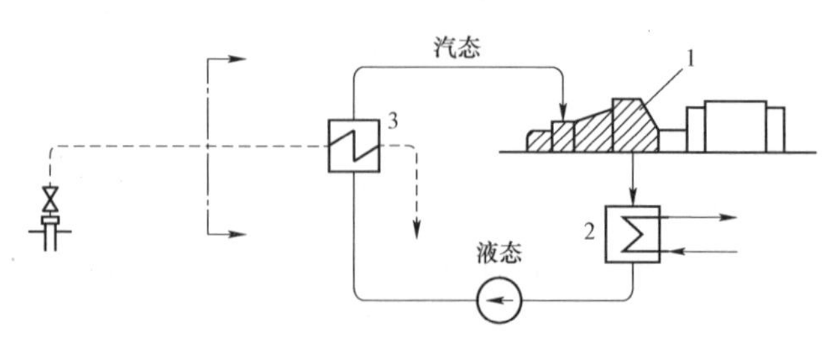

图1－16　低沸点工质双循环发电系统

1—汽轮发电机组；2—凝结器；3—加热器

八、海洋能发电

利用海洋能发电的方式很多，其中包括潮汐发电、波力发电、潮流发电、海水温差发电和海水含盐浓度差发电等，而国内外已开发利用的海洋能发电主要是潮汐发电。

月球和太阳的引力对海水作用形成潮汐，即海面时涨时落。一般海区的潮汐现象并不明显，但受地形等因素的影响，如在某些海湾、河口及窄浅的海峡，潮差可达 7m 以上，有的甚至可达 10m 以上。据计算，世界海洋潮汐能蕴藏量约为 27 亿 kW，若全部转换成电能，每年发电量大约可达 1.2 万亿 kWh。

潮汐发电与水力发电的原理相似，它是利用潮水涨、落产生的水位差所具有的势能来发电的，也就是把海水涨、落潮的能量变为机械能，再把机械能转变为电能。具体地说，潮汐发电就是在海湾或有潮汐的河口建一拦水堤坝，将海湾或河口与海洋隔开构成水库（如图 1–17 所示），再在坝内或坝房安装水轮发电机组，然后利用潮汐涨落时海水位的升降，使海水通过水轮机时推动水轮发电机组发电。

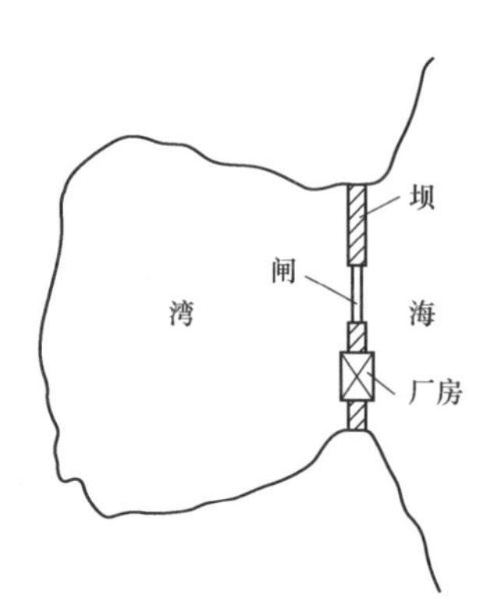

图 1–17　潮汐水电站示意图

由于潮水的流动与河水的流动不同，它是不断变换方向的，因此就使得潮汐发电出现了不同的型式：

（1）单库单向型，只能在落潮时发电；

（2）单库双向型，在涨、落潮时都能发电；

（3）双库双向型，可以连续发电。

九、氢燃料电池发电

（一）发电原理

氢燃料电池是直接将燃料中的氢气借助于电解质与空气中的氧气发生化学反应，在生成水的同时进行发电，因此其实质是化学能发电。燃料电池的发电原理如图 1–18 所示，燃料极与空气极被离子导体电解质（只可让离子通过而电子不能通过的电解质）隔开，当氢流入燃料极时，通过金属的催化作用，分离成氢离子（H^+）与电子（e^-）。电子无法通过电解质，而只能通过与外部相连的导线及负载达到空气极，与流入空气极的氧在金属催化作用下生成氧离子（O^{2-}），氢离子通过电解质到达空气极与氧离子发生化学反应生成水被排走。只要不断地向燃料电池供应氢气与空气，这个过程就会不断地进行下去从而在外电路中形成连续的电流。

燃料电池的燃料可以是纯氢、天然气、煤制气等。离子导体电解质有碱液、酸、熔融碳酸盐及某些固体物质。与有限电量的干电池蓄电池不同的是，燃料电池在不断供应燃料的情况下可连续供应电力，故燃料电池发电被称为是继火力发电、水力发电、核能发电之后的第四大发电方式。

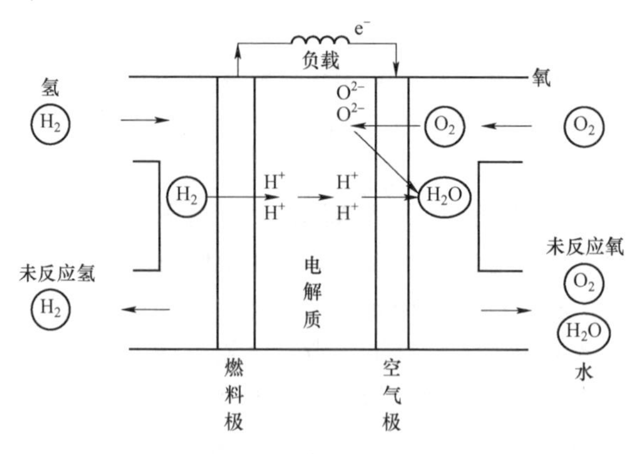

图 1－18　燃料电池发电原理

燃料电池具有以下优点：不受卡诺循环限制，直接把燃料的化学能转变成电能，能量转化效率高，燃料电池的能量转换效率理论上可达 100%，实际效率已高达 60%～80%；污染性极低，燃料电池的燃料是氢和氧，燃料电池的反应生成物是清洁的水；寿命长，燃料电池本身工作没有噪声，没有运动部件，没有振动；模块结构，易于组合，既可以集中供电，也适于分散供电。

（二）氢燃料电池发电系统的组成

图 1－19 所示为氢燃料电池发电系统方框图，它主要有燃料重整系统、空气供应系统、DC—AC 变换系统、余热回收系统和控制系统等，在高温燃料电池中还有剩余气体循环系统。其中：

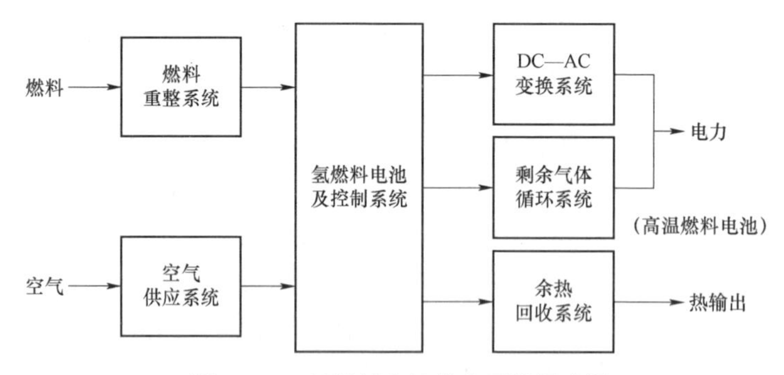

图 1－19　氢燃料电池发电系统组成图

（1）燃料重整系统。将送入的燃料转化为氢燃料电池能使用的以氢为主成分的转换系统。

（2）空气供应系统。为送风机或空气压缩机组成的空气输送系统。

（3）DC－AC 变换系统。将直流电转换为交流电的逆变装置。

（4）余热回收系统。用于回收燃料电池发电过程中产生的热能。

（5）氢燃料电池及控制系统。燃料电池发电并对运行过程进行控制，如启动、停止、运行调节、外接负载等的控制。

（6）剩余气体循环系统。在高温燃料电池发电装置中，由于燃料电池排热温度高，因此安装可以使用蒸汽轮机与燃气轮机剩余气体的循环系统。

第二节　输电、配电、售电

由于环境和地理条件的限制，发电厂一般建在远离城镇和工业中心的地区。如水电站建在适合建坝的河段处，火力发电厂建在煤矿附近或靠近水源充足的地方。即便是发电厂靠近电力用户，但由于电能这种产品的特殊性，也必须经过电网才能安全经济地送至用户供用电设备使用。

一、输电

将电能由各发电厂送往用电负荷中心的过程称为输电，输电设备用导线连接成输电网。在输送电能容量一定的情况下，电压越高，则电流越小，线路损失也越小；在导线截面一定时，输电电压越高，输送电能容量越大，故远距离广泛采用高电压输电（如220、500、1000kV等）。输电网的作用就是将发电机发出的电流经升压变压器升压后通过电力线路输送至负荷中心，再经降压变压器将电压降低送入配电网。

输电网输电有交流和直流两种方式，直流输电只用一根或两根导线，而交流输电须用三根导线，但直流输电在起始端和末端均须设置换流站将交流电转换成直流电或将直流电转换成交流电。两种输电方式各有其优缺点，选择何种方式需进行综合分析比较后确定。

输电网主要由升压变电站、电力线路、降压变电站等部分组成，直流输电还设有换流站。

升压变电站与降压变电站用来升高或降低电网电压，它们的构成基本相同，主要有变压器、断路器、隔离开关、母线等电气设备，所不同的是在升压变电站中变压器将电压升高，而在降压变电站中变压器是将电压降低。其他电气设备的作用与前述相同。

电力线路将升压与降压变电站连接起来，把电流从输电网的一端送到另一端。电力线路由导线（架空线或电缆）、杆塔、绝缘子及各种金具等组成。导线传送电流，杆塔将导线架设到一定高度，绝缘子将导线与杆塔绝缘开来。

二、配电

配电是将由输电网送来的电能再通过配电网直接或再降低电压后送到用户使用。

配电网络的特点是要延伸到城市中心、工业区和居民区等用电处，电压低和距离短，要根据不同的用户将电压降低到不同等级，与相应电压等级的用电设备相联。配电网的设备及作用与输电网基本相同。

三、售电

电力销售是电力生产的最后一个环节，直接为电力用户服务，包括装表接电、电能计量、抄表、电费收缴及其他用电服务等工作。

第三节　电力系统与电力生产市场

一、电力系统

发电厂、输电网、配电网、用电设备在电气上连接在一起构成的有机整体称为电力系统。电力系统中的输电网和配电网统称为电网，现代电网主网架电压高（达 1000kV 以上），容量大，输送距离远，各电网之间的联系越来越紧密。为确保现代电网的安全、稳定、优质、经济运行，提高供电可靠性，配置了与一次系统相适应的安全稳定控制系统，以电子计算机为核心的调度自动化监控系统，电力专用通信系统，气象、水文、雷电监测系统，这些系统都是构成现代电网不可分割的重要组成部分。

（一）对电力系统生产的基本要求

电力生产是国民经济发展的主要支柱，与国民经济的各行业都有着密切的关系，而且电能的发、输、用又是同时进行的，所以对它提出了如下基本要求：

1. 保证可靠的持续供电

供电的中断将导致生产停顿、社会生活混乱，甚至危及人身和设备安全，造成十分严重的后果。供电中断给国民经济造成的间接和直接损失远远超过电力系统本身的损失。因此电力系统首先要满足可靠、持续供电的要求。

2. 保证良好的电能质量

电能质量的考核标准有电压和频率两个。一般来说，电压的合格范围为不超过额定值的±5%；我国电力系统额定频率为 50Hz，其允许偏差一般不得超过±0.2Hz，更不允许电力系统长时间低于 49.5Hz 运行。

3. 保证系统经济运行

电力系统经济运行是指满足负荷要求的条件下，使整个电力系统的一次能源消耗量最小，以降低电能成本。这就要求根据用电负荷合理调度各台发电机的负荷，同时降低电能输送过程中的能量损耗（线损）。

（二）电网建设

根据国家电力改革方案，我国构建了省级、区域级和国家级三级电网体系。

省级电网是省级区域范围资源优化配置的基础性市场和直接面向广大用户的供电市场，因此要规范统一、健全机制，并通过全面开放带动竞争、促进市场良性发展；区域电网是跨省区资源优化配置的载体，只有打破各省间的壁垒，才会使市场交易规模不断扩大；国家级电网是按照国家宏观调控的要求、保持国家控制力的重要手段，是实施西电东送、南北互供的重要载体，也是提高全国电网整体经济效益的基础。

（三）电力系统调度

电力系统调度的任务主要是指挥整个电力系统的运行和操作，向用户提供可靠而经济的合格电力，并能在电力系统发生事故时尽快切除故障，重新拟定新的运行方式，对停电用户尽快恢复供电。

二、电力生产市场

从现代营销学的观点看，电力是一种产品，它具有和其他产品一样的特性。电力产品的核心是电能，它是用户所要购买的实质性的东西，它是一种动力或一种洁净能源；它虽然看不到却可通过供给电能的电压、频率、安全性、可靠性等指标反映其质量的高低；同时还可使用户在购买电力时得到附加服务及利益，如快速受理、服务上门、用电咨询、及时处理用电故障等，使用户获得经济上的受益和精神、心理上的满足。

电力生产有着发、输、供（用）同时完成的特点，所以它具有相对垄断性，但可以在部分生产环节引入竞争机制。电力生产市场按生产过程可细分为发电市场、输电市场、配电市场和售电市场等。随着电力体制改革的不断深入，我国电力市场已完成发电与输配售分开（即所谓的厂网分开）经营的改革，形成厂网分开，竞价上网态势。现在进行的输配电方面的改革，涉及输配电价、增量配电网放开、电力交易规则、交易机构股份制改革等。目的是打破电力生产发、输、供一条龙的垄断，形成更具活力的竞争市场。为用户提供质优价廉的电能，使电力行业能够健康持续地发展。

随着科学技术日新月异的发展，新能源的不断开发以及自然能源的合理利用，如煤气、天然气、太阳能、风能等产品开发利用，电力市场面临着电能替代产品的强烈竞争。因这些产品的经销机构大小不一、布点多，具有价格灵活、成本低、服务优质等特点。为此电力经营企业为取得营销活动的成功，不仅要以适当的价格，而且还要通过适当的方式开拓电力市场，促进电力销售。

深化电力体制改革的目标是，构建政府监管下的政企分开、公平竞争、开放有序、健康发展的电力市场体系。

第四节 电力环境保护

电力工业是国民经济的基础工业，随着电力工业的快速发展，也带来了一系列环境保护问题，其中尤以燃煤电厂的大气污染最为突出，而我国能源结构以燃煤发电为主（截至 2017 年底，全国火电燃煤机组装机容量和发电量分别占总量的 55.2%和 64.7%），于是防止和治理燃煤电厂所带来的污染成为电力环保的重点任务，所以电力环保主要是指火电厂方面的环境保护。

近年来，我国有关部门针对电力行业的环境保护工作颁布和实施了一系列的标准和政策，电力行业的环境保护工作取得了长足发展。

国家环境保护部于 2011 年 7 月 18 日颁布了 GB 13223—2011《火电厂大气污染物排放标准》，自 2012 年 1 月 1 日起实施。该标准中关于烟尘、二氧化硫、氮氧化物的排放限值分别为 30、100、100mg/Nm^3。

2014 年 9 月，国家发改委、环保部、能源局印发《煤电节能减排升级与改造行动计划》（2014～2020 年）》，启动超低排放改造，要求于 2020 年前完成。2015 年 3 月，国务院将超低排放改造写入年度政府工作报告，要求打好节能减排和环境治理攻坚战。2015 年 12 月，环保部、国家发改委和能源局印发《全面实施燃煤电厂超低排放和节能改造工作方案》，全面部署推进超低排放改造，将完成时限提前至 2017 年。

所谓火电机组超低排放，是指火电厂燃煤锅炉在发电运行、末端治理等过程中，采用多种污染物高效协同脱除集成系统技术，使其大气污染物排放浓度达到燃气机组排放限值，即烟尘、二氧化硫、氮氧化物排放浓度（基准含氧量 6%）分别不超过 5、35、50mg/Nm^3。

随着国家环保政策的落实，电力环保取得了惊人的效果。据有关资料统计，截至 2017 年底，全国煤电机组全面实现脱硫排放，92.3%机组实现脱硝，75%以上的煤电机组实现超低排放，我国已建成全球最大清洁煤电供应体系。2012～2017 年，在全国煤电装机增幅达 30%的情况下，电力二氧化硫、氮氧化物、烟尘排放量下降幅度达 86%、89%、85%；火电二氧化硫、氮氧化物和粉尘的排放量大幅下降至分别约为 120 万、114 万 t 和 26 万 t。

一、烟气脱硫（FGD）

1. 烟气脱硫（FGD）技术

燃煤电厂脱硫主要采用的是燃烧后的烟气脱硫（循环流化床锅炉可在燃烧中进行部分脱硫）。烟气脱硫（FGD）技术是一种应用最广、效率最高的脱硫技术。

烟气脱硫（FGD）技术按脱硫剂的种类，可分为钙法、镁法、纳法、氨法和有机碱法。世界上普遍使用的商业化技术是钙法，所占比例在 90%以上。钙法是以 $CaCO_3$（石灰石）为脱硫剂与烟气中的 SO_2 发生化学反应而将其除去的方法。它又分为湿法、干法和半干法，湿法脱硫技术较为成熟、效率高、操作简单，脱硫产物（石膏）可综合利用等特点，故在我国电厂中广泛采用。但湿法脱硫也存在着脱硫产物处理较难、烟气温度较低、不利于扩散、设备及管道防腐蚀问题较为突出等问题。

半干法、干法脱硫技术的脱硫产物为干粉状，容易处理，工艺较简单，但脱硫效率较低，脱硫剂利用率低。

2. 脱硫渣的利用

随着电厂环保要求的大幅提高，烟气脱硫副产品脱硫石膏产量大幅增加，目前脱硫石膏综合利用技术也逐步成熟。

脱硫石膏主要用作水泥缓凝剂或制作石膏板，还可用于生产石膏粉刷材料、石膏砌块、矿井回填材料及改良土壤等。将脱硫石膏用于水泥缓凝剂生产的用量约占脱硫石膏综合利用量的70%，用于建筑石膏及石膏制品的用量约占脱硫石膏综合利用量的30%。

脱硫石膏在其生产、加工、应用等方面产生的对人体健康和环境有害的作用较小。用脱硫石膏替代天然石膏生产各种石膏建材，不仅可以减少天然石膏的消耗量，减少矿山开采带来的生态环境破坏问题，而且还可以形成脱硫石膏制品的新产业和新市场。

二、烟气脱硝

1. 氮氧化物 NO_x 的危害

氮氧化物 NO_x 排放到大气中对人类和生态环境都会造成很大危害。NO_x 可造成一次污染和二次污染。首先，它可以与空气中的液滴形成硝酸，产生酸雨和酸雾；其次，NO_x 在对流层中参与光化学反应，破坏臭氧层，产生光化学烟雾。若人通过呼吸将 NO_x 吸入体内，会刺激呼吸道和肺部，同时还会对心脏、肝、肾等造成腐蚀性损伤，引起急性或慢性中毒，并有致癌作用。此外，NO_x 还会使某些植物对病虫害的抵抗能力下降或生长受到抑制。

2. 脱硝

氮氧化物形成的途径主要有两条：① 燃煤中含有的氮化物在火焰中热分解，接着氧化；② 助燃空气中的氮在高温状态与氧进行化合反应生成 NO_x。生成的 NO_x 主要是 NO，约占95%，而 NO_2 仅占5%。

（1）采用低 NO_x 燃烧技术（如浓淡燃烧、分段燃烧、烟气再循环等）是降低燃煤锅炉 NO_x 排放值最主要也是比较经济的技术措施。但是一般情况下，低 NO_x 燃烧技术最多只能降低 NO_x 排放值的50%。

（2）烟气脱硝是 NO_x 控制措施中最重要的措施，有湿法烟气脱硝法和干法烟气脱硝法。干法烟气脱硝法是向烟道或炉膛内喷入 NH_3 或尿素等还原剂，将烟气中的 NO_x 还原成无害的氮气和水。目前我国主要采用干法烟气脱硝法。

湿法烟气脱硝技术一般采用酸、碱、盐或具有氧化、还原、络合作用的其他物质的水溶液来吸收废气中的 NO_x，达到净化的目的。

三、除尘与除灰

1. 除尘与除灰技术

燃煤在锅炉中燃烧后，产生大量的细小灰粒（称为飞灰），漂浮在烟气中一同排出锅炉，若直接排至大气将造成严重的粉尘污染，所以在电厂中设置除尘器用于除去烟气中的灰尘，这个过程称为除尘。电厂中广泛采用的除尘方式有电除尘、布袋除尘和电袋混合除尘等，最后一种除尘效果最好。

（1）电除尘。当含尘烟气进入电除尘器内的高压静电场时，阴极线发生电晕放电使其附近的气流电离产生大量的电子，电子在静电场的作用下向正极板移动过程中与烟气中的灰粒相撞并附着在上面，从而使灰料带上负电荷，在电场的作用下带电灰粒移到正极板沉积下来，达到除尘的目的。

（2）布袋除尘。它是利用布袋的过滤作用滤去烟气中的飞灰尘粒的，其除尘效果优于电除尘。

（3）电袋混合除尘。它是将上述两种除尘技术结合在一起共同完成除尘，故除尘效果更好。随着超低排放在电厂中的实施，电袋混合除尘被大量地应用。

除尘器除下来的灰称为粉煤灰，电厂中用除灰设备将它们输送到灰库暂时存放的过程称为除灰，之后再通过车辆或其他方式转送出去。

2. 粉煤灰的综合利用

现代燃煤电厂均采用成熟工艺技术对粉煤灰进行加工，可将其用于生产建材、回填、建筑工程、提取有益元素、制取化工产品及其他用途。

（1）冶炼铝硅系列合金。铝硅合金质量轻、导热性能好，又具有一定强度、硬度以及耐蚀性能。

（2）提取氧化铝。我国华北部分地区的原煤中储存着大量细分散状的软水铝石和高岭石矿物，其对应电厂的粉煤灰中氧化铝含量可达 30%～50%，是生产氧化铝的重要潜在资源。

（3）综合利用。粉煤灰综合利用主要可用于水泥原料、粉煤灰砖、建筑砖块、混凝土掺料、道路路基处理、工程填筑材料、土壤改良、磁化肥、微生物复合肥等，还可用于环境保护（如废水处理、脱硫、吸声）、回收有用物质（如空心微珠、工业原料、稀有金属）、生产功能性新型材料（如复合混凝剂、沸石分子筛、填料载体）等。

3. 灰渣及利用

煤在锅炉中燃烧后产生的大块灰渣落入炉膛下的渣斗用除渣设备排出送到渣仓。灰渣的性质与火山灰接近，有较高的利用价值。灰渣的利用既避免了直接排放造成的污染，又提高了电厂和社会的经济效益。

（1）作为水泥混合材。炉渣为铝硅质材料，炉渣作水泥混合材，可改善水泥安定性，后期强度增长率较大。

（2）作小型空心砌块。以采石厂的碎石废料为粗骨料，电厂炉底灰为细骨料，普通水泥为胶结料的新型空心砌块，产品性能优良，成本低。

四、废水处理

火力发电厂既是用水大户又是废水排放大户，所以必须设置合理完善高效的废水处理系统，防止对环境造成污染。

火电厂废水处理系统要以节水和废水重复利用与废水治理相结合的原则

进行规划设计。凡可直接回收利用的废水就不必进入废水处理系统，以减少废水处理系统的容量。火电厂废水处理系统有分散处理系统和集中处理系统两种类型。

分散处理是根据所产生的废水水量就地设置废水储存池，池内设置机械搅拌曝气装置或压缩空气系统，根据水质情况在池内直接投加所需的酸、碱及氧化剂等药物，废水在此处理达到标准后或者回收利用或者排入天然水体（或灰场）。

集中处理是将全厂各种生产废水分类收集并储存，根据水质和水量，选择一定的工艺流程集中进行处理，使其出水水质达标后重复利用或排放。

随着国家环保要求的日益严格，大多省市环保要求火电厂实现废水零排放，新建电厂将不预留排污口。

五、核电站放射性废物的处理

放射性废物，是指含有放射性核素或者被放射性核素污染，其浓度或者活度大于国家确定的清洁解控水平，预计不再使用的废弃物。在核工业生产、核能利用、同位素应用和核物理、核化学研究实验中，都会产生放射气体、液体和固体废物，即放射性核废物。

核电站在运行过程中，也会产生放射性的气体、液体和固体废物。其中，废液和废气经处理后可以排放或循环使用，但其间会产生一定量的浓集物，如蒸发残渣、过滤滤芯、过滤泥浆、废树脂等。浓集物需先尽可能减小容积，可燃性固体可通过焚烧或压缩打包使体积减小，然后把它们转化为适于储存或处置的稳定固化体，进行最终处置或埋藏。

复习题

一、填空题

1. 燃煤发电厂由________、________、________和________等构成。

2. 水电站由________、________和________等部分构成。

3. 锅炉的主要辅助设备有________、________和________等。

4. 汽轮机的辅助设备有________、________、________、________、________和________等。

5. 太阳能发电技术可分为________和________。

6. 火电机组超低排放限值，即烟尘、二氧化硫、氮氧化物排放浓度（基准含氧量6%）分别不超过________、________、________。

7. 风力发电包含两个能量转换过程，即________和________。

二、选择题

1. 火电厂锅炉的作用是________。

A. 燃烧燃料；B. 消耗煤；C. 燃烧燃料，用其放出的热量产生蒸汽。

2. 汽轮机的作用是________。

A. 消耗蒸汽；B. 把蒸汽的热能转换成机械能；C. 供热和发电。

三、问答题

1. 何谓火力发电？
2. 何谓水力发电？
3. 发电机的作用是什么？
4. 核电站与火电厂生产过程的主要不同之处是什么？
5. 除火力发电、水力发电、核能发电外，还有哪些能源可被利用发电？
6. 电力是如何输送到用户的？
7. 水平轴风力发电机组主要构成部件有哪些？
8. 光伏发电系统主要由哪些部分构成？
9. 什么是生物质能？它具有什么特点？

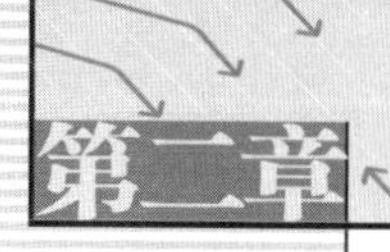

火 力 发 电 厂

火力发电厂是指利用煤、石油或天然气等作为燃料生产电能的工厂，简称火电厂。我国有相当丰富的燃料资源，煤炭总资源为 40 000 亿 t、石油总资源（包括陆地和大陆架）为 787.5 亿 t、天然气总资源为 333 000 亿 m^3。因石油主要用在交通、石化等行业，一般不用作发电，故我国火电厂的燃料主要是煤，随着天然气的大量开发，燃气电厂会逐渐增多。由于高参数、大容量发电机组功率大、经济性好，因而被大型火电厂采用。目前我国已建设投运的大容量机组从 300、600MW 的亚临界到 660、1000MW 超临界、超超临界机组都有。

在我国，发电比例最高的是火力发电厂，火电设备装机容量占总装机容量的 63%左右。截至 2019 年 7 月底，我国 6000kW 以上电厂发电设备容量达到 184 671 万 kW，其中火电、水电、核电和风电装机容量分别达到 115 981 万、30 845 万、4699 万 kW 和 19 429 万 kW，占总装机容量的比重分别为 62.8%、16.7%、2.54%和 10.52%。

燃煤电厂在我国火电生产中占有绝大多数，故本章以燃煤电厂为主进行介绍。

第一节 火力发电厂的类型

一、按燃料种类分

（1）燃煤发电厂，即以煤作为燃料的发电厂。我国煤的储藏量丰富，根据燃煤的特性有无烟煤、烟煤、褐煤、劣质煤和煤矸石等。按照我国的能源政策，应优先采用劣质煤发电。随着人们节能与环保意识的增强，煤矸石的利用越来越多，目前我国已建成了许多煤矸石电厂。

（2）燃油发电厂，即以石油（实际是提取汽油、煤油、柴油后的渣油）为燃料的发电厂。由于地球上的石油储量少，我国现已成为石油进口国，况且石油的用途广泛，不宜做发电之用。

（3）燃气发电厂，即以天然气、煤气等可燃气体为燃料的发电厂。我国天然气资源比较丰富，可以在适当的地方建设一些燃气电厂。当企业有副产品煤气时，也可以用其作为燃气发电，以达到能源综合利用的目的。

（4）余热发电厂，即用工业企业的各种余热进行发电的发电厂。

此外，还有利用垃圾及工业废料作燃料的发电厂。

二、按原动机分类

按原动机分为汽轮机发电厂、燃气轮机发电厂、内燃机发电厂、蒸汽–燃气轮机发电厂。

三、按供出能源分

（1）凝汽式发电厂。发电厂只生产与供应电能。

（2）热电厂。热电厂不但生产与供应电能，同时还供应热能。热电厂的生产方式称为热电联产。

四、按发电厂总装机容量分

小容量发电厂（100MW 以下）；中容量发电厂（100～300MW）；大容量发电厂（300MW 以上至 1000MW）；特大容量发电厂（1000MW 以上）。

五、按主蒸汽压力和温度分

（1）中低压发电厂，主蒸汽压力为 3.92MPa、温度为 450℃的发电厂（单机功率 25MW 及以下）；

（2）高压发电厂，其一般为蒸汽压力 9.9MPa、温度为 540℃的发电厂（单机功率 50MW、100MW）；

（3）超高压发电厂，其一般为蒸汽压力 13.83MPa、温度为 540/540℃的发电厂（单机功率 125～200MW）；

（4）亚临界压力发电厂，其蒸汽压力一般为 16.77MPa、温度为 540/540℃的发电厂（单机功率为 300～600MW）；

（5）超临界压力发电厂，其蒸汽压力大于 22.5MPa、温度为 550/550℃及以上的发电厂（单机功率为 600MW 及以上）。

六、按供电范围分

（1）区域性发电厂，在电网内运行、承担一定区域性供电的大中型发电厂；

（2）孤立发电厂，不并入电网、单独运行的发电厂；

（3）自备发电厂，由大型企业自己建造、主要供本单位用电的发电厂（一般也与电网相连）。

第二节 锅 炉 设 备

锅炉是火力发电厂的主要热力设备，其作用是通过燃料燃烧将其化学能转变为热能，并以热能加热给水生产出具有一定温度和压力的过热蒸汽。

锅炉设备是锅炉本体及其辅助设备的总称。

锅炉是由“锅”和“炉”两部分组成的。所谓“锅”是指锅炉的汽水系统，由汽包、下降管、集箱、导管及各热交换受热面等承压部件组成，用以完成水变为过热蒸汽的吸热过程。“炉”是指锅炉的燃烧系统，由炉膛、燃烧器、烟道、炉墙构架等非承压部件组成，用以完成煤的燃烧放热过程。

锅炉是复杂的大量生产蒸汽的热交换设备。其参数主要有锅炉容量，也叫蒸发量，它表示锅炉最大连续生产蒸汽的能力，单位为 t/h；锅炉出口过热蒸汽的压力，单位为MPa；锅炉出口过热蒸汽温度，单位为℃等。锅炉型号可在某种程度上反映出锅炉的参数，如型号DG－1025/18.2－540/540－M2表示东方锅炉厂生产、容量为1025t/h、过热蒸汽压力为18.2MPa、过热蒸汽温度为540℃、再热蒸汽温度为540℃的燃煤、第二次改型的锅炉。

一、锅炉的种类

电厂锅炉的分类方法很多，常见的几种主要分类方法如下：

（1）按所用燃料分类，可分为燃煤炉、燃油炉和燃气炉等。

（2）按锅炉的蒸汽参数（主要指压力）分类，电厂锅炉可分为中压（2.45M～3.82MPa）、高压（9.8MPa）、超高压（13.73MPa）、亚临界压力（16.67MPa）、超临界压力（大于22.2MPa）以及超超临界压力锅炉（25M～35MPa及以上）。

（3）按水冷壁内工质的流动动力分类，可分为自然循环锅炉、强制循环锅炉和直流锅炉。

（4）燃煤炉按其燃烧方式不同可分为室燃炉（即煤粉炉）、层燃炉、旋风炉和沸腾炉。新一代沸腾炉，即循环流化床锅炉，已开始在电厂推广应用。室燃炉按其排渣方式不同又分为固态排渣炉和液态排渣炉，目前我国电厂广泛采用固态排渣煤粉炉。

（5）同时具有送风机和引风机的锅炉，其炉膛和烟道内呈微小负压，称为平衡通风负压锅炉，这是我国电厂锅炉普遍采用的通风布置方式。仅具有较强通风能力送风机的锅炉，其炉膛和烟道内的压力稍大于环境压力，称为微正压锅炉。

目前我国生产中使用的锅炉均为中压以上，新建电厂一般都采用高参数、大容量机组。国产的几种常见锅炉参数见表2－1。

表2－1　几种国产锅炉参数

蒸发量（t/h）	蒸汽压力（MPa）	蒸汽温度过热/再热（℃）	配用汽轮机功率（MW）	锅炉类型
130	3.9	450	25	中压自然循环锅炉
220	10	540	50	高压自然循环锅炉、燃用煤粉或油渣
410	10	540	100	高压自然循环锅炉、燃用煤粉
400	14	555/555	125	超高压自然循环锅炉或直流炉、燃用煤或油，或煤、油两用有再热器
670	14	540/540	200	超高压自然循环炉、燃煤或油，悬浮燃烧或旋风燃烧，有再热器
935	17	570/570	300	亚临界直流炉、燃煤粉、有再热器
1000	17	555/555	300	亚临界直流炉、燃煤或油、有再热器
1025	17	540/540	300	亚临界直流炉
2008	17	540/540	600	亚临界强制循环炉、燃烧煤粉、有再热器
1170	25	550/550	600	超临界直流锅炉、燃烧煤粉、有再热器
1707	26.25	605/603	600	超超临界直流锅炉、燃烧煤粉、有再热器
2955	27.3	605/603	1000	超超临界直流锅炉、燃烧煤粉、有再热器

二、锅炉设备的构成

锅炉由锅炉本体和辅助设备两大部分组成，本体包括汽水系统、燃烧系统，辅助设备根据锅炉型式不同而有所不同，这里以我国电厂广泛采用的煤粉炉为例做介绍。

（一）锅炉本体部分

图 2-1 所示为自然循环锅炉本体部分。其汽水系统部分有省煤器、水冷壁、汽包、下降管、联箱、过热器、再热器等。燃烧系统部分有空气预热器、喷燃器、炉膛、烟道等。

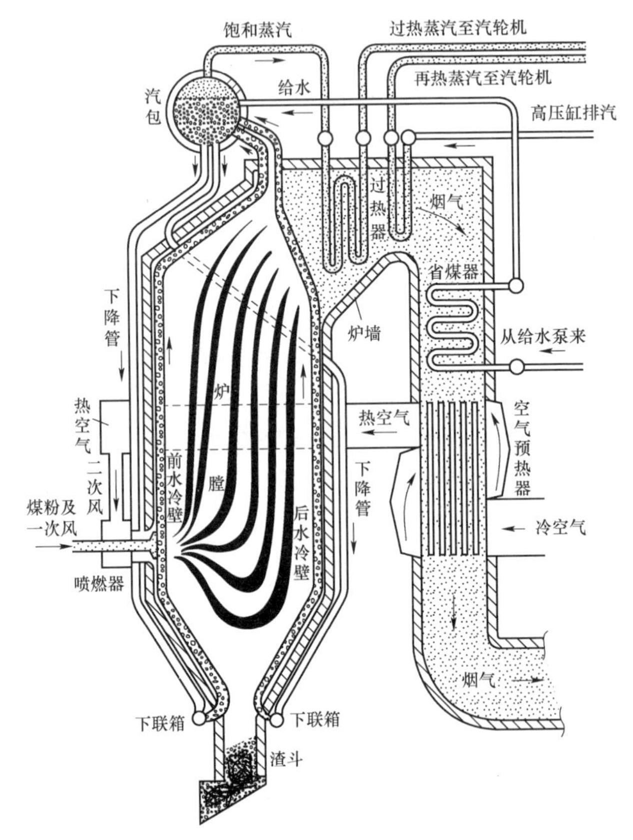

图 2-1　自然循环锅炉

1. 汽水系统

（1）省煤器。省煤器布置在锅炉尾部烟道烟温较低的区域。它是由若干排蛇形管构成的，其内部流动着从给水泵来的水，吸收烟气中的热量，把水加热到饱和温度后送入汽包。省煤器吸收烟气中的热量，一方面降低排烟温度，减少热量损失，可节约燃料 10%～15%；另一方面，将给水加热到饱和温度，可使水进入汽包时，与其内部的温度一致，避免因省煤器来水与汽包温差产生热应力，造成汽包壁出现裂纹等问题，又可增加水冷壁的蒸发量。

省煤器在运行中存在的问题有：因其布置在烟道中，煤粉炉的烟气中含有较多灰粒，对省煤器管造成磨损，严重时造成省煤器泄漏事故；因除盐工作做得不好，在其内部结垢影响传热效果；因除氧不尽，水中溶解氧会造成管壁内部腐蚀，严重时发生泄漏事故。

（2）水冷壁。水冷壁是布置在炉膛墙壁四周内侧垂直的管排。它既吸收燃料燃烧后放出的辐射热，加热其内部的饱和水，使之变为汽水混合物，又对炉墙起保护作用而不被烧坏，防止炉墙结渣，避免熔渣对炉墙的侵蚀。

（3）汽包。汽包是直径较大的圆筒，其内部装有汽水分离器。在汽水循环中，它起中枢作用。省煤器的来水，经它供给水冷壁蒸发。水冷壁管和上升管的汽水混合物，又通过它进行分离，分离出的水继续循环蒸发，饱和蒸汽送入过热器加热。它有较大的容积，既容水，又容汽，容水供给水冷壁蒸发水，容汽保证有足够的汽水分离空间，保证汽水充分分离，使饱和蒸汽不含水滴，以避免过热器内结垢。

（4）联箱。联箱有各种不同的用处，其所处位置不同所起的作用也不同。水冷壁的下联箱是向所有水冷壁管连续不断供水的。水冷壁的上联箱把侧墙水冷壁管的汽水混合物汇集起来，通过数量较少的上升管送入汽包，以解决汽包开孔的困难。省煤器、过热器、再热器的联箱则起混合工质的作用，以减少由于受热面位置不同、加热温度不同而产生温差引起的其他问题。

（5）下降管。下降管是汽包向水冷壁下联箱供水的通道，它布置在炉墙外边，不受热，不产生蒸汽。

（6）过热器。过热器是提高蒸汽温度、增加蒸汽内能的设备，它由蛇形管排构成，布置在炉膛出口后烟温较高的烟道中。过热器分屏式过热器和对流式过热器。屏式过热器布置在炉膛出口处，它既吸收少量的炉膛辐射热，又吸收烟气的对流热。对流式过热器布置在屏式过热器的后边，只吸收烟气对流热。

过热器是蒸汽产品的最后加工设备，其出口蒸汽参数必须保证符合规定值。为控制出口温度，在过热器中间装有减温器。

（7）再热器。再热器是大容量、高参数发电机组为提高热效率而增加的设备。蒸汽在汽轮机做功后，压力和温度大大降低，送入再热器加热，提高其温度，增加其内能后，返回汽轮机的低压段再做功。再热器一般与过热器交叉布置在烟道的高温区。为了保证再热器出口汽温达到额定值，也装有减温器进行调控。

过热器与再热器布置在烟道中，与省煤器一样，在煤粉炉中有飞灰冲刷磨损问题。另外，由于它们处于高温烟气区，其内部蒸汽的吸热效果差，使其管壁温度较高。长期处于超过钢材极限耐温值工作的管壁会产生蠕胀或过热氧化，降低其承压能力，容易发生爆管事故。尤其在操作不当、漏风、炉内结渣等引起火焰中心上移时更容易造成上述问题。

2. 燃烧系统

（1）空气预热器。空气预热器是加热空气的设备。它布置在烟道中烟温最低的部位，可进一步降低烟气温度，减少热损失，提高锅炉热效率。

燃料燃烧时，与空气中的氧发生化学反应。高温空气送入炉膛有利于提高炉内温度，便于燃料迅速着火，改善燃烧过程，增强燃烧的稳定性，有利于燃料完全燃烧，从而提高锅炉热效率。此外，热空气有利于制粉系统对煤中水分的干燥，提高磨煤机的出力。

空气预热器主要有管式和回转式等。管式预热器如图 2-2 所示，管内通过烟气，管外空气横向流过。这种预热器结构简单，工作可靠，制造、安装、维护方便，但耗用钢材较多，体积大。煤粉炉采用管式空气预热器在运行中还容易发生堵灰与磨穿管壁故障。

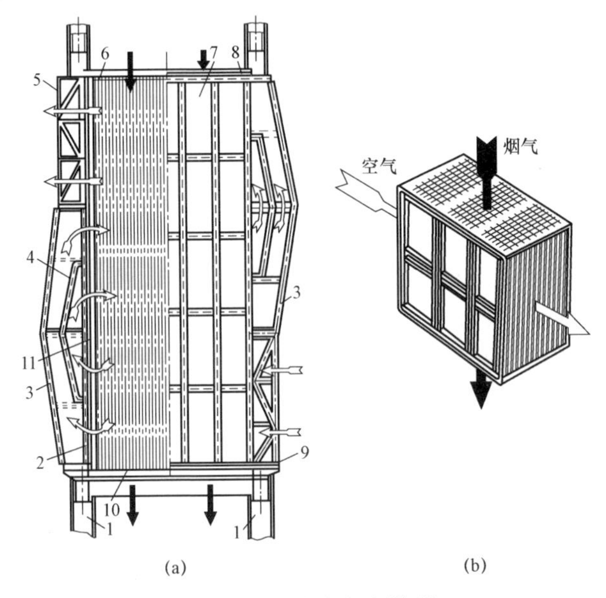

图 2-2　管式空气预热器

（a）纵剖面；（b）管箱结构

1—锅炉构架；2—空气预热器管；3—空气连通罩；4—导流板；5—热风道的连接法兰；6—上管板；7—空气预热器墙板；8—膨胀节；9—冷风道的连接法兰、10—下管板；11—中间管板

大容量的锅炉为减少钢材的消耗量，采用回转式空气预热器，如图 2-3 所示。回转式空气预热器是由一个旋转缓慢的大直径转子与固定的圆筒形外壳构成的，其转子由若干个扇形通道组成，在通道中充满波浪形蓄热钢板。预热器有两个互不相通的通道，一个通道流动烟气，另一个通道流动空气。在烟气通道中，蓄热板吸收烟气热量提高温度，当蓄热板转到空气通道时，放出热量加热空气。空气预热器的转子不断地转动，烟气的热量不断地经蓄热板传给空气。

回转式空气预热器与管式空气预热器比较有许多优点：结构紧凑、外形尺寸小、省钢材、传热元件允许有较大磨损还可正常工作、更换方便。其主要缺点是结构复杂、漏风量大、运行维护量大、耗用电力。

（2）喷燃器。喷燃器是煤粉锅炉的燃烧设备。通过喷燃器，一次风连续不断地把煤粉吹入炉膛，同时二次风按完全燃烧所需合适的空气量也送入炉膛，经喷燃器将空气与煤粉在炉膛内合理混合，迅速着火，稳定燃烧。其中一次风起输送煤粉作用，其温度不能太高，避免煤粉在输粉管内自燃引起事故，二次风与一次风在喷燃器出口处混合，对煤粉与空气起搅拌混合作用，使其分布均匀，有利于煤粉迅速完全燃烧。喷燃器有直流式与旋流式。

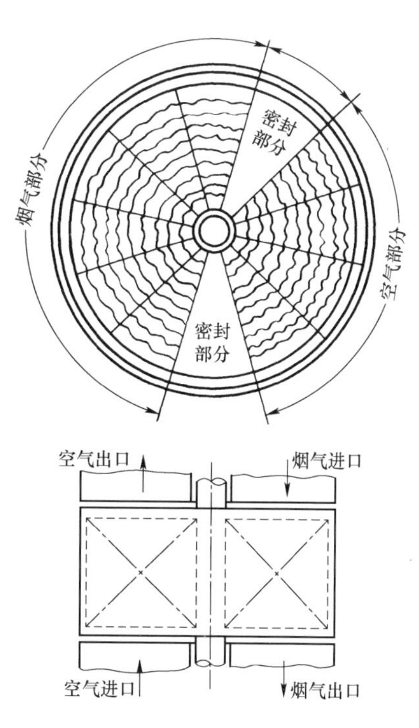

图 2-3　回转式空气预热器

直流式喷燃器如图 2-4 所示，一次风和二次风相间从喷燃器喷出，喷燃器形状窄长，将气流直接送入炉膛。这种喷燃器一般布置在炉膛的四角，气流在炉内形成切圆燃烧，火焰集中在炉膛中心，在燃烧过程中气流旋转，螺旋上升。因此，煤粉与空气混合充分有利于燃烧。

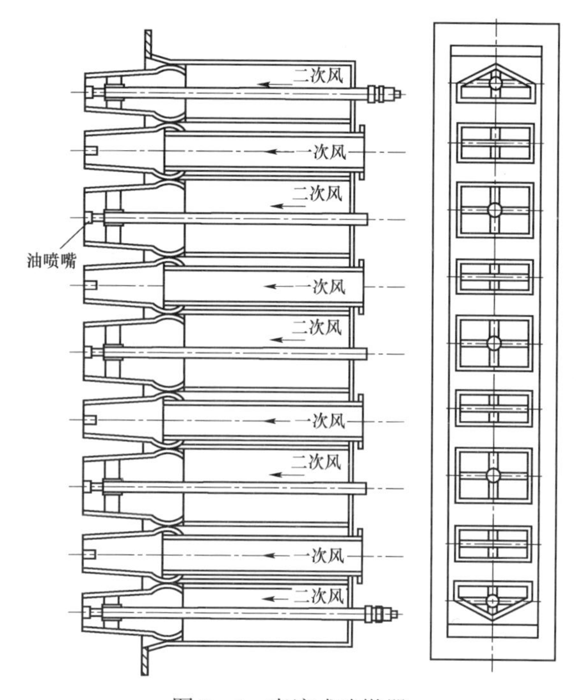

图 2-4　直流式喷燃器

旋流式喷燃器的气流在其内部旋转流动，进入炉膛后形成扩散的空心锥形状。这种扩散环形气流可把周围的高温烟气吸入，锥形气流的内外都有高温烟气，有利于燃料着火燃烧。图 2-5 所示为双蜗壳式喷燃器，其一、二次风方向一致地旋转喷入炉膛。这种喷燃器的布置方式较多，有前墙、两侧墙相对、炉底、炉顶等布置方案。

每个喷燃器内装有一个点火油嘴，便于锅炉在点火以及燃烧不稳需助燃时投入使用。

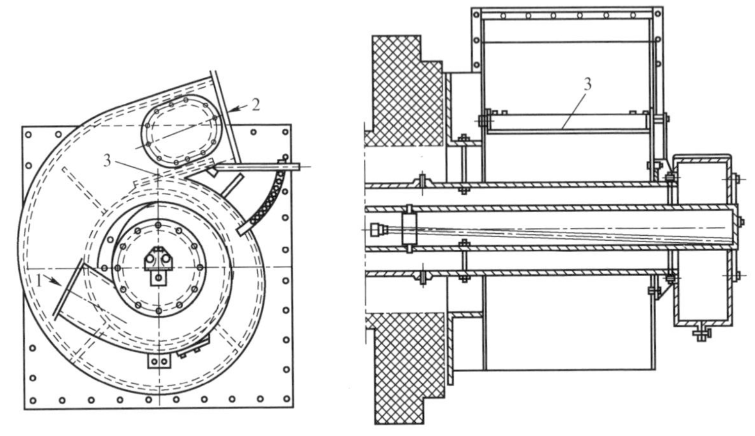

图 2-5　双蜗壳喷燃器

1—一次风进口；2—二次风进口；3—舌形挡板

（3）炉膛及烟道。炉膛是由水冷壁管围起来的大空间，在水冷壁管外侧有炉墙，炉墙把整个锅炉封闭与外部隔开。一般情况下炉膛与燃烧室合为一体，如图 2-1 所示，煤粉和空气经喷燃器直接进入炉膛进行燃烧。火焰温度可高达 1500～1600℃，它以辐射的方式把热量传给水冷壁管。因此，这样的炉膛起燃烧与传热的双重作用。特殊锅炉如旋风炉，燃烧室与炉膛是分开的，燃烧室只起燃烧煤粉作用，而炉膛主要起传热作用。

在炉膛中，水冷壁要吸收一部分热量，炉膛出口处的烟气温度降至 1100～1200℃，这时烟气中的飞灰呈固态，可防止在过热器上结渣。

如图 2-1 所示，烟道是由炉墙围起来的烟气通道，把炉膛出口的烟气按要求引入除尘器。在烟道中布置各种受热面，可充分利用余热，提高锅炉热效率。

（二）锅炉的辅助设备

锅炉的辅助设备有送风机、引风机和制粉送粉设备。制粉送粉设备有排粉风机、磨煤机、给煤机、粗粉分离器、细粉分离器、煤粉仓、给粉机及螺旋输粉机等。

1. 送风机

送风机又称鼓风机，它把锅炉房内的空气送入空气预热器加热后，一部分供磨煤机作干燥剂并输送煤粉用；另一部分作二次风助燃用。送风机的风最后全部送入炉膛供燃烧煤粉用。根据负荷的大小及时调节风量，以保证煤粉全部完全燃烧（完全燃烧是指煤粉燃烧后没有剩余可燃物）所需合适的空气量。

2. 引风机

引风机又称吸风机，它把锅炉燃烧产生的烟气全部经烟囱排入大气中。在排走烟气的同时，维持炉膛出口处烟气有一定的负压值（一般锅炉为负压运行），以保证锅炉的正常运行。由于煤粉炉烟气中携带飞灰，长期运行可造成引风机叶片及其外壳磨损，缩短其使用寿命。

3. 排粉风机

排粉风机是制粉系统不可少的设备，它把磨煤机磨制出的煤粉及时抽出，经粗、细粉分离器分离后的合格煤粉进入煤粉仓备用或直接送入炉膛燃烧（直吹式制粉系统）。其风可作为一次风。经过排粉风机的风中含有煤粉，对排粉机会造成磨损，缩短其使用寿命，故其构成部件为耐磨材料。

风机按其工作原理可分为离心式风机与轴流式风机。轴流式风机因其效率高、调节性能好、体积小，现代大容量机组采用较多。中小型机组多采用离心式风机。

离心式风机与轴流式风机分别如图 2-6 和图 2-7 所示。

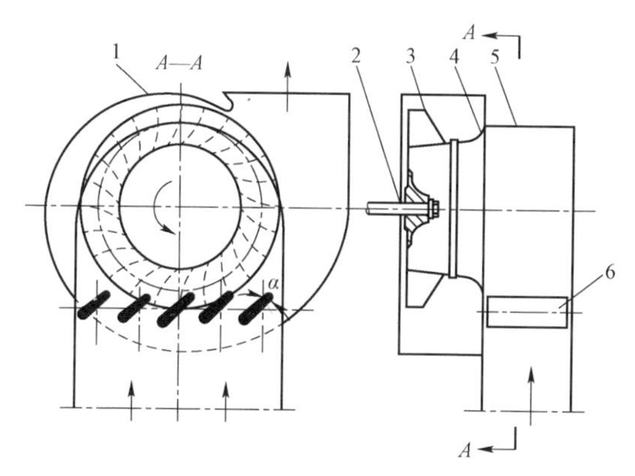

图 2-6　离心式风机

1—外壳；2—轴；3—叶轮；4—集流器；5—进气箱；6—简易导流器

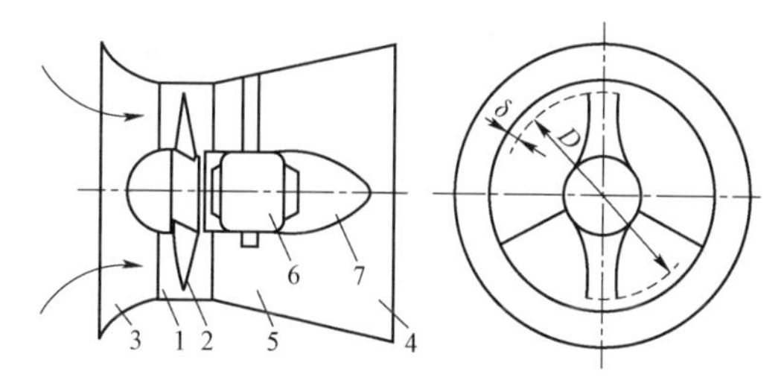

图 2-7　轴流式风机

1—圆筒形外壳；2—叶轮；3—集流器；4—出风口；5—扩压器；6—电动机；7—整流罩

4. 磨煤机

磨煤机是制粉系统的核心设备，它的作用是把原煤磨制成合格的煤粉。磨煤机按转速可分为低速磨煤机、中速磨煤机和高速磨煤机。

（1）低速磨煤机。常用的低速磨煤机有滚筒型钢球磨煤机，其转速为 16～25r/min。图 2–8 所示为滚筒型钢球磨煤机，中间滚筒是空心的，转动时把内部装的钢球（直径为 40～60mm）和被磨制的煤一起带着转动，钢球被抛到一定高度落下，将煤击碎，钢球在筒内滚动时起研磨作用。磨制煤粉主要靠钢球的撞击作用。

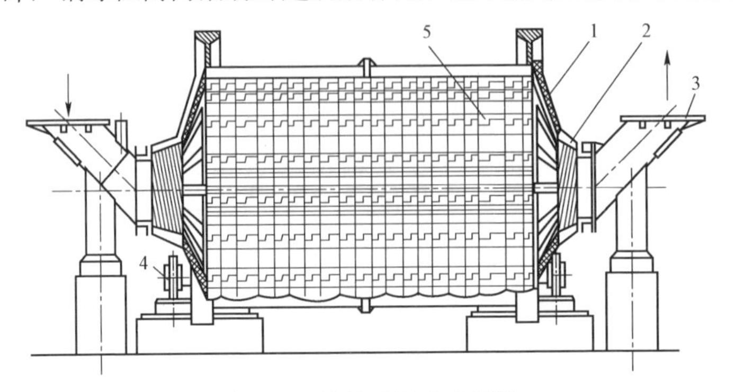

图 2–8　滚筒型钢球磨煤机

1—滚筒；2—空心轴颈；3—短管；4—减速机；5—筒内波形护板

（2）中速磨煤机。常用的中速磨煤机有平盘磨煤机、中速钢球磨煤机（又称 E 型磨煤机）和碗式磨煤机，其转速为 50～300r/min。图 2–9 所示为平盘磨煤机，它主要靠转盘与辊子碾压作用把煤磨制成煤粉。

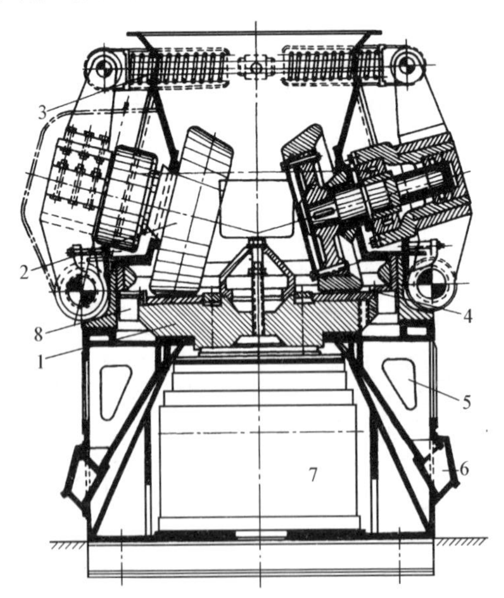

图 2–9　平盘磨煤机

1—转盘；2—辊子；3—弹簧；4—挡环；5—风室；6—杂物箱；7—减速箱；8—环形风道

（3）高速磨煤机。常用的高速磨煤机有风扇磨煤机和锤击式磨煤机，其转速为500～1500r/min。它们主要是靠高速旋转的叶片或飞锤撞击作用磨制煤粉的。这种磨煤机适用于可磨性系数大的煤。由于转速高，对设备本身的磨损也较大。图2-10所示为竖井式磨煤机，它是多列锤击式的高速磨煤机。

5. 给煤机

给煤机的作用是把煤斗中的原煤送入磨煤机。根据磨煤机负荷的大小控制给煤量，以维持磨煤机内有合适的存煤量，而磨制出较多合格的煤粉。给煤机有圆盘式给煤机、刮板式给煤机和电磁振动式给煤机等。由于电磁振动式给煤机结构简单，维护方便，目前被广泛采用。图2-11为电磁振动式给煤机。

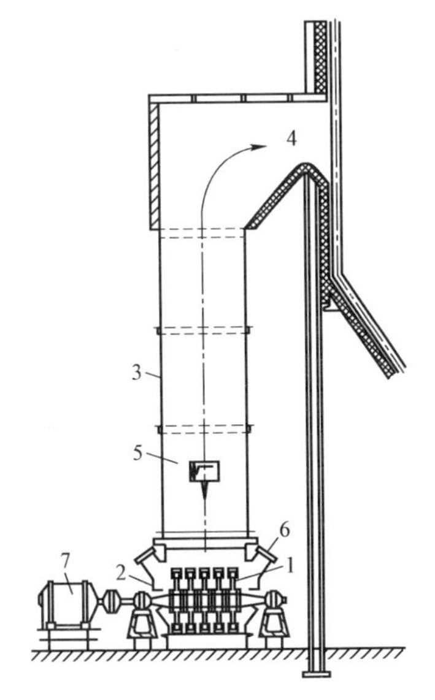

图2-10 竖井式磨煤机

1—转子；2—外壳；3—竖井；4—喷口；5—煤入口；6—热风入口；7—电动机

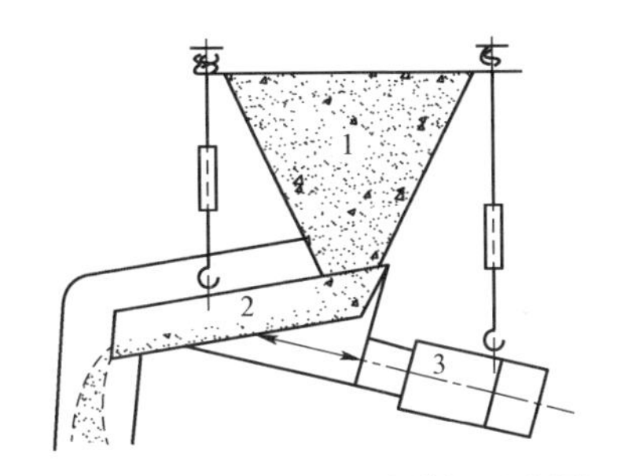

图2-11 电磁振动式给煤机示意图

1—煤斗；2—给煤槽；3—电磁振动器

6. 粗粉分离器

粗粉分离器一般装在磨煤机出口，它把不合格的粗煤粉分离出来，送到磨煤机重新磨制，合格的煤粉被空气带走。图2-12为钢球磨煤机用的离心式粗粉分离器。

7. 细粉分离器

细粉分离器又称旋风分离器，它是储仓式制粉系统所采用的设备，其作用是把合格煤粉从输送它的空气中分离出来送到煤粉仓储存。分离出煤粉的空气仍携带少量煤粉，它可以作为一次风使用，一次风是向锅炉输送煤粉的。图2-13所示为小直径旋风分离器。

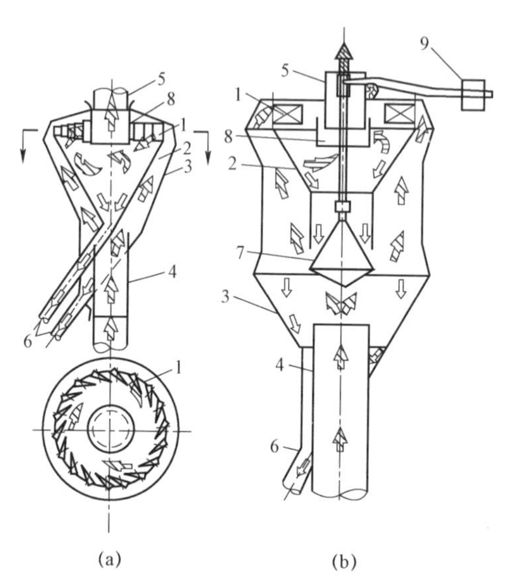

图 2－12　离心式粗粉分离器

（a）原型；（b）改进型

1—折向挡板；2—内锥；3—外锥；4—进口管；5—出口管；6—回粉管；7—锁气器；8—出口调节筒；9—平衡重锤

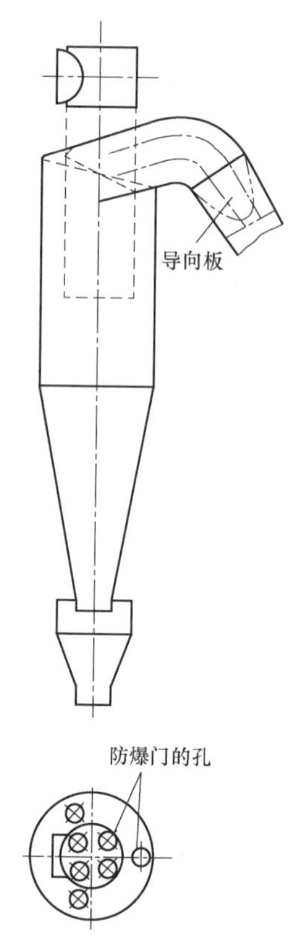

图 2－13　小直径旋风分离器

8. 煤粉仓

它是用作储存煤粉的，一般用钢筋混凝土浇筑。存粉量可供锅炉燃用 2～3h，在制粉系统发生故障时，可以短时不停炉处理。

9. 给粉机

给粉机的作用是把煤粉仓的煤粉连续地送入一次风管中，它可根据负荷的大小控制给粉量。几台给粉机同时把煤粉送入各自一次风管中，且每台给粉机的送粉量基本相同，以保证燃烧稳定，火焰维持在炉膛中心。图 2－14 所示为叶轮式给粉机。

10. 螺旋输粉机

螺旋输粉机又称输粉绞龙。其作用是将细粉分离器分离出的煤粉送到邻炉煤粉仓，支援邻炉煤粉。图 2－15 所示为螺旋输粉机，一根很长的螺旋形叶轮，通过转动把煤粉由一端推向另一端，改变电机转动方向，可反向送粉。

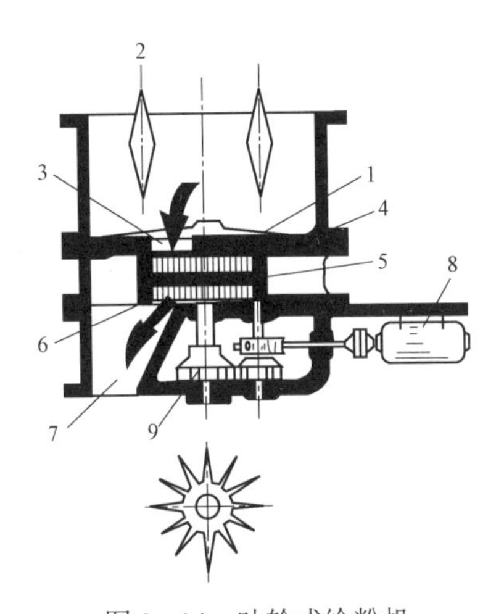

图 2-14　叶轮式给粉机

1—搅拌器；2—遮断挡板；3—上孔板；4—上叶轮；5—下孔板；6—下叶轮；7—给粉管；8—电动机；9—减速器齿轮

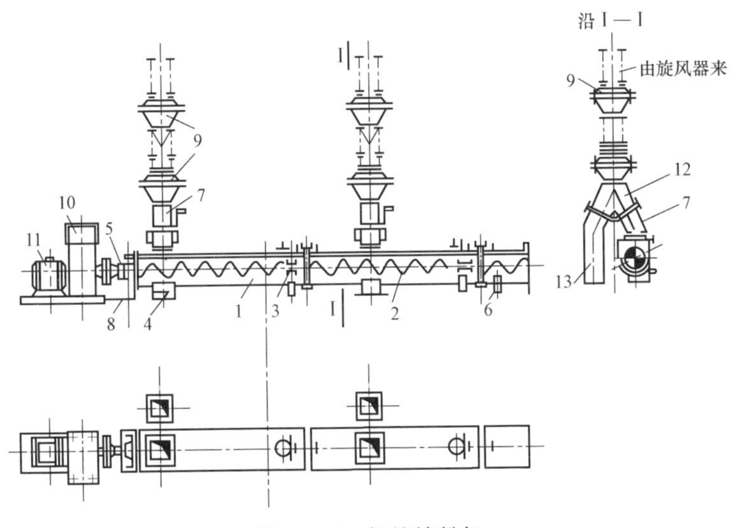

图 2-15　螺旋输粉机

1—外壳；2—螺旋杆；3—轴承；4—带有挡板的落粉管；5—推力轴承；6—支架；7—落粉管；8—端头支座；9—锁气器；10—减速箱；11—电动机；12—切换挡板；13—入煤粉仓落粉管

三、锅炉的工作原理

燃料在锅炉炉膛内进行合理、高效地燃烧，把流动的水加热，转变为高温高压的过热蒸汽。因此锅炉的工作分燃料燃烧和汽水系统两个部分，相应地也就有燃烧和汽水两个系统。

（一）锅炉中燃料的燃烧

所谓燃烧，就是燃料中的可燃成分与空气中的氧发生剧烈的化学反应并放热和发光的现象。燃料燃烧后生成的烟气和灰渣统称为燃烧产物。如果燃烧产物中不含可燃成分，是完全燃烧，如果燃烧产物中还含有可燃成分，则是不完全燃烧。不完全燃烧会造成热损失，降低电厂的经济性。

燃料的燃烧方式有层状燃烧、悬浮燃烧、旋风燃烧、沸腾燃烧四种。

层状燃烧的特点是燃料(块状煤)在炉箅上形成一定厚度的燃料层进行燃烧，燃烧所需的空气自炉箅下面送入，如图 2－16（a）所示。采用层状燃烧方式的锅炉称为层燃炉。

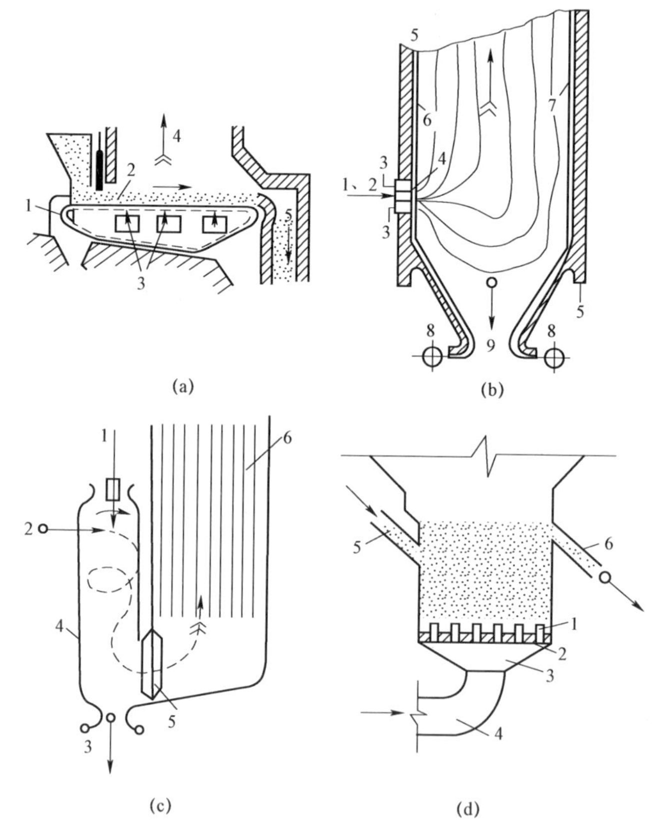

图 2－16　燃烧方式示意图

（a）层状燃烧：1—炉箅；2—燃料；3—空气；4—烟气；5—灰渣

（b）悬浮燃烧：1，2—煤粉与一次风的混合物；3—二次风；4—燃烧器；
5—炉墙；6—前水冷壁；7—后水冷壁；8—水冷壁下联箱；9—灰渣

（c）旋风燃烧：1—煤粉与一次风的混合物；2—二次风；3—液态渣；
4—旋风燃烧室；5—捕渣管束；6—冷却室

（d）沸腾燃烧：1—风帽；2—布风板；3—风室；4—进风道；5—进煤口；6—溢灰口

悬浮燃烧的特点是没有炉箅而具有高大的炉膛，燃料随空气一起流动着进入炉膛，并在悬浮状态下燃烧。采用悬浮燃烧方式的锅炉称为室燃炉，如图 2－16（b）

所示。

旋风燃烧的特点是燃料和空气沿切线方向进入旋风燃烧室（旋风筒）内作强烈的旋转运动并进行燃烧，如图 2-16（c）所示。采用旋风燃烧方式的锅炉称为旋风炉。

沸腾燃烧的特点是使空气以适当的速度通过炉床（布风板）将煤粒吹起，使煤粒（大部分比层燃炉中的小得多，而比煤粉炉中的大得多）悬浮在床层的一定高度范围内，煤粒与空气混合成像液体一样具有流动性的流体，形成煤粒的上下翻腾，并在这种状态下强烈燃烧。采用沸腾燃烧方式的锅炉称为沸腾炉，如图 2-16（d）所示。

我国目前电站锅炉大多采用室燃炉，也称为煤粉炉，故本书主要介绍煤粉炉的燃烧。

1. 煤粉炉的燃烧方式

煤粉炉根据排渣方式的不同分为固态排渣煤粉炉和液态排渣煤粉炉。

（1）固态排渣煤粉炉。固态排渣煤粉炉的燃烧示意如图 2-17 所示，煤在送入锅炉燃烧前，先磨制成粉状，由一次风输送。一次风和二次风经喷燃器把煤与空气按完全燃烧的合适比例同时送入炉膛进行燃烧。在二次风的搅拌、混合作用下，使空气与煤粉混合均匀。由于煤粉与空气充分接触，且粒度很小，燃烧非常迅速，一般在 1.5～3s 内可随着烟气流动而被烧完。因煤粉燃烧迅速，炉膛中心火焰温度达 1500℃左右，高温的火焰更有利于煤粉的着火与稳定燃烧。这种锅炉的热效率可达 88%～93%。现代大容量高参数的锅炉普遍采用这种燃烧方式。

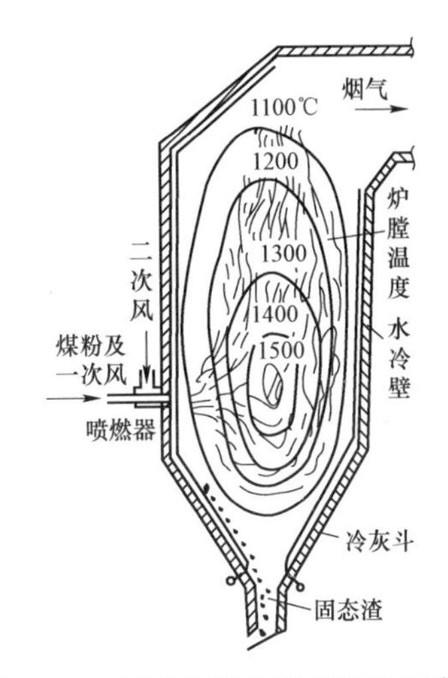

图 2-17　固态排渣煤粉炉燃烧示意图

煤粉燃烧后剩余的固体物统称为灰渣，其中 80%～95%随烟气以飞灰尘粒的形式排出炉外，20%～5%凝结成渣，落入下部的灰斗以固态形式排出。由于炉膛内各处温度不同，火焰中心温度最高，周围温度较低，高温处灰粒为液态，四周及炉膛出口处温度较低灰粒凝结成固态。锅炉下部温度更低，结成粗渣。这种下部灰渣凝结成固态而排出的锅炉称为固态排渣炉。固态排渣炉的结构简单，但体积大、渣量比率低，烟气中飞灰太多，对烟道中的受热面、引风机等磨损严重。烟气若直接排入大气还会对周围环境造成严重污染，故必须配以庞大的高效烟气除尘器。

（2）液态排渣煤粉炉。液态排渣炉与固态排渣炉一样，也烧煤粉。所不同的是炉底排渣以液态形式排出炉外，如图 2-18 所示。在喷燃器至锅炉底部一带的

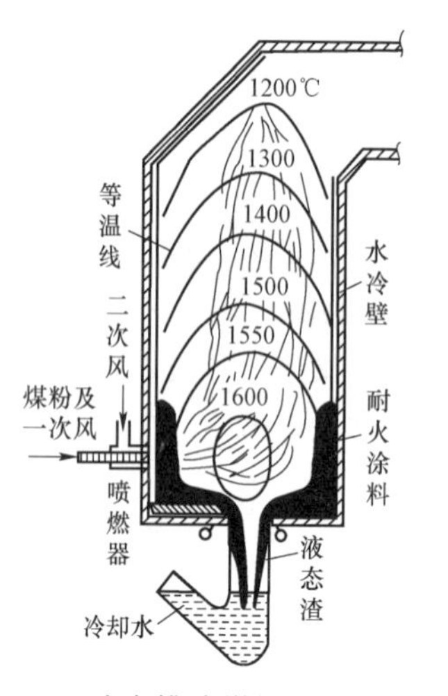

图 2－18　液态排渣煤粉炉燃烧示意图

水冷壁管上覆盖一层耐火材料，便于在燃烧区至底部维持较高的温度，火焰中心温度可达1600℃，使火焰中心熔化的灰保持液态，沿着炉墙四周流入炉底排渣口而排出炉外。这种锅炉捕渣率高，可达30%～40%，减少了烟气中飞灰含量，减轻了烟道中受热面及引风机的磨损。

液态排渣炉适用于灰分熔点低（1200℃以下）、着火困难的无烟煤，可使着火容易，燃烧稳定，不完全燃烧损失小，排渣容易，可减轻炉膛结焦渣。它的缺点是煤的灰分熔点高时，排渣困难；锅炉负荷不能低于临界负荷，否则无法排渣；灰渣带走的物理热损失较大；有高温腐蚀、炉底析铁和黏性积灰问题等。

2. 煤粉炉的燃烧系统

煤粉炉的燃烧系统是由制粉系统、喷燃器燃烧室（或炉膛）、烟道、送风机、引风机、空气预热器、烟囱等构成的。

喷燃器把一、二次风合理地引入炉膛，布满炉膛，空气与煤粉均匀混合燃烧对水冷壁放热。之后高温烟气沿炉顶进入烟道依次通过过热器、再热器、省煤器和空气预热器等对其中的介质进行加热。最后烟气经除尘器、引风机、高大烟囱排入大气。送风机将空气送入空气预热器吸收烟气的热量而温度提高后，大部分作为二次风进入炉膛，另有一部分送至制粉系统使用。

制粉系统磨煤时，既要保证煤粉粒度符合燃烧要求，又要保证运行可靠。

为适应不同煤种的特性（可磨性、水分等）和锅炉的容量、型式以及负荷性质的需要，可选择各种磨煤设备，组成特点不同的制粉系统。一般有直吹式和储仓式两种制粉系统。

（1）直吹式制粉系统。直吹式制粉系统的磨煤机所生产的煤粉全部直接送入炉膛燃烧。因此，其产粉量随锅炉负荷大小的需要而变化。图 2－19 所示为中速磨煤机直吹式制粉系统。由给煤机把原煤斗中的煤送入磨煤机，同时送入磨煤机的还有热空气，它既起干燥剂作用，又起输送煤粉的作用。磨煤机的出口装有粗粉分离器，将不合格的煤粉分离出来，返回磨煤机重新磨制。合格的煤粉送入炉膛燃烧。

直吹式制粉系统简单，设备少，其维护工作量也少。但不与邻炉发生联系，出现故障时不能互相支援。

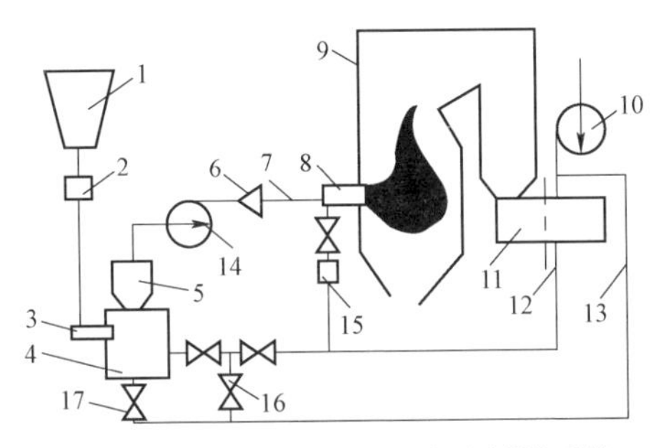

图 2-19　中速磨煤机直吹式制粉系统

1—原煤斗；2—自动磅秤；3—给煤机；4—磨煤机；5—粗粉分离器；6— 一次风箱；7—去喷燃器的输粉管；8—喷燃器；9—锅炉；10—送风机；11—空气预热器；12—热风管；13—冷风管；14—排粉机；15—二次风箱；16、17—冷风门

（2）储仓式制粉系统。储仓式制粉系统所产煤粉不直接送入炉膛，而是先送入煤粉仓存放，煤粉经给粉机送入炉膛。制粉系统的产粉量不随锅炉负荷变化而变化。

图 2-20 为球磨机储仓式制粉系统。由给煤机把原煤斗中的煤送入磨煤机，同时送入磨煤机热空气。粗粉分离器把不合格的煤粉分离出来，送回磨煤机重新磨制。合格煤粉被送入细粉分离器，分离出的煤粉落入煤粉仓存放，也可通过螺旋输粉机送往邻炉支援，分离出煤粉的空气由排粉机作为一次风送入炉膛。煤粉仓的煤粉由几台给粉机同步控制粉量经各自的一次风管被送进炉膛进行燃烧。

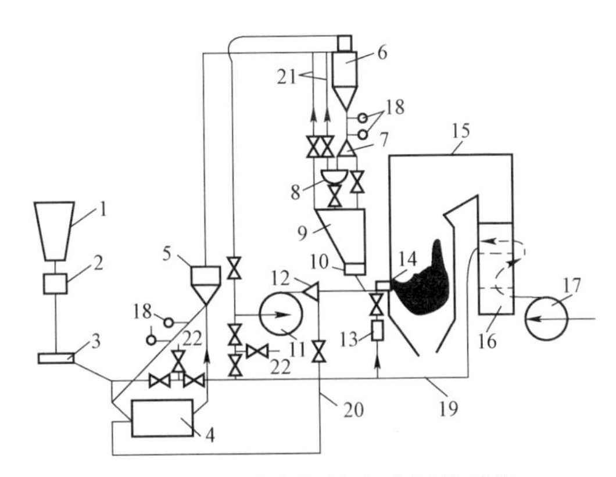

图 2-20　球磨机储仓式制粉系统

1—原煤斗；2—自动磅秤；3—给煤机；4—磨煤机；5—粗粉分离器；6—细粉分离器；7—切换挡板；8—螺旋输粉机；9—煤粉仓；10—给粉机；11—排粉机；12—一次风箱；13—二次风箱；14—喷燃器；15—锅炉；16—空气预热器；17—送风机；18—锁气器；19—热风管；20—再循环管；21—吸潮管；22—冷风门

该系统磨煤机的产粉量不受锅炉负荷的限制，可在经济负荷下长时间运行，煤粉仓存粉量较多时，可停止磨煤机运行；可在锅炉之间装设螺旋输粉机，必要

时可给邻炉送粉，保证邻炉在制粉系统发生故障时，不停炉处理，故运行灵活可靠。但该种系统复杂、设备多、投资大、维护工作量大。

（二）锅炉的汽水循环

水在锅炉内循环流动，吸收燃料放出的热量，逐渐由水变为饱和蒸汽、过热蒸汽。

1. 锅炉的汽水工作过程

以自然循环锅炉为例（见图 2–1），从给水泵来的水，经省煤器加热成饱和水被送到汽包，再经下降管、下联箱进入所有水冷壁管中。在水冷壁管中，水吸收炉膛火焰的辐射热，使部分水变成蒸汽，以汽水混合物的形式进入汽包。侧墙水冷壁管中的汽水混合物经上联箱、上升管也进入汽包。在汽包中，经汽水分离装置分离出的水继续循环蒸发，蒸汽被引入过热器加热到蒸汽的额定参数，被送到汽轮机做功。再热器用于加热汽轮机高压缸做功后的蒸汽，使其温度升高后，送回汽轮机中低压缸继续做功，以提高电厂热经济性。

2. 锅炉汽水循环的方式

锅炉按汽水流动特点不同可分为自然循环锅炉、控制循环锅炉、低倍率强制循环锅炉、直流锅炉和复合循环锅炉。

（1）自然循环锅炉。从汽包、下降管、水冷壁再到汽包的循环回路中，水冷壁管内是汽水混合物，下降管不受热，其中充满水。同样压力下（临界压力以下）蒸汽的重度比水的重度小。因此，在上述循环回路中，存在重度差，使汽水自动流动形成循环。图 2–21 所示为自然循环锅炉工作原理示意图，水在循环流动过程中完成了蒸发过程。

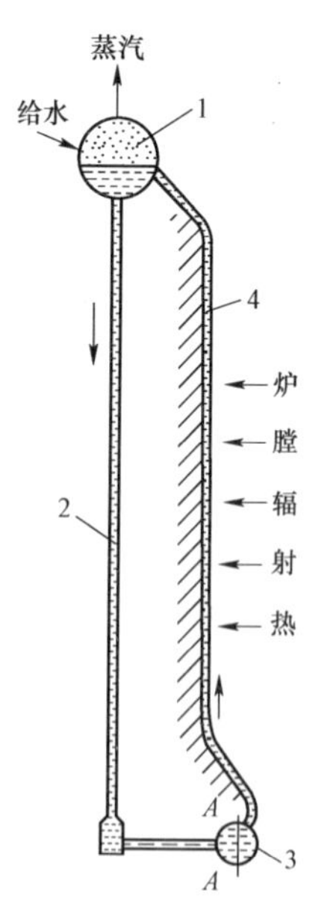

图 2–21　自然循环锅炉工作原理示意图

1—汽包；2—下降管；3—下联箱；4—水冷壁管

（2）控制循环锅炉。控制循环锅炉又称多次强制循环锅炉。它的结构和特征与自然循环锅炉相似，不同之处是在下降管与下联箱之间装设了锅炉循环泵。其原因是随着锅炉压力的提高，同样压力下饱和蒸汽与饱和水的重度差减小，进行自然汽水循环的动力减小。为了保证大容量、高压力锅炉的正常汽水循环，就增设了锅炉循环泵，形成汽水强制循环。强制循环方式用于 12.75MPa 及以上压力的亚临界锅炉。

对于有汽包的锅炉来说，给水中的

含盐量虽然很微小，由于锅炉连续不断地蒸发，盐分不蒸发，炉水中含盐浓度逐渐增加。高浓度的炉水容易使水冷壁管内结水垢。水垢会降低传热效果，严重时会使水冷壁管过热发生爆管。为降低炉水中的含盐量，从汽包水含盐浓度较大的部位连续地排掉一部分炉水（包括浮渣），这称为连续排污。从下联箱定期地排掉沉淀的水渣与炉水，称为定期排污。排污保证了炉水的含盐浓度在合格的情况下运行，以减少结水垢的可能性，保证锅炉长期安全运行。

（3）低倍率循环锅炉。与控制循环锅炉相似，只是用较简单的立式汽水分离器代替了庞大而复杂的卧式汽包，循环倍率也较控制循环锅炉为低。

（4）直流锅炉。直流锅炉是一次强制循环锅炉，它没有汽包，也就没有汽、水分离器和水的再循环过程。图 2－22 所示为直流锅炉工作原理图。由图 2－22 可看出，给水在给水泵压力的作用下进入锅炉以后，顺次连续流过加热、蒸发和过热各区段受热面，一次将给水全部加热成过热蒸汽。在受热面中，三个阶段没有固定不变的分界线，而是在一定的范围内波动。

直流锅炉与自然循环锅炉比较有以下优点：① 由于直流锅炉没有汽包，受热面管径较小，金属消耗量小，可节省钢材 15%～30%，造价低，制造、安装、运输都方便；② 启动、停止速度快，不受汽包壁金属温差的限制中，一般汽包锅炉启动需 4～5h，停炉用时更多，而直流炉启动只需 45min 左右，停炉 30min 就可完成。

直流炉的缺点是：① 由于没有汽包，排污困难。水质不合格时，容易在受热面内结垢，威胁锅炉、汽轮机的安全运行，因此，直流锅炉对给水品质要求很高，化学除盐设备投资及除盐水生产成本增加；② 由于直流锅炉储热量少，在变负荷运行时，如调节不当会造成蒸汽参数大幅度变化，影响汽轮机正常运行，为保证蒸汽参数稳定，对自动调节设备要求必须灵敏可靠，按燃料和给水的合适比例及时调节；③ 由于直流锅炉的受热面全部由小直径的管子组成，因而汽水阻力大，致使给水泵压头高，故电耗比较大。

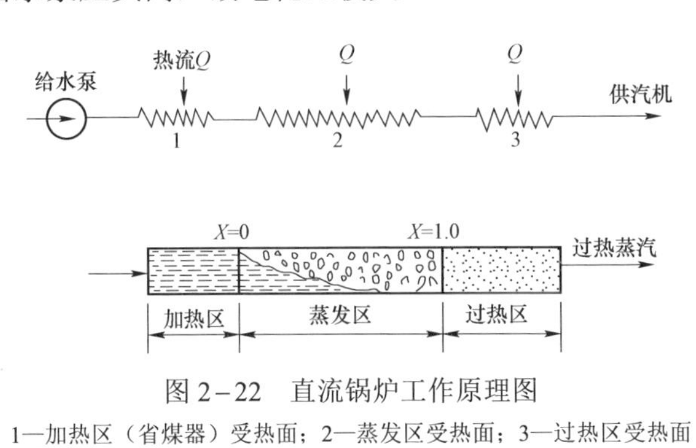

图 2－22 直流锅炉工作原理图

1—加热区（省煤器）受热面；2—蒸发区受热面；3—过热区受热面

（5）复合循环锅炉。它是直流锅炉与低倍率循环锅炉的结合，即正常或高负荷时按直流炉工作，而锅炉启动或低负荷时则按低倍率循环锅炉工作。

四、循环流化床锅炉

（一）循环流化床燃烧原理

循环流化床锅炉是在沸腾炉基础上发展而来，它是一种燃烧方式介于沸腾燃烧与悬浮燃烧之间的新型燃烧设备。循环流化床燃烧与沸腾炉不同，由于流化速度增大，炉内的气—固两相的动力特性发生变化，不再是沸腾炉流化状态，而进入湍流床和快速床流化状态。为了减小固体颗粒对受热面的磨损，床料和燃料粒径一般比沸腾炉小得多，这样在高的流化速度（一般在 4～10m/s）下，绝大多数的固体颗粒被烟气带出炉膛，在炉膛出口布置物料分离器，把固体颗粒分离下来并返送回炉床内再燃烧，如此反复循环，就形成了循环流化床，如图 2-23 所示。

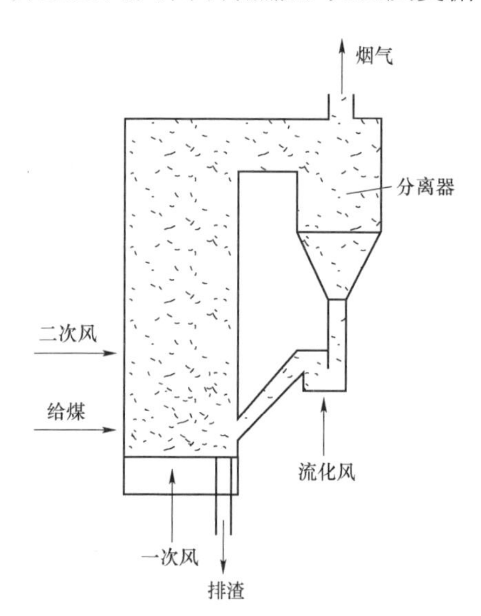

图 2-23 循环流化床锅炉工作原理示意图

循环流化床燃烧技术的最大特点是燃料通过物料循环系统在炉内循环反复燃烧，使燃料颗粒在炉内的停留时间大大增加，直至燃尽。循环流化床锅炉燃烧的另一特点是采用清洁燃烧方法，即向炉内加入石灰石粉或其他脱硫剂，在燃烧中直接除去 SO_2，炉膛下部采用欠氧燃烧，二次风采用分段给入等方式，不仅降低了 NO_x 的排放，而且使燃烧份额的分配更趋合理，同时炉内温度场也更加均匀。由于循环流化床锅炉在设计和布置上的特殊性，使运行中对燃烧的调整要求更加严格，也比较灵活。

与层燃炉、室燃炉等常见炉型相比，循环流化床锅炉技术上比较先进，属于节能、环保型的产品。循环流化床锅炉燃烧技术目前已经发展成为具有很强竞争力的实用型新技术。与层燃炉、沸腾炉和煤粉炉相比，不仅技术先进，在经济上也有着一定的优势。

（二）循环流化床锅炉的基本构成

循环流化床锅炉可分为两个部分：① 由炉膛（流化床燃烧室）、气固分离设备（分离器）、固体物料再循环设备（返料装置、返料器）和外置换热器（有些循环流化床锅炉没有该设备）等组成，上述部件形成了一个固体物料循环回路；② 尾部对流烟道，布置有过热器、再热器、省煤器和空气预热器等，与常规悬浮燃烧锅炉相近。

燃料和脱硫剂由炉膛下部进入锅炉，燃烧所需的一次风和二次风分别从炉膛的底部和侧墙送入，燃料的燃烧主要在炉膛中完成。炉膛四周布置有水冷壁，用于吸收燃烧所产生的部分热量。由气流带出炉膛的固体物料在分离器内被分离和收集，通过返料装置送回炉膛，烟气则进入尾部烟道。

1. 炉膛

炉膛的燃烧以二次风入口为界分为两个区。二次风入口以下为大粒子还原气氛燃烧区，二次风入口以上为小粒子氧化气氛燃烧区。燃料的燃烧过程、脱硫过程、NO_X 和 N_2O 的生成及分解过程主要在燃烧室内完成。燃烧室内布置有受热面，它完成大约 50%燃料释放热量的传递过程。流化床燃烧室既是一个燃烧设备，也是一个热交换器、脱硫、脱氮装置，集流化过程、燃烧、传热与脱硫、脱硝反应于一体，所以流化床燃烧室是流化床燃烧系统的主体。

2. 分离器

循环流化床分离器是循环流化床燃烧系统的关键部件之一。它的形式决定了燃烧系统和锅炉整体布置的形式和紧凑性，它的性能对燃烧室的空气动力特性、传热特性、物料循环、燃烧效率、锅炉出力和蒸汽参数、对石灰石的脱硫效率和利用率、对负荷的调节范围和锅炉启动所需时间以及散热损失和维修费用等均有重要影响。

国内外普遍采用的分离器有高温耐火材料内砌的绝热旋风分离器、水冷或汽冷旋风分离器、各种形式的惯性分离器和方形分离器等。

3. 返料装置

返料装置是循环流化床锅炉的重要部件之一。它的正常运行对燃烧过程的可控性、对锅炉的负荷调节性能起决定性作用。

返料装置的作用是将分离器收集下来的物料送回流化床循环燃烧，并保证流化床内的高温烟气不经过返料装置短路流入分离器。返料装置既是一个物料回送器，也是一个锁气器。如果这两个作用失常，物料的循环燃烧过程建立不起来，锅炉的燃烧效率将大为降低，燃烧室内的燃烧工况变差，锅炉将达不到设计蒸发量。

流化床燃烧系统中常用的返料装置是非机械式的。设计中采用的返料器主要有两种类型：① 自动调整型返料器，如流化密封返料器；② 阀型返料器，如“L”阀等。自动调整型返料器能随锅炉负荷的变化自动改变返料量，不需调整返料风量。阀型返料器要改变返料量则必须调整返料风量，也就是说，随锅炉负荷的变化必须调整返料风量。

4. 外置换热器

部分循环流化床锅炉采用外置换热器。外置换热器的作用是使分离下来的物料部分或全部（取决于锅炉的运行工况和蒸汽参数）通过它，并将其冷却到 500℃左右，然后通过返料器送至床内再燃烧。外置换热器内可布置省煤器、蒸发器、过热器、再热器等受热面。

外置换热器的实质是一个细粒子鼓泡流化床热交换器，流化速度是 0.3～0.45m/s，它具有传热系数高、磨损小的优点。采用外置换热器的优点如下：① 可解决大型循环流化床锅炉床内受热面布置不下的困难；② 为过热蒸汽温度和再热蒸汽温度的调节提供了很好的手段；③ 增加循环流化床锅炉的负荷调节范围；④ 增加同一台锅炉对燃料的适应性；⑤ 节约锅炉受热面的金属消耗量。

其缺点是它的采用使燃烧系统、设备及锅炉整体布置方式比较复杂。

（三）循环流化床锅炉的工作过程

流化床燃烧是床料在流化状态下进行的一种燃烧，其燃料可以为化石燃料、工农业废弃物和各种生物质燃料。一般粗重的粒子在燃烧室下部燃烧，细粒子在燃烧室上部燃烧。被吹出燃烧室的细粒子采用各种分离器收集下来之后，送回床内循环燃烧。图 2–24 给出了循环流化床锅炉的工作过程。

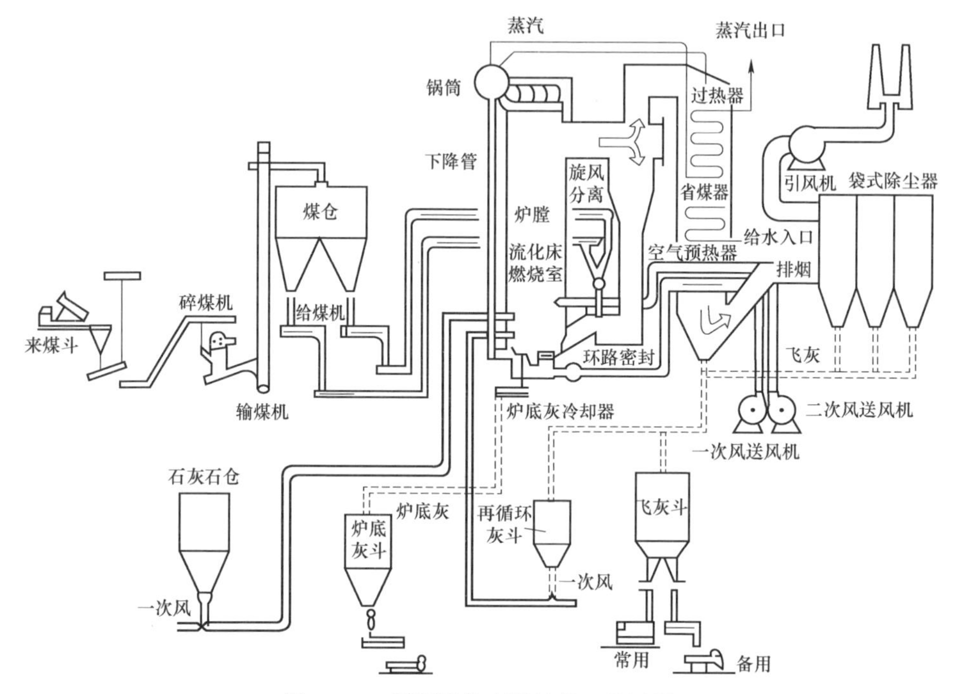

图 2–24　循环流化床锅炉的工作过程

在燃煤循环流化床锅炉的燃烧系统中，燃料煤首先被加工成一定粒度范围的宽筛分煤，然后由给料机经给煤口送入循环流化床密相区进行燃烧，其中许多细颗粒物料将进入稀相区继续燃烧，并有部分随烟气飞出炉膛。飞出炉膛的大部分细颗粒由固体物料分离器分离后经返料器送回炉膛，再参与燃烧。燃烧过程中产生的大量高温烟气，流经过热器、再热器、省煤器、空气预热器等受热面，进入除尘器进行除尘，最后由引风机排至烟囱进入大气。循环流化床锅炉燃烧在整个炉膛内进行，而且炉膛内具有很高的颗粒浓度，高浓度颗粒通过床层、炉膛、分离器和返料装置，再返回炉膛，进行多次循环，颗粒在循环过程中进行燃烧和传热。

该锅炉汽水侧为自然循环方式，给水首先进入省煤器，然后进入汽包，后经下降管进入水冷壁。燃料燃烧所产生的热量在炉膛内通过辐射和对流等传热形式由水冷壁吸收，用以加热给水生成汽水混合物。生成的汽水混合物进入汽包，在汽包内进行汽水分离。分离出的水进入下降管继续参与水循环；分离出的饱和蒸汽进入过热器系统继续加热变为过热蒸汽。

锅炉生成的过热蒸汽引入汽轮机做功，将热能转化为汽轮机的机械能。一般超高压及以上机组锅炉将布置有再热器，这些机组中的汽轮机高压缸排汽将进入锅炉再热器进行加热，再热后的蒸汽进入汽轮机中、低压缸继续做功。

第三节 汽轮机设备

火力发电厂是通过锅炉将燃料的化学能转化为蒸汽的热能，在汽轮机内又将蒸汽的热能转化成旋转的机械能，经过发电机将旋转的机械能转化为电能。因此，汽轮机是电厂的一个主要的设备，它由本体部分（包括静止和转动两大部分）、调速保安部分及辅助设备等组成。

一、汽轮机的基本工作原理

当一个运动的物体撞到另一个静止或运动速度比它慢的物体时，运动的物体本身的运动速度因受阻而改变，同时给阻碍运动的物体一个作用力，这个作用力为冲动力，冲动式汽轮机就是根据这个原理工作的。图 2–25 为单级汽轮机原理图，具有一定压力和温度的蒸汽，通过固定不动的喷嘴并在其中膨胀加速。膨胀过程中蒸汽的压力和温度不断降低，汽流速度不断增加，从而将蒸汽的热能转变成汽流的动能。从喷嘴中喷出的高速汽流，以一定方向冲击叶轮上的叶片而改变流动方向，从而给叶片一个作用力，在此力的作用下，叶轮就转动起来。

反动式汽轮机的工作原理类似火箭的飞行原理，如图 2–26 所示。火箭内部燃料燃烧后产生的高压气体，从尾部高速喷出，使火箭受到一个与汽流喷出方向

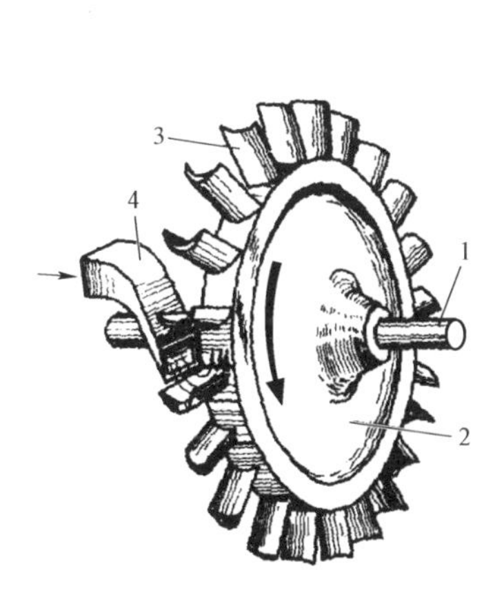

图 2–25 单级汽轮机原理图

1—轴；2—叶轮；3—叶片；4—喷嘴

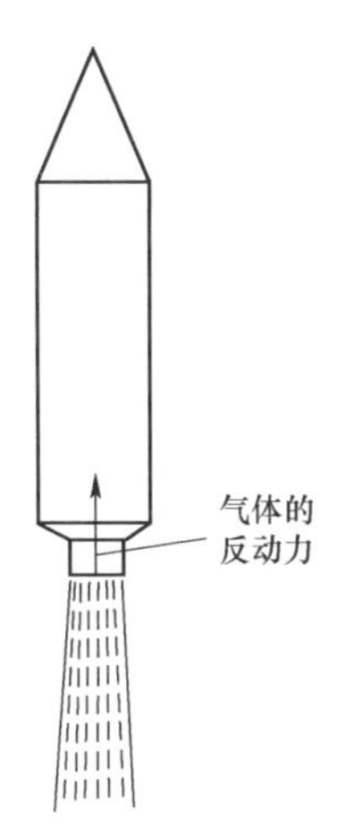

图 2–26 火箭工作原理示意图

相反的作用力飞行，这个作用力称为反动力。根据这个原理，只要能让蒸汽在叶片流道中产生加速流动，使叶片出口的蒸汽流速大于进口，叶片就会受到反动力的作用，推动叶轮转动，这就是反动式汽轮机的工作原理。实际中的反动式汽轮机，蒸汽在喷嘴中膨胀获得较高速度，进入叶片后汽流流动方向发生改变，对叶片具有冲动力。同时蒸汽在叶片流道中也加速，对叶片又产生一个反动力。所以反动式汽轮机是冲动力和反动力综合作用而转动的。

一列喷嘴和其后的一列动叶片组成汽轮机的一个级。喷嘴安装在固定不动的喷嘴室或隔板上，动叶片安装在叶轮的外缘上。如果蒸汽在喷嘴内膨胀加速后冲动汽轮机的叶片做功，不在动叶内膨胀，这样的级称为纯冲动级；如果蒸汽在喷嘴内膨胀一半，而另一半在动叶内膨胀，既具有冲动作用又具有反动作用这样的级称为反动级；若蒸汽主要在喷嘴内膨胀而在动叶内只有少量膨胀，这样的级称为冲动级。具有一个级的汽轮机称为单级汽轮机，其功率很小。现代电站汽轮机都是由若干个级串联而成的，称为多级汽轮机。

在多级汽轮机中，蒸汽依次通过各级膨胀做功。从最后一级排出的蒸汽（称为汽轮机排汽或乏汽）进入凝汽器再凝结成水。多级汽轮机做功能力大，新蒸汽的压力和温度高，热效率也高。如图 2-27 所示，1000MW 超超临界汽轮机共有 45 个级，五个汽缸，新蒸汽压力为 26.25MPa，温度 600℃，总长度 36m。

图 2-27　1000MW 超超临界汽轮机示意图

二、汽轮机的分类

汽轮机机常见的分类方法如下：

（1）按工作原理分类，汽轮机可分为冲动式和反动式两种。由冲动级组成的汽轮机称为冲动式汽轮机，由反动级组成的汽轮机称为反动式汽轮机。

（2）按进汽压力分类，火电厂的汽轮机可分为低压（小于 1.5MPa）、中压（2M～4MPa）、高压（6～10MPa）、超高压（12～14MPa）、亚临界压力（16～18MPa）、超临界压力（22～24MPa）及超超临界压力（26～28MPa）等。大型汽轮机为亚临界压力、超临界压力及超超临界压力。

（3）按热力过程的特点分类，汽轮机可分为凝汽式、背压式、调整抽汽式、中间再热式汽轮机。如果进入汽轮机的蒸汽除回热抽汽及轴封漏汽外，全部排入凝汽器，则称为凝汽式汽轮机。当进入汽轮机的蒸汽做功后以高于当地大气压的压力排出，并用于对外供热时，称为背压式汽轮机。从汽轮机中间的某些级后抽出部分蒸汽去对外供热，其余的蒸汽做功后仍然排入凝汽器，且抽汽压力可以在一定范围内调整，则称为调整抽汽式汽轮机。新汽进入汽轮机膨胀做功至某一压力后，被全部抽出送往再热器进行再加热，然后返回汽轮机继续膨胀做功，称为再热式汽轮机。

（4）按汽轮机外形结构特点分类，将汽轮机分为很多类型，如单轴与双轴、单缸与多缸等。大型汽轮机为多缸型式。

汽轮机的型号用来表示汽轮机的热力特点、出力及进汽参数，如N1000－26.25/600/600 型表示凝汽式汽轮机、额定功率 1000MW，新蒸汽压力 26.25MPa、温度 600℃，再热蒸汽温度 600℃，反动式单轴一次再热四缸四排汽式。

三、汽轮机本体结构

汽轮机本体由静止和转动两大部分组成。静止部分包括汽缸、喷嘴、隔板、轴承和汽封等部件；转动部分包括叶轮、轴、叶片（动叶片）和联轴器等部件。

（一）静止部分

1. 汽缸

汽缸是汽轮机的外壳。国产 100MW 以下汽轮机为单缸，100MW 及以上汽轮机为多缸。汽缸一般做成水平面对分式，上、下汽缸用法兰连接，这样便于汽轮机的制造、安装与检修。图 2－28 为汽缸的外形图。汽缸的横截面为圆形，大容量汽轮机的高压缸做成双层缸结构，以减小运行时的热应力。图 2－29 为汽缸断面图。汽缸一般为铸造件，大容量汽轮机的低压缸也可采用钢板焊接而成。

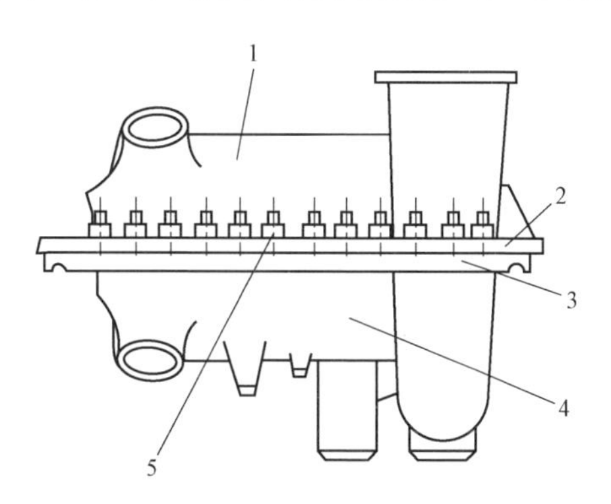

图 2－28　汽缸外形图

1—上汽缸；2—上汽缸法兰；3—下汽缸法兰；4—下汽缸；5—汽缸法兰螺栓

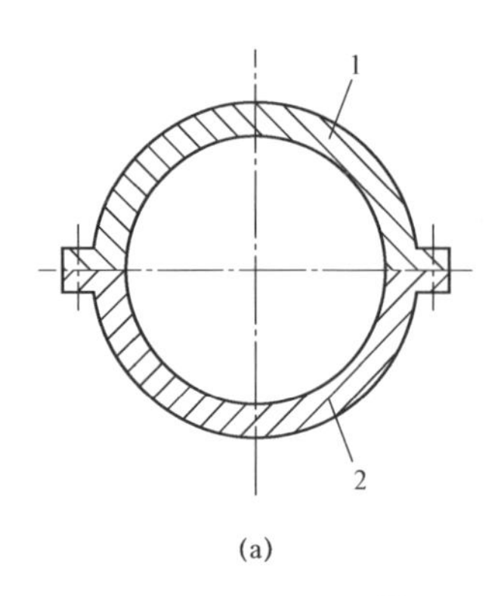

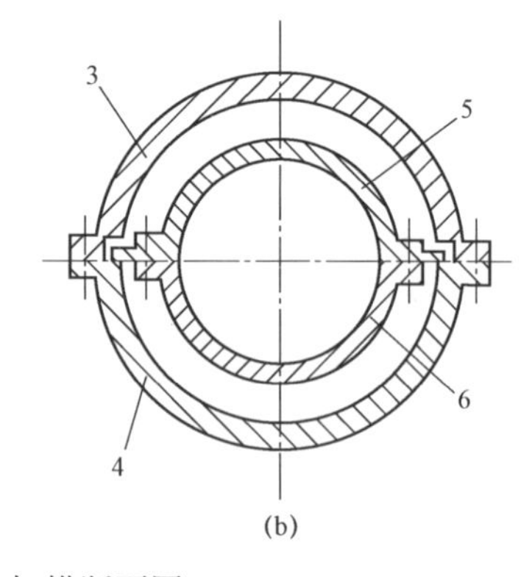

图 2-29　汽缸横断面图

（a）单层缸；（b）双层缸

1—上汽缸；2—下汽缸；3—外上缸；4—外下缸；5—内上缸；6—内下缸

2. 喷嘴及隔板

第一级喷嘴安装在喷嘴室内，每个喷嘴室内安装一组喷嘴，分别由一个调速汽阀控制进汽量，如图 2-30 所示。第二级以后的各级喷嘴安装在隔板上，常称为静叶片，其进汽为前一级动叶片流道中排出的蒸汽。隔板固定在汽缸内，将整个汽缸内沿轴向间隔成若干个汽室。为便于安装检修，隔板制成水平对分的上、下两半块，如图 2-31 所示。隔板有铸造和焊接两种型式。

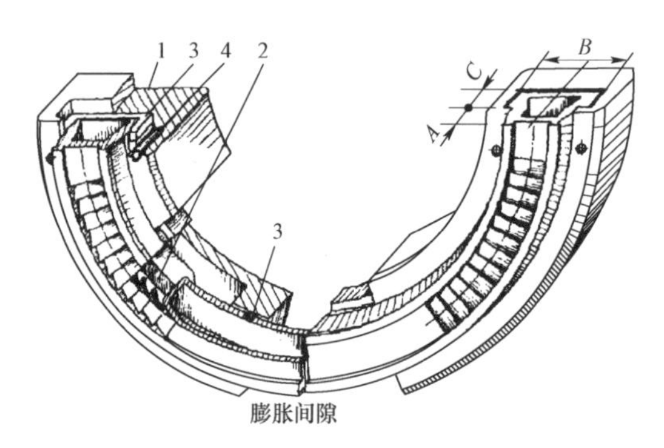

图 2-30　喷嘴组结构

1—喷嘴室；2—喷嘴组；3—Π 形密封键；4—圆柱销钉

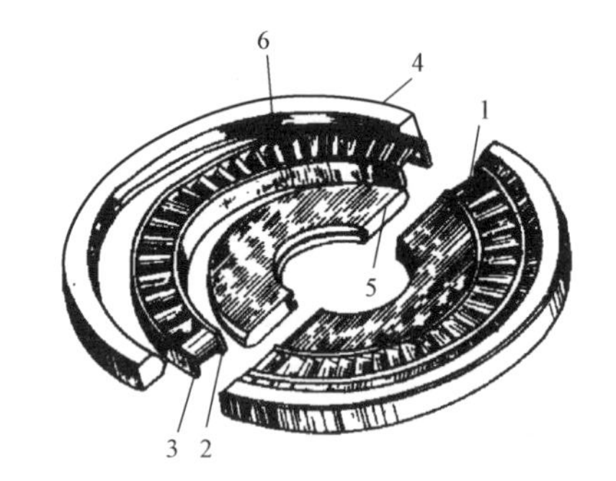

图 2-31　焊接式隔板

1—静叶片；2—内环；3—外环；4—隔板轮缘；5—隔板本体；6—焊接口

3. 汽封

汽封用以防止汽轮机级间漏汽和汽缸端部漏出汽或漏入空气。常用的汽封为曲径式，它是让蒸汽在其内曲折流动并经过若干次的节流达到增大流动阻力减小漏汽（气）量的目的。如图 2-32 所示，其中图（a）为隔板和通汽部分汽封位置图，图（b）为轴端汽封，简称为轴封。

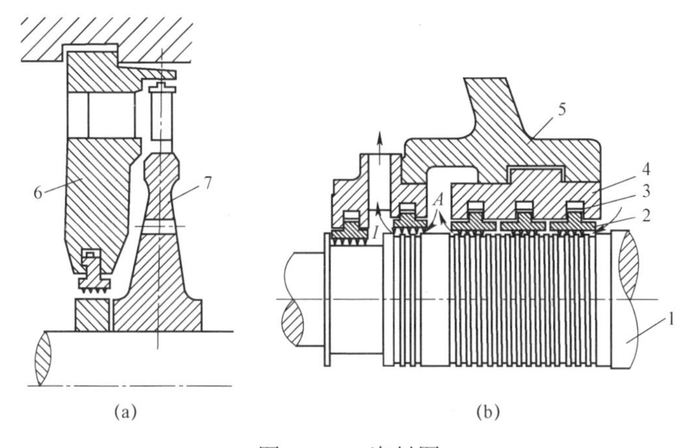

图 2–32　汽封图

（a）隔板和通汽部分汽封；（b）轴封

1—轴；2—汽封；3—弹簧片；4—轴封套；5—汽缸；6—隔板；7—叶轮

4. 轴承

汽轮机轴承分支持轴承（支撑转子，并使其中心与汽缸中心保持一致）和推力轴承（承受转子的轴向推力，并使转子与静止部分之间保持一定的轴向间隙）。汽轮机的轴承均为液体摩擦的滑动式，用透平油来润滑与冷却。支持轴承轴瓦分为上、下两半块，如图 2–33 所示。推力轴承可单独设置，也可与支持轴承的轴瓦连成一体，后者称为推力—支持联合轴承。如图 2–34 所示。

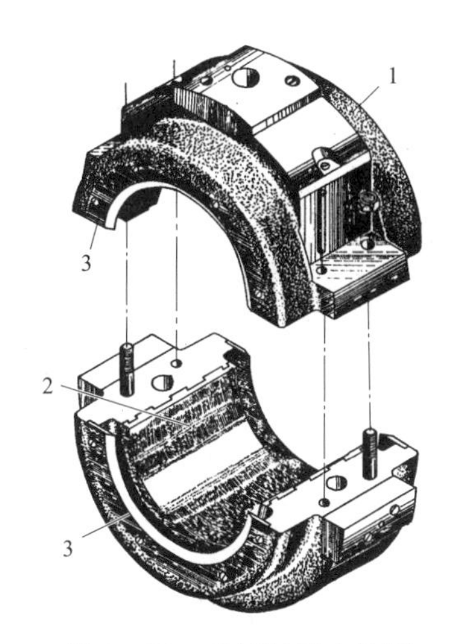

图 2–33　支持轴承立体图

1—上轴瓦；2—下轴瓦；3—油挡

（二）转动部分

1. 叶片

叶片也称动叶片，是汽轮机最重要的部件之一，随着蒸汽在每一级中的膨胀做功，压力越来越低，容积流量越来越大，所以叶片必须逐级加长，才能满足蒸汽的流通面积要求。目前国产机组的最长叶片达 1146mm。

叶片按其截面变化规律分为等截面叶片和变截面叶片（也称扭曲叶片）。叶片由叶根、叶型、叶顶三部分组成，其中叶型为工作部分。叶根用于将叶片装嵌在轮毂上，可有不同形状，如图 2–35 所示。

2. 叶轮与轴

叶轮由轮毂与叶片组成，轮毂外缘安装着叶片。叶轮与主轴组合在一起称为汽轮机转子。转子有套装式、整锻式、焊接式和组合式等形式，如图 2–36 所示为整锻式和组合式转子。汽轮机工作时，叶片上的作用力通过轮毂转化扭矩传给主轴，再通过主轴传给发电机主轴而带动发电机发电。

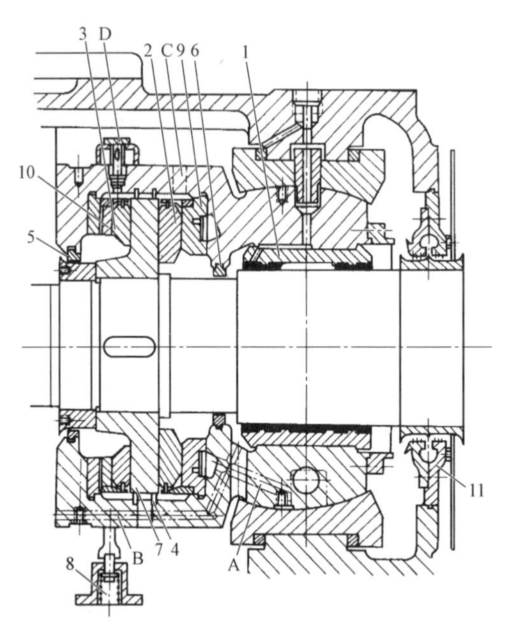

图2-34　推力—支持联合轴承

1—支持轴瓦；2—工作推力瓦块；3—非工作瓦块；4、5、6—油封；7—推力盘；8—支撑弹簧；9、10—推力瓦块安装环；11—油挡

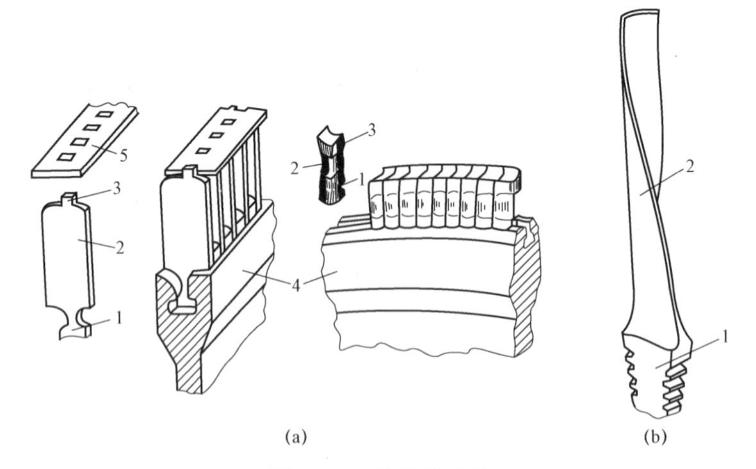

图2-35　汽轮机叶片

（a）等截面叶片；（b）扭曲叶片

1—叶根；2—叶型；3—叶顶；4—叶轮；5—围带

3. 联轴器

联轴器（又称靠背轮）用来连接汽轮机的各个转子以及发电机转子，并传递扭矩。其型式有刚性（两转子的联轴器用螺栓紧紧连接在一起）、半挠性（两转子对轮用半挠性波形筒连接）、挠性（两转子对轮用内齿套筒或蛇形弹簧连接），如图 2-37 所示。刚性联轴器尺寸小，结构简单，无噪声，多用在汽轮机各转子间的连接。半挠性联轴器的优点是传递的扭矩大而振动、轴向力较小，且允许两轴中心有一定偏差，所以被广泛地应用在汽轮机转子与发电机转子的连接处。挠性联轴器缺点多，使用很少。

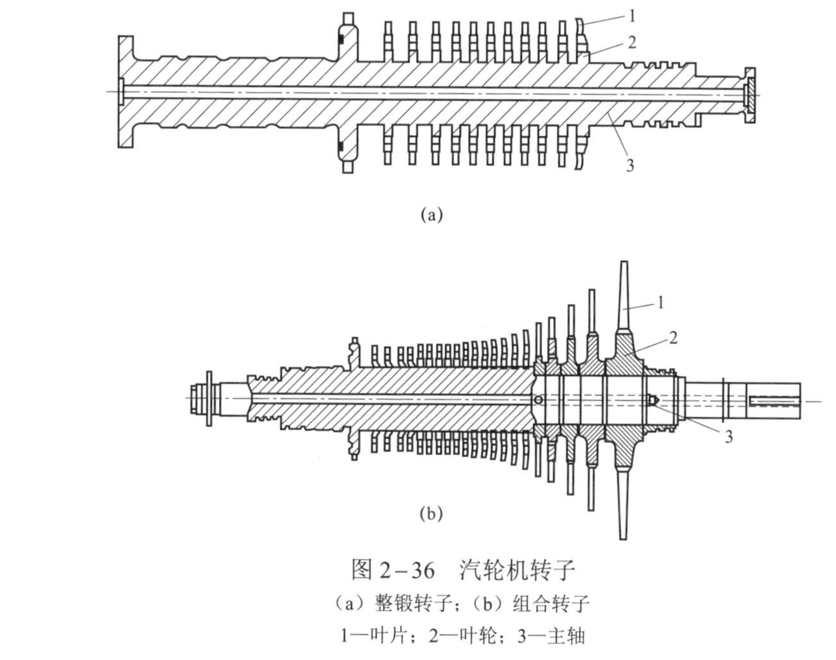

图 2-36　汽轮机转子

（a）整锻转子；（b）组合转子

1—叶片；2—叶轮；3—主轴

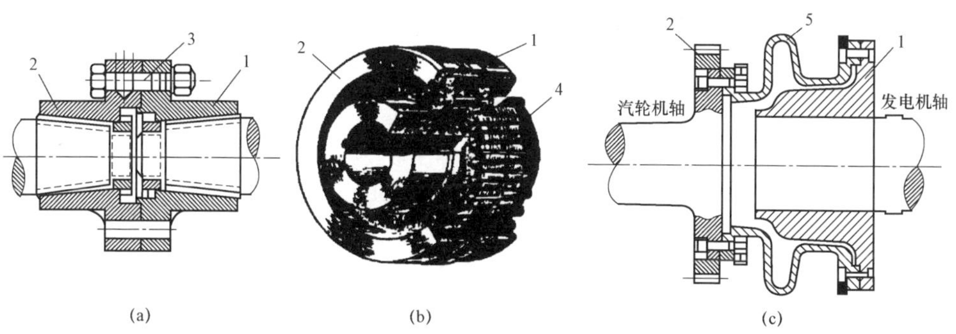

图 2-37　联轴器结构图

（a）刚性；（b）挠性；（c）半挠性

1、2—对轮；3—螺栓；4—蛇形弹簧；5—波形筒

四、汽轮机的调速、保安及油系统

（一）调速系统

调速系统的任务是根据电力负荷的变化随时调整机组出力，同时维持汽轮机的转速在额定值，以保证机组的频率在规定范围内。它是由转速感应机构、传动放大机构、反馈机构和配汽机构组成的。转速感应机构又称调速器，它能够感受汽轮机转速的变化，并将这种转速变化信号转化为机械位移信号或油压信号作为传动放大机构的输入信号。按工作原理的不同可将调速器分为机械离心式（高速弹簧片）、液压离心式（径向钻孔泵、旋转阻尼）和电子式三大类。传动放大机构的作用是接受转速感应机构的信号，并加以放大，然后传递给配汽机构，使其动作。反馈机构是传动放大机构在将转速信号放大传递给配汽机构的同时，还发出一个信号使滑阀复位，油动机活塞停止运动，使系统稳定。配汽机构是接受传动放大机构的信号来改变汽轮机的进汽量。

1. 机械液压调节系统

如图 2–38 所示。当电力负荷增加时，汽轮机转速降低。装在汽轮机主轴上的高速弹簧片调速器 1 的重锤受到的离心力减小，在弹簧拉力作用下，重锤向内移动，使弹簧片发生弹性变形，其中间的挡油板（调速块）向左移动。这时差动活塞 2 的喷嘴排油间隙减小，泄油量减小，差动活塞右侧油压升高，使差动活塞左移并通过杠杆带动调速器错油门 3 的滑阀左移。这样造成泄油口 a 的面积减小，脉冲油压 P_x 升高。P_x 的升高使错油门 4 的活塞失去平衡而向上移动，这时压力油进入油动机 5 的活塞下部，而上部与排油管接通。在压力油作用下，油动机活塞上移开大调速门，汽轮机进汽量增大，功率也随之增大，转速也回升。油动机活塞上移的同时，反馈错油门 6 的滑阀左移，关小压力油进口 b，使脉冲油压降低并恢复到原始值。这时错油门 4 的活塞又回到中间位置，切断了进入油动机的压力油，调节过程结束，机组在新的负荷下稳定运行，这时转速回复到原始值。当负荷减小时，调节过程与前述相反。

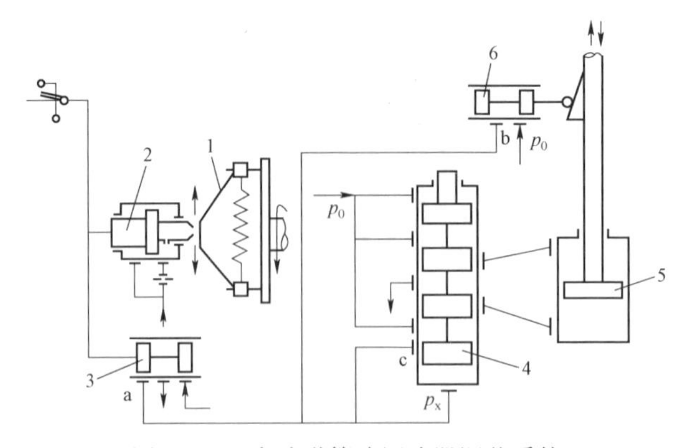

图 2–38　高速弹簧片调速器调节系统

1—调速器；2—差动活塞；3—调速器错油门；4—错油门；5—油动机；6—反馈错油门

2. 功—频电液调节

如图 2-39 所示，功—频电液调节系统是由测频单元、测功单元、放大器、PID 校正单元、电液转换器及液压执行机构组成。测频单元“感受”转速与给定值的偏差作为调节信号。在液压调节系统中，调速器所感受的转速偏差是以滑环位移或脉冲油压变化的形式反映出来。测功单元感受功率与给定值的偏差发出功率调节的信号进行综合放大后，送到 PID 校正单元。PID 的作用是综合放大器送来的信号进行微分、积分运算，同时加以放大，然后送入功率放大器再功率放大。微分的作用相当于液调中校正器的作用，使调节阀产生动态过开（或过关）来增加机组的负荷适应性。积分的作用与油动机的特性类似，即当无输入时输出保持不变，当有恒定输入时，则输出随时间线性增加。电液转换器的作用是将电信号转变成油压信号来控制滑阀油动机，进而控制调节阀的开度。滑阀、油动机的作用与前述相同。

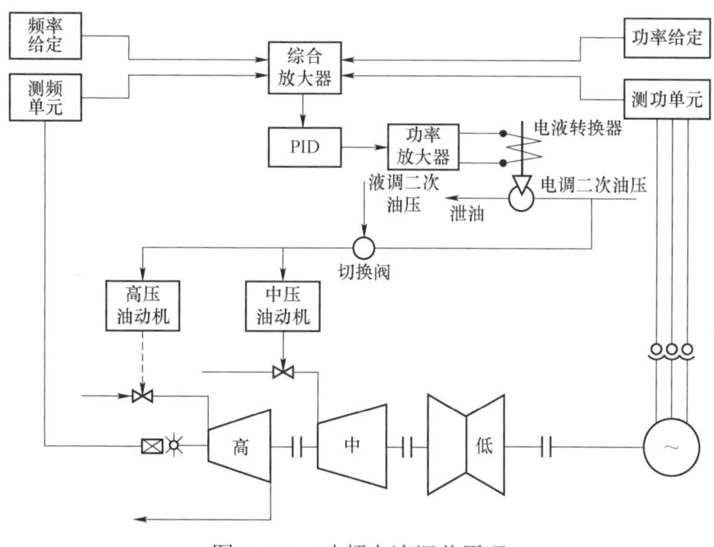

图 2-39　功频电液调节原理

3. 数字电液调节

如图 2-40 所示为汽轮机数字电液调节原理方框图，功率采样器测得模拟量的功率信号和压力采样器测得的调节级调节压力模拟信号，经模拟数字转换成数字信号送入计算机，转速采样器测得的转速数字信号直接送入计算机，给定信号经模拟数字转换器转换后也送入计算机。计算机接受信号后经过运算，给出数字量输出，此输出信号经数字模拟转换器转换成模拟信号，送至电液转换器，将电信号转变成为油压信号，此油压信号作用于油动机，以改变汽轮机调节阀开度，对汽轮机功率（或转速）进行调节。

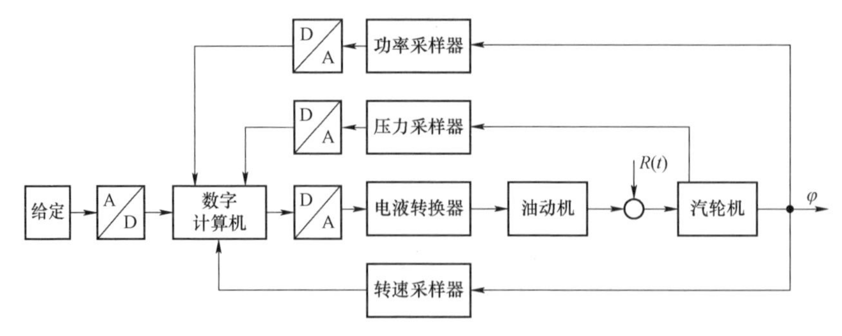

图 2-40　汽轮机数字电液调节原理

（二）保安系统

汽轮机的保安系统有超速、轴向位移、低油压、低真空等保护装置。下面介绍超速保护装置。

超速保护装置由危急保安器和危急遮断油门两部分组成，如图 2-41 所示。危急保安器安装在汽轮机主轴前端，与转子同速转动。危急保安的飞锤重心偏离旋转中心。正常情况下飞锤受到的离心力与弹簧力平衡而处于正常运行位置。当汽轮机转速超过额定转速的 10%～12%时，飞锤受到的离心力大于弹簧的作用力而迅速飞出，打击危急遮断油门的拉钩。受打击的拉钩即沿逆时针方向转动而脱扣，活塞 A 在弹簧 B 的作用下，向上移动至上限位置。这时安全油和二次油均与回油管接通，使自动主汽门和调速汽门迅速关闭而停机。

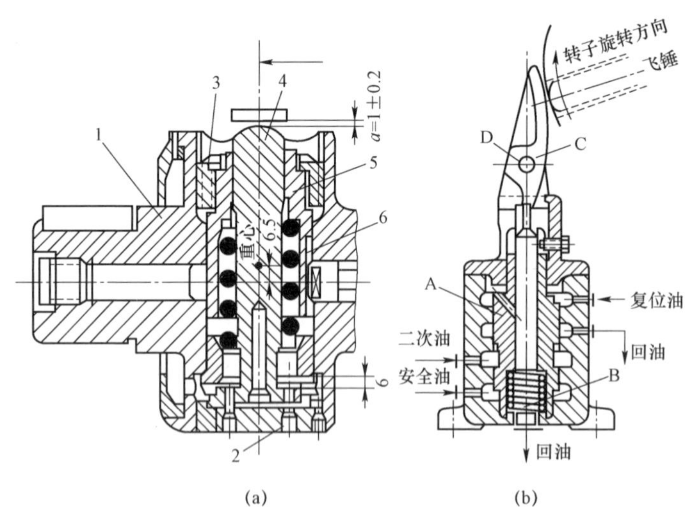

图 2-41　飞锤式超速保护装置

（a）飞锤式危急保安器；（b）危急遮断油门

1—旋转轴；2—塞头；3—调整螺帽；4—飞锤；5—导向衬套；6—弹簧；

A—活塞；B—弹簧；C—拉钩；D—扭弹簧

（三）油系统

油系统供给汽轮发电机组调节与保护系统、各轴承润滑与冷却、发电机氢冷密封装置、顶轴装置等的工作用油。

1. 单一工质供油系统

图 2–42 为某机组单一工质的供油系统。该系统主油泵为离心式，由汽轮机主轴直接拖动。主油泵送出的压力油分两路，一路供调节系统用油，另一路送往两只注油器。注油器 2 向主油泵入口供油，以保证主油泵工作可靠，注油器 3 向机组轴承系统供油。在机组起、停过程中，由于主油泵转速低，不能正常供油，可用高压辅助油泵 9 供油，高压辅助油泵也称启动油泵或调速油泵。交流和直流润滑油泵，是在汽轮机发生事故或停机后盘车时，向轴承供润滑油，所以它们也称为事故油泵或低压辅助油泵。

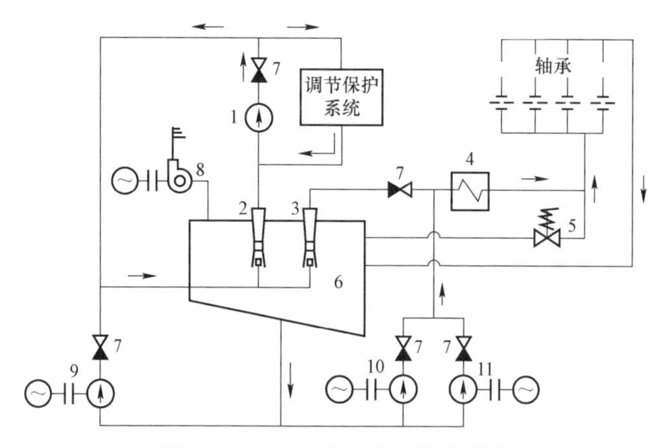

图 2–42　离心式主油泵供油系统

1—主油泵；2、3—主油器；4—冷油器；5—溢油阀；6—油箱；7—逆止阀；
8—排烟风机；9—高压辅助油泵；10—交流润滑油泵；11—直流润滑油泵

2. 双工质的供油系统

双工质的供油系统将润滑油和调节油分开，即润滑油采用透平油，系统组成与单一工质系统类同；调节系统采用高压抗燃油单独供油的方式，可提高调节系统的灵敏度、可靠性及防火安全性。

如图 2–43 所示为 EH 油系统，即高压抗燃油系统。本系统使用的抗燃油为三芳基磷酸酯化学合成油，自燃点为 593℃，具有一定毒性和腐蚀性，价格昂贵，不宜用于轴承润滑油。EH 油系统正常运行时的油压为 12.2～14.7MPa，油温为 43～54℃。EH 系统主要设备有：EH 油箱、EH 油泵、滤油器、卸载阀、蓄能器、冷油器、抗燃油再生装置及一些报警、指示和控制设备。为了保证可靠，它有两套系统组成，一套运行，另一套备用。本系统装有两台高压叶片式泵，由交流电动机带动，正常运行时一台运行一台备用。卸载阀的作用是与蓄能器共同控制油路的油压；蓄能器有高压蓄能器和低压蓄能器，高压蓄能器的作用是在油泵向系统供油时进行储油，在油泵卸载时向母管供油，以维持高压油母管中的油压稳定；低压蓄能器的作用是对回油管路起到一个调压的缓冲作用，减少加油管路中的压力波动。

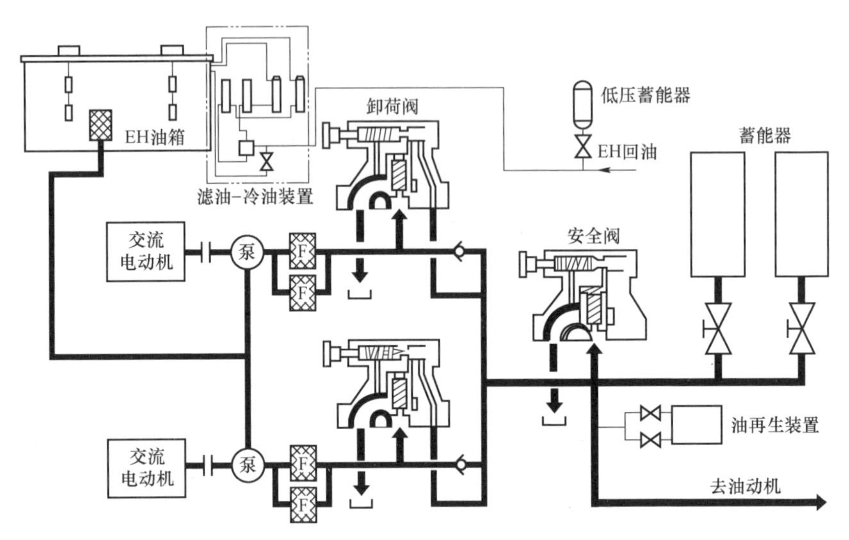

图 2–43　抗燃油系统的组成原理图

3. 氢冷密封油系统

为了提高发电机冷却效果，大功率发电机多采用氢气进行冷却，氢气在发电机内为正压运行，为防止氢气穿出发电机两端轴泄漏到空气中引起爆炸，在发电机两端轴的伸出处的静止与转动部分之间，供以压力比氢压高一些的压力油，形成油流。该油流可以对发电机的定子与转子之间予以密封，同时起到润滑和冷却的作用。氢冷密封油由专门油泵供油形成一个相对独立的密闭循环系统。

五、汽轮机的辅助设备

汽轮机的辅助设备包括凝汽器、回热加热器、除氧器、给水泵和凝结水泵等。

（一）凝汽器

凝汽器的作用是冷却汽轮机乏汽并使其凝结成水，从而在汽轮机排汽口建立并保持高度真空。

通常凝汽器是一个表面式换热器，其换热面为铜管束。管内流过的冷却水（也称循环水）吸收管外流过乏汽的热量，使蒸汽凝结成水。为了维持凝汽器汽侧真空，设有抽气器将不能凝结的气体及时抽走，如图 2–44 所示。

汽轮机乏汽在凝汽器中放出的热量，被冷却水带走后，不能再被利用，所以是一种热量损失，一般称为冷源损失。冷源损失比例很大是火电厂热效率低的最重要原因。

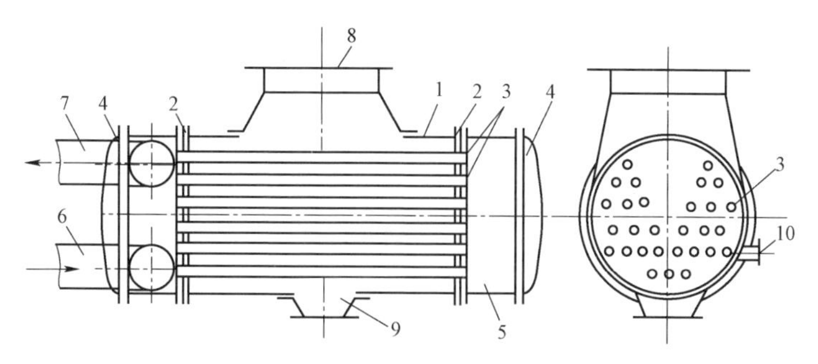

图 2–44　表面式凝汽器简图

1—外壳；2—管板；3—铜管；4—水室盖；5—水室；6—进水管；7—出水管；

8—凝汽器喉部；9—热水井；10—空气抽气口

（二）回热加热器

为了减少冷源损失，提高热效率，汽轮机均设有回热加热器。它的作用是利用从汽轮机的某些中间级抽出部分做过功的蒸汽，加热主凝结水和锅炉给水，回热系统简图如图 2–45 所示。由于抽出的这部分蒸汽不再排入凝汽器，所以它们不存在冷源损失，从而减少了整个机组的冷源损失，提高了热效率。抽汽在加热器中放热后凝结成的水（称为加热器疏水），通过逐级自流方式或疏水泵，送至除氧器或凝汽器或主凝结水管道中，如图 2–45 中的虚线所示。

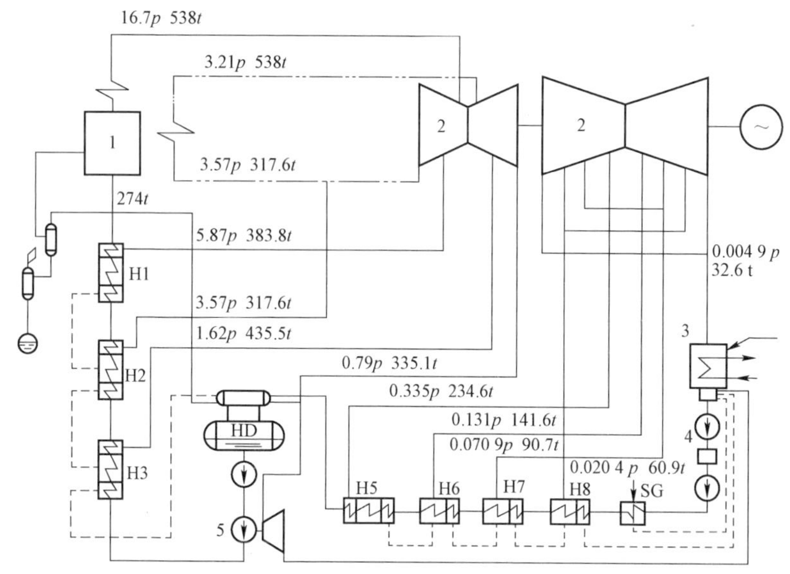

图 2–45　N300–16.67/537/537 型机组原则性热力系统

1—锅炉；2—汽轮机；3—凝汽器；4—凝结水泵；5—给水泵；H1～H3—高压加热器；

HD—除氧器；H5～H8 低压加热器；SG—轴封加热器

供热机组既发电又供热运行时，通过调整供热碟阀或旋转隔板开度从而改变进入汽轮机低压缸进汽和供热抽汽量的比例，来满足热用户的供热蒸汽参数与蒸汽量。向热用户供热可用蒸汽供热，也可用热水供热，后者为将汽轮机的供热蒸汽送至热网加热器中将水加热，之后用供热水泵将热水送到热用户供热。热网加热器中的疏水用疏水泵送回机组的主凝结水系统中。

回热加热器有高压加热器（给水泵后的加热器）和低压加热器（凝结水泵与除氧器之间的加热器）之分，其结构基本相同。加热器的换热面多为U形铜管或钢管束，被加热的水从管内流过，蒸汽在管外凝结放热，其结构如图2-46所示。

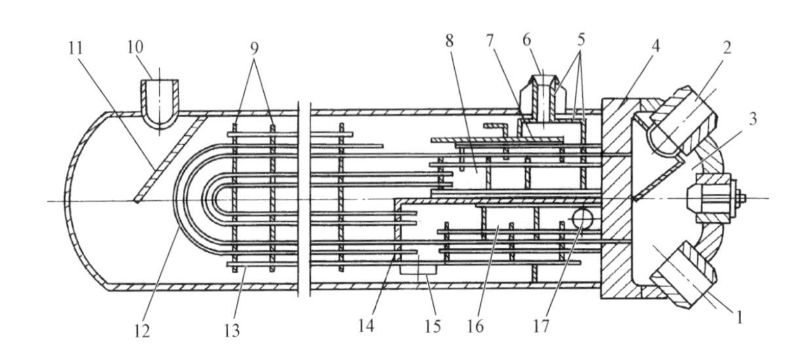

图2-46　卧式管板-U形管式高压加热器结构图

1、2—给水进、出口；3—水室；4—管板；5—遮热板；6—蒸汽进口；7—防冲板；8—过热蒸汽冷却段；9—隔板；10—上级疏水进口；11—防冲板；12—U形管；13—拉杆和定距管；14—疏水冷却段端板；15—疏水冷却段进口；16—疏水冷却段；17—疏水出口

（三）除氧器

热力系统中，处于真空状态下工作的管道及设备难免有空气漏入，则空气中的氧气及其他气体会溶于水汇入主凝结水中，同时因汽水损失补入到热力系统的补充水也含有大量的溶解氧。含氧的水通过给水管道和省煤器时，会造成氧腐蚀（压力越高这种腐蚀越严重）。另外，蒸汽在加热器和凝汽器内凝结时析出空气附着在换热面上，会减弱换热效果，降低凝汽器的真空，所以在电厂中设置除氧器除去水中的溶解氧及其他气体。

电厂中一般用加热法进行除氧，即用蒸汽将水加热到沸腾状态，水中溶解的氧就会逸出，除氧器在热力系统中的连接如图2-45所示。

图2-47为电厂应用较多的喷雾淋水盘式除氧器简图。主凝结水进入除氧器，经喷嘴喷成雾状，蒸汽送入后瞬间就将雾状水加热到沸腾状态，除去水中绝大部分的氧。之后，水依次通过下面的多个淋水盘，且下落速度较慢，有利于继续除去水中残余的氧。为保持淋水区的水沸腾状态，从淋水盘最下面还送入一定量的蒸汽。水中分离出的氧从顶部排气管排出。除氧后的水进入除氧水箱经给水泵送入锅炉。

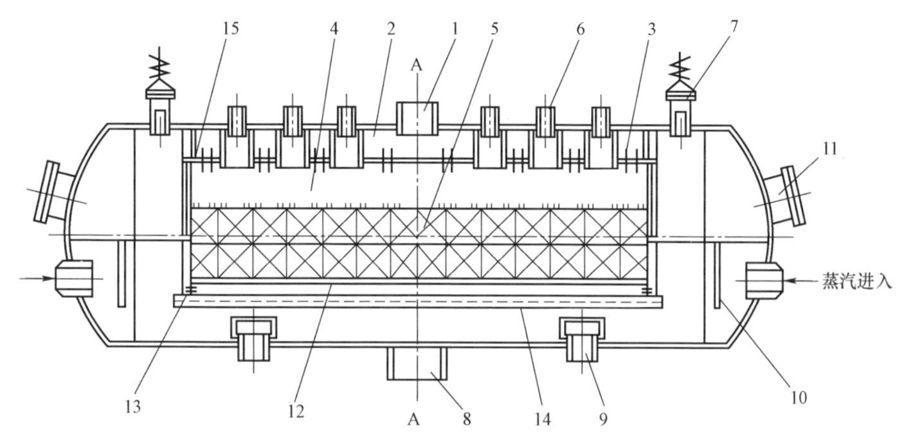

图 2-47 卧式喷雾淋水盘式除氧器

1—凝结水进水管；2—凝结水进水室；3—恒速喷嘴；4—喷雾除氧空间；5—淋水盘箱；6—排气管；7—安全阀；8—除氧水出口；9—蒸汽连通管；10—布汽板；11—搬物孔；12—栅架；13—工字钢；14—基面角铁；15—喷雾除氧段人孔

除氧器的工作压力可以是固定不变的，称为定压运行，也可以随机组负荷的变化而变化，称为滑压运行或变压运行。后者热经济性高，故越来越多地被大容量机组采用。

（四）给水泵和凝结水泵

给水泵和凝结水泵都是用来提高水的压力的。凝结水泵和给水泵在热力系统中的位置见图 2-45，凝结水泵将凝汽器中的主凝结水抽出，提高压力后经低压加热器送至除氧器；给水泵将除氧器给水箱中的水抽出提高压力后，经高压加热器送至锅炉。

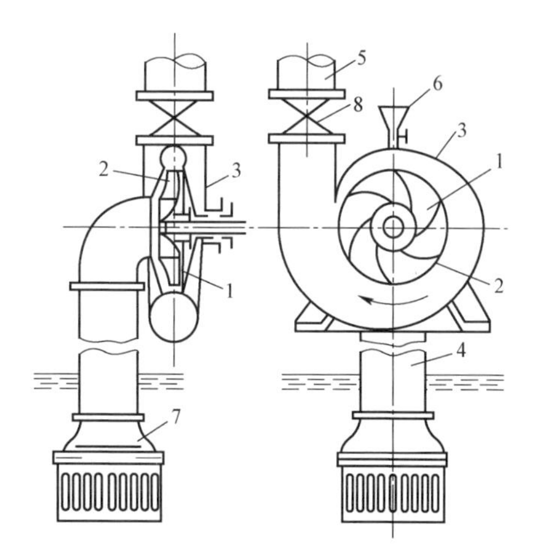

图 2-48 单级离心泵示意图

1—叶轮；2—叶片；3—泵壳；4—吸入管；5—压出管；6—引水漏斗；7—底阀；8—阀门

给水泵和凝结水泵均为离心泵，水从中心轴向进入旋转的叶轮后，被叶片推动旋转起来，由此而产生的离心力使水的压力提高，并将水沿径向甩出叶轮。只有一个叶轮的为单级离心泵，如图 2-48 所示。因一个叶轮提高水的压力是有限的，故凝结水泵、给水泵一般由多个叶轮串联起来工作，将水的压力提高，以满足系统工作的需要，这种泵称为多级离心泵。

第四节 汽轮发电机

汽轮发电机是同步发电机的一种，它是由汽轮机作原动机拖动转子旋转，利用电磁感应原理把机械能转换成电能的设备。

汽轮发电机包括发电机本体、励磁系统及其冷却系统等。

一、汽轮发电机的工作原理

按照电磁感应定律，导线切割磁力线感应出电动势，这是发电机的基本工作原理。图 2–49 为同步发电机的工作原理图。汽轮发电机转子与汽轮机转子为同轴连接，当蒸汽推动汽轮机高速旋转时，发电机转子随着转动。发电机转子绕组内通入直流电流后，便建立一个磁场，这个磁场称主磁极，它随着汽轮发电机转子旋转。如图 2–50 中虚线所示，其磁通自转子的一个极（N 极）出来，经过空气隙、定子铁芯、空气隙、进入转子另一个极（S 极）构成回路。

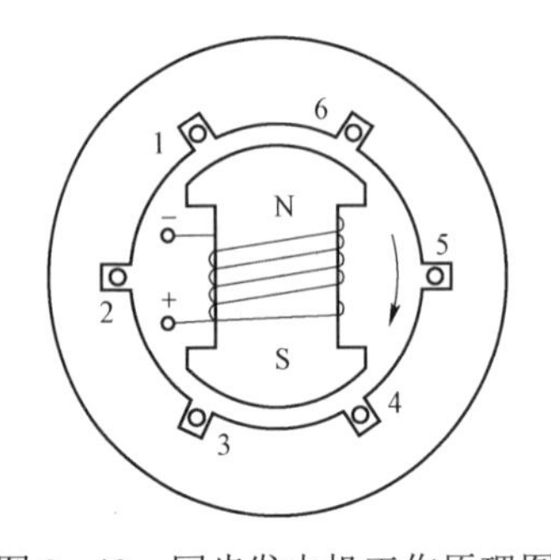

图 2–49 同步发电机工作原理图

1～6—定子绕组；N，S—转子磁极

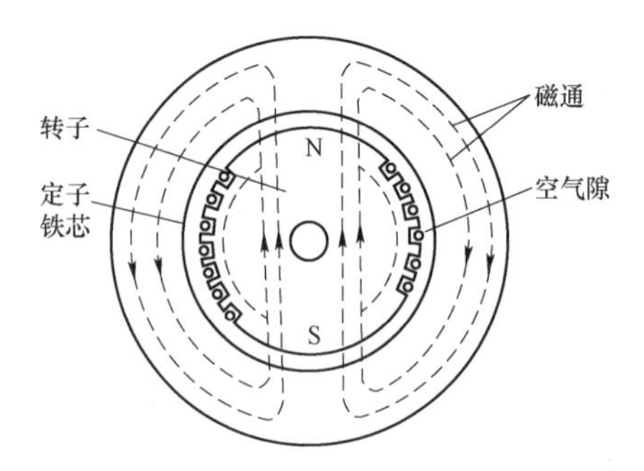

图 2–50 汽轮发电机转子磁通的磁路示意图

根据电磁感应定律，发电机磁极旋转一周，主磁极的磁力线被装在定子铁芯内的 U、V、W 三相绕组（导线）依次切割，在定子绕组内感应的电动势正好变化一次，亦即感应电动势每秒钟变化的次数，恰好等于磁极每秒钟的旋转次数。

汽轮发电机转子具有一对磁极（即 1 个 N 极、1 个 S 极），转子旋转一周，定子绕组中的感应电动势正好交变一次。假如发电机转子为 P 对磁极时，转子旋转一周，定子绕组中感应电动势交变 P 次。当汽轮机以每分钟 3000 转旋转时，发电机转子每秒钟要旋转 50 周，磁极也要变化 50 次，那么在发电机定子绕组内感应电动势也变化 50 次，这样发电机转子以每秒钟 50 周的恒速旋转，在定子三相绕组内感应出相位不同的三相交变电动势，即频率为 50Hz 的三相交变电动势。这时若将发电机定子三相绕组引出线的末端（即中性点）连在一起。绕组的首端引出线与用电设备连接，就会有电流流过，如图 2–51 所示。这个过程即为汽轮机转子输入的机械能转换为电能的过程。

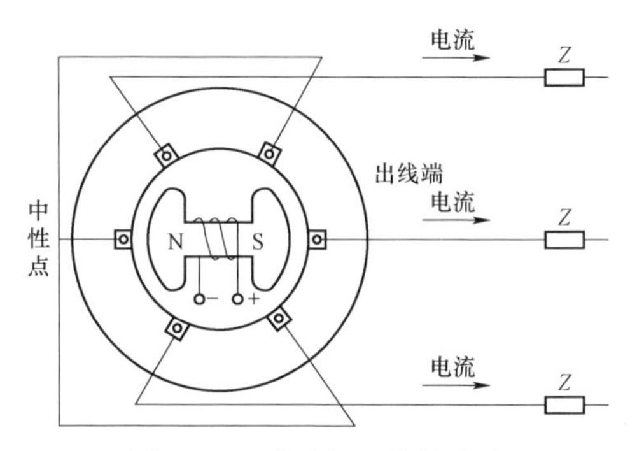

图 2－51　发电机出线的接线

二、汽轮发电机的结构

火力发电厂的汽轮发电机皆采用二极、转速为 3000r/min 的卧式结构。如图 2－52 所示，发电机与汽轮机、励磁机等配套组成同轴运转的汽轮发电机组（图中省去了机组左端的汽轮机部分）。

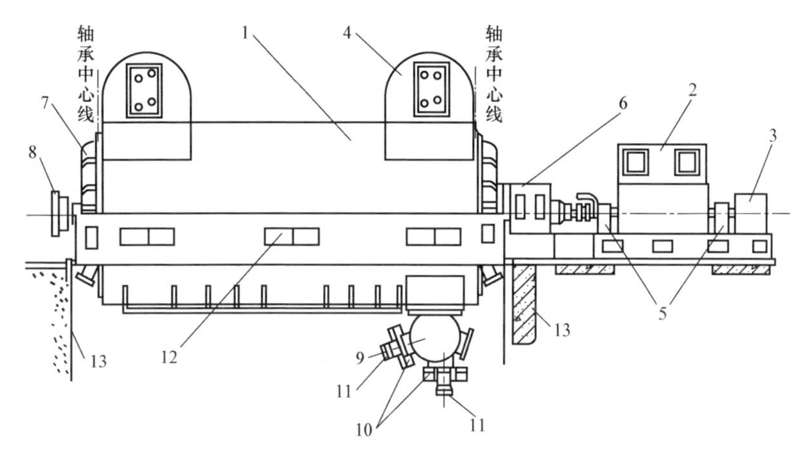

图 2－52　300MW 汽轮发电机组侧视图

1—发电机主体；2—主励磁机；3—永磁副励磁机；4—汽体冷却器；5—励磁机轴承；6—碳刷架隔音罩；7—电机端盖；8—连接汽轮机靠背轮；9—电机接线盒；10—电流互感器；11—引出线；12—测温引线盒；13—基座

发电机最基本的组成部件是定子和转子。图 2－53 为 300MW 汽轮发电机主要部件示意图。定子由铁芯和定子绕组构成，固定在机壳（座）上。转子由轴承支撑置于定子铁芯中央，转子绕组上通励磁电流。

为监视发电机定子绕组、铁芯、轴承及冷却器等各重要部位的运行温度，在这些部位埋置了多只测温元件，通过导线连接到温度巡检装置，在运行中进行监控，并通过微机进行显示和打印。

在发电机本体醒目的位置装设有铭牌，标出发电机的主要技术参数，作为发电机运行的技术指标。

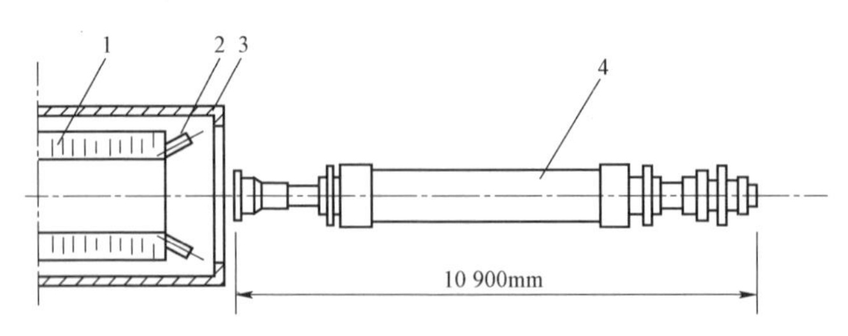

图 2－53　300MW 发电机主要部件示意图

1—定于铁芯；2—定于绕组（端都）；3—机壳；4—转子

（一）定子

发电机的定子由定子铁芯、定子绕组、机座、端盖及轴承等部件组成。

1. 定子铁芯

定子铁芯是构成磁路并固定定子绕组的重要部件，通常由 0.5mm 或 0.35mm 厚、导磁性能良好的冷轧硅钢片叠装而成。大型汽轮发电机的定子铁芯尺寸很大，硅钢片冲成扇形，再由多片拼装成圆形。300MW 汽轮发电机的定子冲片及拼装情况如图 2－54 所示。

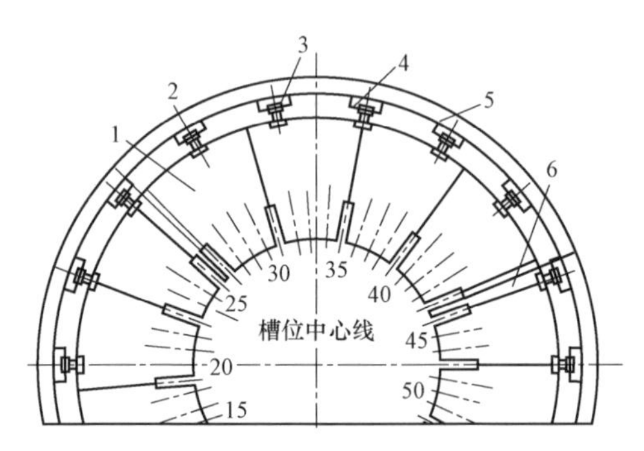

图 2－54　300MMW 汽轮发电机定子硅钢片拼装

1—扇形硅钢片；2—定位筋；3—垫块；4—弹簧板；5—机座；6—测温元件

2. 定子绕组

定子绕组嵌放在定子铁芯内圆的定子槽中，分三相布置，互成 120° 电角度，以保证转子旋转时在三相定子绕组中产生互成 120° 相位差的电动势。每个槽内放有上下两组绝缘导体（亦称线棒），每个线棒分为直线部分（置于铁芯槽内）和两个端接部分。直线部分是切割磁力线并产生感应电动势的有效边，端接部分起连接作用，把各线棒按一定的规律连接起来，构成发电机的定子线组。中、小型发电机的定子线棒均为实心线棒。大型发电机由于散热的需要，采用内部冷却的线棒，即由若干实心线棒和可通水的空心线棒并联组成。

3. 机座及端盖

机座的作用是支撑和固定发电机定子。机座一般用钢板焊接而成，应有足够的强度和刚度，并能满足通风散热的要求。

端盖的作用是将发电机本体的两端封盖起来，并与机座、定子铁芯和转子一起构成电机内部完整的通风系统。

（二）转子

发电机的转子主要由转子铁芯、励磁绕组（转子线圈）、护环和风扇等组成，是汽轮发电机最重要的部件之一。由于汽轮发电机转速高，转子受到的离心力很大，所以转子都呈细长形，且制成隐极式的，以便更好地固定励磁绕组。

1. 转子铁芯

发电机转子采用高强度、导磁性能良好的合金钢加工而成。沿转子铁芯表面铣有用于放置励磁绕组的凹槽。槽的排列方式一般为辐射式（如图 2–55 所示），槽与槽之间的部分为齿。未加工的部分通称大齿，余称小齿。大齿作为磁极的极身，是主要磁通回路。在大齿表面沿横向铣出若干个圆弧形月牙槽，使大齿区域和小齿区域两个方向的刚度相同。

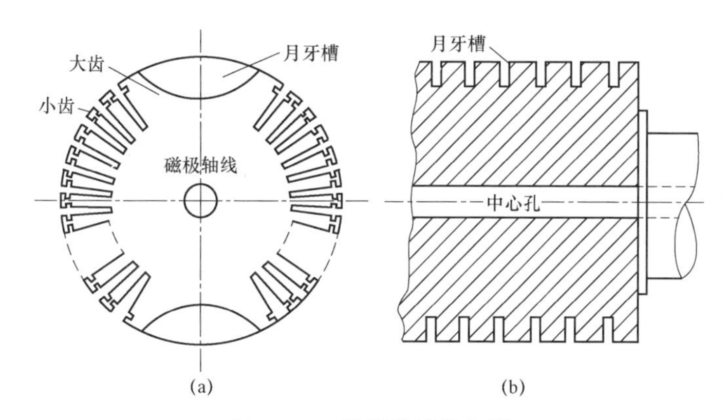

图 2–55　转子线槽分布图

（a）转子磁极横断面；（b）转子轴线剖视

2. 励磁绕组

励磁绕组为若干个线圈组成的同心式绕组。线圈用矩形扁铜线绕制而成。励磁绕组放在槽内后，绕组的直线部分用槽楔压紧，端部径向固定采用护环，轴向固定采用云母块和中心环。励磁绕组的引出线经导电杆接到集电环（滑环）上再经电刷引出。

3. 护环和中心环

汽轮发电机转速很高，励磁绕组端部承受很大的离心力，所以要用护环和中心环来紧固。护环把励磁绕组端部套紧，使绕组端部不发生径向位移和变形；中心环用以支持护环并防止端部的轴向移动。

4. 集电环

集电环分为正、负两个环，由坚硬耐磨的合金锻钢制成，装于发电机的励磁机端外侧。两个集电环分别通过引线接到励磁绕组的两端，并借电刷装置引至直流电源。

5. 风扇

风扇装于发电机转子的两端，用以加快氢气在定子铁芯和转子部位的循环，提高冷却效果。

三、发电机的出线

容量为200MW及以上的发电机出线至主变压器、厂用变压器之间，多采用全连式分相封闭母线进行连接，如图2-56所示。封闭母线应满足正常最大工作电压和最大持续电流、最高环境温度等要求。封闭母线可采用自然冷却或机械通风冷却。中小型发电机的引出线常采用矩形或槽形铝排连接，只有当发电机和变压器距离较远时，才采用多根铝导线进行连接。

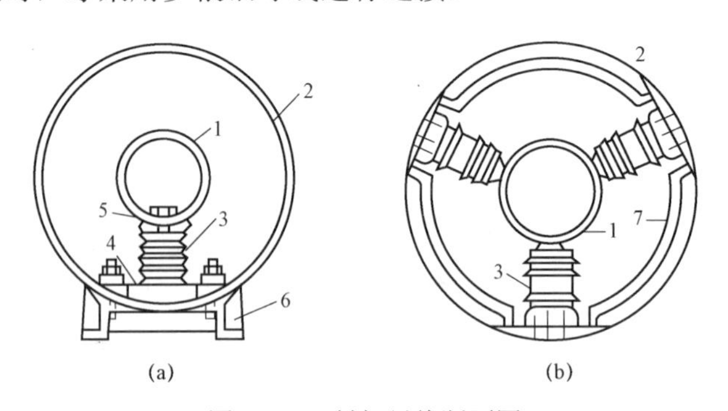

图2-56 封闭母线断面图

（a）单个支柱绝缘子方式；（b）三个绝缘子的支持方式

1—载流导体；2—保护外壳；3—支柱绝缘子；4—弹性板；5—垫圈；6—底座；7—加强圈

对于发电机中性点的连接方式，当发电机容量较大、电压回路电容电流超过规定值时，需经消弧线圈或接地变压器接地，而且当发电机发生单相接地故障时，由保护装置动作，发出操作命令或报警信号。由于小容量发电机电压回路电容电流较小，中性点可不接地。

四、发电机的励磁系统

励磁系统的主要作用是：① 发电机正常运转时，按主机负荷情况供给和自动调节励磁电流，以维持一定的端电压和无功功率的输出；② 发电机并列运行时，使无功功率分配合理；③ 当系统发生突然短路故障，能对发电机进行强励，以提高系统运行的稳定性，短路故障切除后，使电压迅速恢复正常；④ 当发电机负荷突减时，能进行强行减磁，以防止电压过分升高；⑤ 发电机发生内部故障，如匝间短路或转子发生两点接地故障跳闸后以及正常停机能对发电机自动灭磁。

（一）直流励磁机励磁

直流励磁机励磁是中小型同步发电机采用的一种励磁方式。这种方式的特点是同步发电机的转子绕组由专用的直流励磁机供电，直流励磁机与同步发电机同轴，通过调节直流励磁机的电枢电势从而调节送入发电机转子绕组的励磁电流，达到调节发电机机端电压和输出无功功率的目的。

随着机组容量的不断增大，直流励磁机励磁方式表现出了明显的缺陷：① 受换向器所限其制造容量不可能大；② 整流子、碳刷及滑环磨损，污染环境，运行维护麻烦；③ 励磁调节速度慢，可靠性低。同轴直流励磁机已无法适应大容量汽轮发电机的需要。

（二）交流励磁机带静止整流器励磁

交流励磁机带静止整流器励磁系统的原理如图 2－57 所示。同步发电机转子绕组的励磁电流由静止半导体整流器供给，与同步发电机同轴的交流主励磁机是整流器的交流电源。主励磁机的励磁电流由与其同轴的一台交流副励磁机经三相晶闸管整流供给，交流副励磁机做成永磁式。

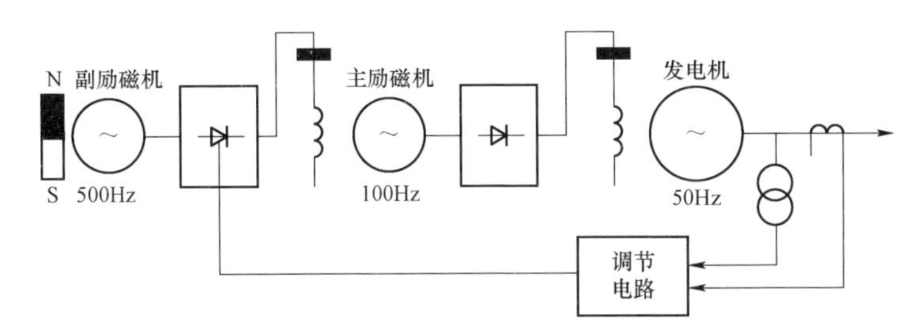

图 2－57　交流励机带静止整流器励磁系统原理图

随着发电机运行参数的变化，励磁调节器 AVR（调节电路）自动地改变主励磁机励磁回路可控整流装置的控制角，以改变其励磁电流，从而改变主励磁机的输出电压，也就调节了发电机的励磁电流。

交流励磁机的频率一般采用 100Hz，交流副励磁机多采用永磁式中频同步发电机，其频率一般为 400～500Hz，以减少励磁绕组的电感及时间常数。

交流励磁机静止整流器励磁系统通常称为三机励磁方式。发电机、主励磁机和副励磁机三台交流同步发电机同轴旋转，励磁机不需换向器，而整流装置和励磁调节器是静止的，所以励磁容量不会受到限制。

（三）交流励磁机带旋转整流器励磁

这种励磁系统将交流励磁机制成旋转电枢式，旋转电枢输出的多相交流电流经装在同轴的硅整流器整流后，直接送给同步发电机的转子绕组，如图 2－58 所示。这样就无需通过电刷及集电环装置，所以又称为无刷励磁系统。

同静止整流器励磁系统相比，由于旋转整流器励磁系统中没有集电环及电刷等装置，从而避免了大型汽轮发电机集电环及电刷易发生故障的难题，无刷励磁是最有前途的励磁方式。在国产 300MW 的机组中，目前旋转整流器励磁系统配套使用于全氢冷及水氢氢冷机组上。

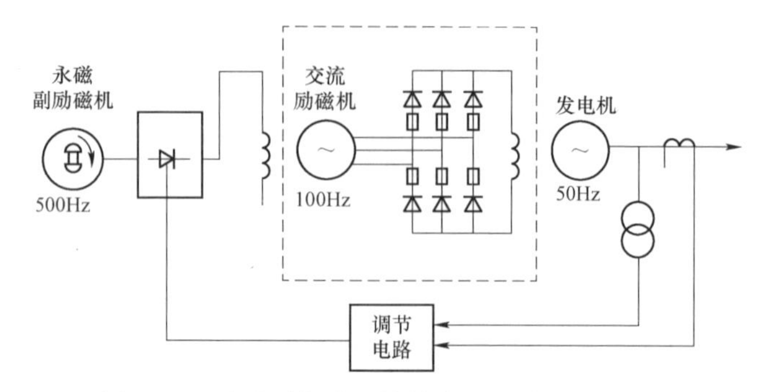

图 2－58　交流励机带旋转整流器励磁系统原理图

（四）无励磁机的静止晶闸管励磁

无励磁机的静止晶闸管励磁系统，即自并励励磁系统，其晶闸管整流装置的电源有两种，一种采用发电机端的整流变压器供电，另一种由厂用母线引出的整流变压器供电。如图 2－59 所示，由晶闸管整流装置向发电机转子绕组提供励磁电流，整个励磁装置没有转动部分。

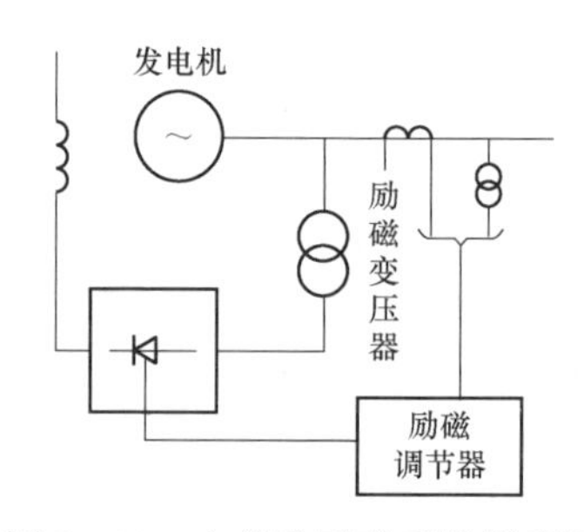

图 2－59　自并励励磁系统原理图

用整流变压器作为励磁电源具有简单可靠、容量不受限制、设备费用低、缩短了机组的长度、整流设备安装地点不受限制、不需要经常监视和维护等优点，因而在大容量机组上（特别是大型水轮发电机）得到广泛的应用。

五、汽轮发电机冷却方式简介

发电机运行时，其内部产生的各种损耗化为热能，会引起电机发热。尤其是大型汽轮发电机，因其结构细长，中部热量不易散发，发热问题更显得严重。如果电机温度过高，会直接影响发电机的使用寿命，因此冷却问题对大型发电机是非常重要的问题，下面介绍几种典型的冷却方式。

1. 空气冷却发电机

空气冷却的发电机是通过发电机的通风系统，由空气的循环使电机得以冷却。空气冷却方式的冷却能力小，摩擦损耗大。当电机容量增大时，各种损耗产生的热量增多，需要的冷却空气量也增大，空冷发电机的尺寸也要做得比较大。因此，这种冷却方式一般用于中小型发电机。

2. 氢气冷却发电机

为了提高冷却效率，用氢气代替空气冷却，其效果要好得多。因为氢气比空气轻十多倍，导热性比空气高六倍多，流动性比空气好，故采用氢冷时，风阻损耗大为减小，冷却效果明显加强，所以可提高单机的容量。但是，如果氢气不纯净，会引起爆炸，所以要注意防爆和防漏问题。

汽轮发电机采用氢气冷却的方式，可分为氢内冷和氢外冷。用氢气吹拂导体绝缘表面带走热量的方式为氢表面冷却，即氢外冷。氢外冷发电机冷却系统的构成与空气冷却系统基本相同，只是将氢外冷却器装在发电机壳内，以减少氢气的用量；冷却介质氢直接接触绕组导体的冷却方式称为氢内冷。这种冷却方式可使绝缘导体表面的热量直接由冷却介质带走，可大大提高冷却效果。

3. 水内冷发电机

将经过处理的水，直接通入空心导体的内部，带走热量的冷却方式叫水内冷。由于水的流动性好，其散热能力远远大于空气和氢气，所以水内冷是一种较理想的冷却方式。

把经过处理的洁净水同时通入定子绕组和转子励磁绕组的空心导体内进行冷却，则称为双水内冷。图 2-60 为双水内冷发电机的水系统示意图。定子绕组端头有特殊的水管接头，通过一段塑料管接至进水、出水总管。高速旋转的转子绕组有进水装置，冷却水于励磁机侧的轴端由静子的进水支座流入转轴的中心孔，然后沿几个径向孔流到集水箱，再等分地分别流经装在集水箱上的进水绝缘管，沿轴向流入各路线圈。冷水吸热后再经过各支路的出水绝缘水管，汇总到出水箱，通过出水箱外圆上的排水孔喷到出水支座内，最后由出水总管引出。

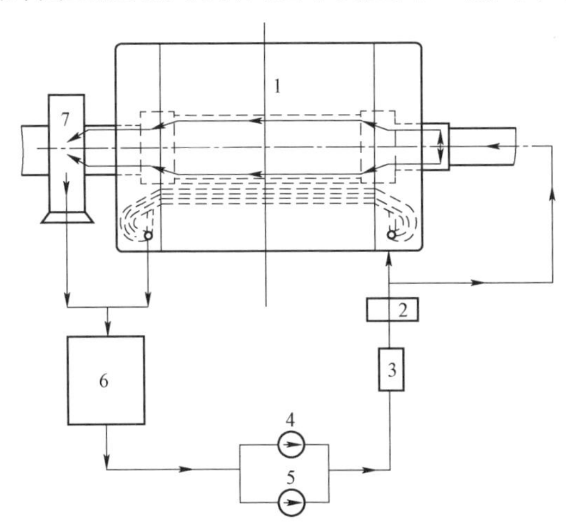

图 2-60　双水内冷发电机水系统示意图

1—双水内冷发电机；2—过滤器；3—冷水器；4—运行水泵；5—备用水泵；6—水箱；7—出水支座

4. 冷却方式的应用情况

汽轮发电机的容量不同，采用的冷却方式也不一样。50MW 以下的汽轮发电机，一般采用空气冷却；50～100MW 的汽轮发电机，一般采用氢外冷；100～

150MW 的汽轮发电机，一般采用定子绕组氢外冷，转子绕组氢内冷，铁芯氢冷；200MW 以上的大型汽轮发电机，广泛采用定子绕组水内冷，转子绕组氢内冷，定子和转子铁芯氢冷，简称水氢氢冷却方式；还有定、转子绕组都采用水内冷，称为双水内冷的发电机，其容量可提高到 300MW 以上。

六、同步发电机的主要技术数据

为使发电机按设计技术条件运行，一般在发电机出厂时都在铭牌上标注出额定参数，并在说明书中加以说明。这些额定参数主要有：

（1）额定容量（或额定功率）。额定容量是指发电机在设计技术条件下运行输出的视在功率，用 kVA 或 MVA 表示；额定功率是指发电机输出的有功功率，用 kW 或 MW 表示。

（2）额定定子电压。额定定子电压是指发电机在设计技术条件下运行时，定子绕组出线端的线电压，用 kV 表示。我国生产的 300MW 和 600MW 发电机组额定定子电压均为 20kV。

（3）额定定子电流。额定定子电流指发电机定子绕组出线的额定线电流，单位为 A。

（4）额定功率因数（$\cos\varphi$）。额定功率因数指发电机在额定功率下运行时，定子电压和定子电流之间允许的相角差的余弦值。300MW 机组的额定功率因数为 0.85，600MW 机组的额定功率因数为 0.9。

（5）额定转速。额定转速指正常运行时发电机的转速，用 r/min（每分钟转数）表示。我国生产的汽轮发电机转速均为 3000r/min。

（6）额定频率。我国电网的额定频率为 50Hz（即每秒 50 周）。

（7）额定励磁电流。额定励磁电流指发电机在额定出力时转子绕组通过的励磁电流，用 A 或 kA 表示。

（8）额定励磁电压。额定励磁电压指发电机励磁电流达到额定值时，额定出力运行在稳定温度时的励磁电压。

（9）额定温度。额定温度指发电机在额定功率运转时的最高允许温度（℃）。

（10）效率。效率指发电机输出与输入能量的百分比，一般额定效率在 93%～98%，300MW 和 600MW 大型机组在 98%以上。

七、厂用电系统

（一）厂用电和厂用电负荷

在发电厂生产过程中，有大量的机械设备需用电动机拖动，以保证发电厂的主要设备和辅助设备的正常运行。这些电动机及全厂的照明、修试等用电设备的用电，称为发电厂的厂用电或自用电。

发电厂的厂用电负荷按其重要性分为以下四类。

（1）事故保安负荷，在事故停机过程中及停机后的一段时间内，仍应保证供电，否则可能引起主要设备损坏、自动控制失灵以及危及人身安全的负荷。

（2）I类负荷，短时停电会造成设备损坏、危及人身安全、主机停运或出力严重下降的厂用电负荷。

（3）II类负荷，允许短时停电，但经过运行人员及时操作重新取得电源后不至于造成生产混乱的厂用电负荷。

（4）III类负荷，较长时间停电不直接影响生产的厂用电负荷。如修配车间、试验室、油处理室等的厂用电负荷。

（二）厂用电电压等级的确定

（1）大中型火力发电厂厂用电一般选用高压和低压两级。高压采用 6kV，当发电机额定电压为 6.3kV 时，可省掉高压厂用变压器，通过电抗器向厂用系统供电，以限制短路电流；当发电机额定电压为 10.5kV 或更高时，需设置一台高压厂用变压器。低压厂用电压等级一般采用 380/220V 三相四线制，或 380V 和 380/220V，且动力和照明分开。

（2）小型火力发电厂厂用电只设置 380/220V 一种电压，少量高压电动机直接接于发电机电压母线上。

（3）水力发电厂的厂用电动机容量均不大，通常也只设置 380/220V 一种电压等级。但厂外的水利枢纽装设的大型机械需由 6kV 或 10kV 电压供电。

（三）厂用电源的取得方式

为了满足厂用系统各种工作状态的要求，除有正常工作电源外，应设有备用电源。对单机容量在 200MW 及以上的发电厂，还应设置启动电源和事故保安电源。

1. 工作电源

厂用高压工作电源一般都由发电机电压回路引接；厂用低压工作电源，由厂用高压母线上通过厂用低压变压器取得。小容量发电厂也可从发电机电压母线或发电机出口经厂用低压变压器取得。

由主发电机引接厂用工作电源的方式决定于发电厂电气主接线的接线方式。

（1）当有发电机电压母线时，一般由各段母线引接厂用高压工作电源，如图 2-61（a）、（b）所示。

（2）当发电机与主变压器采用单元接线时，由主变压器低压侧引接，如图 2-61（c）所示。

（3）当发电机与主变压器采用扩大单元接线时，可由发电机出口或主变压器低压侧引接，如图 2-61（d）所示。

2. 厂用备用电源

厂用备用电源分为明备用和暗备用两种方式。

明备用是专门设置备用变压器，其容量应等于最大一台工作变压器的容量。

暗备用是不设专用的备用变压器，而是将每台厂用工作变压器的容量增大。正常工作时，每台变压器都投入但不满载运行；当任一台厂用变压器退出工作时，由另一台厂用变压器供电。

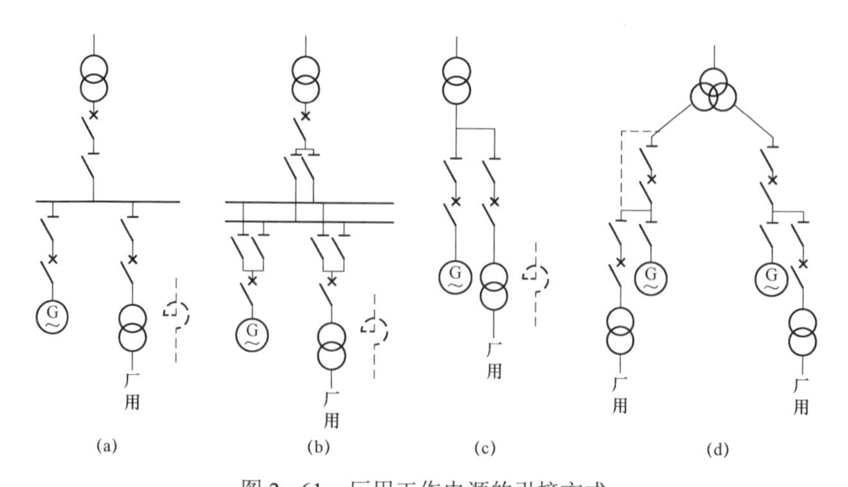

图 2-61　厂用工作电源的引接方式

（a）、（b）从发电机电压母线引接；（c）从主变压器低压侧引接；

（d）从发电机出口或主变压器低压侧引接

在大型发电厂特别是大型火电厂中一般采用明备用方式，这样可减小厂用变压器的容量。中小型水电厂多采用暗备用方式。为了做到对厂用电不间断供电，还应装设备用电源自动投入装置。当厂用工作电源故障切除时，此装置能自动地、有选择地将备用电源迅速投入到停电的那段母线上。

3. 启动电源

在厂用工作电源完全消失的情况下，为保证机组快速启动时向必需的辅助设备供电的电源称为启动电源。启动电源实质上是一个可靠性要求更高的备用电源，故可兼作备用电源或事故保安电源。目前我国仅在 200MW 及以上机组的发电厂中设置启动电源。

4. 事故保安电源

为确保在事故状态下能安全停机，事故消除后又能及时恢复供电，应设置事故保安电源，并能自动投入。事故保安电源多采用柴油发电机组、蓄电池组或可靠的独立外部电源。

（四）厂用母线的接线方式

厂用高压和低压母线均采用单母线接线，并且按炉分段。即将厂用电母线按照锅炉台数分成若干独立段，凡属同一台锅炉的厂用电动机，都接在同一段母线上，与锅炉同组的汽轮机的厂用电动机，一般也接在该段母线上；全厂公用性负荷，根据负荷功率及可靠性要求，尽可能均匀地分配在不同的母线段上。

厂用电母线按炉分段的优点是：当一段母线故障时，仅影响一台锅炉的运行；各段母线分开运行，可限制厂用电系统发生短路故障时的短路电流，有利于厂用电气设备的选择；锅炉的辅助设备可与锅炉同时检修，便于运行管理。

第五节　火电厂的辅助生产系统

一、电厂燃料运输

（一）燃煤的运输

电厂的燃煤量是很大的，一座大型火电厂（1000MW）每天耗煤量超过 1 万 t，中型电厂的日耗煤量也达几千吨。因此火电厂必须设有运量大、机械化、自动化程度高的燃煤运输系统。通常煤从煤矿到火电厂的运输过程称作厂外运输，一般采用列车运输，由专用铁路线运入厂区，在河、海旁边的电厂，也可采用船运，距煤矿较近的坑口电厂也可采用大型载重汽车运输或带式运输。从运煤车辆（或船舶）进厂卸煤起，到把煤运至锅炉房原煤斗止的整个工艺过程称作厂内运输，一般所说的燃料运输系统主要指厂内运输系统。

1. 燃料运输系统的组成

输煤运抵电厂后要经过计量、卸载、储存、筛分、破碎等厂内输煤过程，所以燃煤运输系统设备多、任务重，对电厂的安全经济运行影响很大。

（1）卸煤设备，其任务是将运煤车辆中的煤进行卸载。因电厂的耗煤量很大，所以卸煤要实现机械化与自动化。目前大型电厂常用的卸煤设备有以下几种：

1）翻车机。翻车机用于火车卸煤，它是将敞顶煤车翻转一定角度（140°～170°），使煤靠自重卸下的一种卸煤专用机械。它的机械化程度高、卸煤速度快、卸煤彻底，便于自动化，工人的劳动条件好，适用于大型电厂。目前采用较多的有转子式翻车机（如图 2–62 所示）、侧倾式翻车机等。

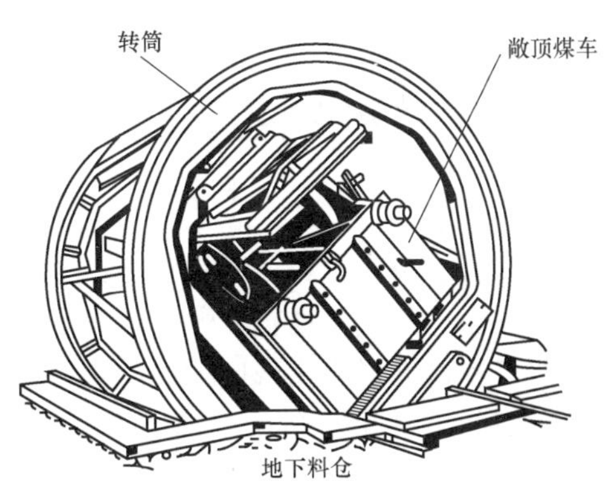

图 2–62　转子式翻车机示意图

2）底开车、侧开车。底开车是火电厂专用的运煤自卸车辆。车辆底部的两侧设有自动或手动操作开启的闸门，闸门开启后，借助煤的自重自行卸车；侧开门卸煤车是自卸煤底开车的改进型储能式自卸车辆，特点是卸煤部位高，车门长度和开度大，可提高煤沟的充满系数。这种卸煤方式电厂只需受煤设施，不需卸煤设备。适用于大、中型电厂。

3）装卸桥、门抓及桥抓等设备卸煤。这几种设备的卸煤大同小异，都是由抓煤斗把煤从车皮中抓出，放到栈台、煤沟或输煤斗中。它们可在煤场进行多种作业，如卸煤、给输煤皮带上煤以及煤的选配、煤场整理等。适用于中、小型电厂。

（2）受卸装置。受卸装置是接受卸煤设备卸下的煤并将其转动出去的设备。常用的接受装置有翻车机受卸装置和长缝煤槽受卸装置（卸煤沟），转运设备有带式给煤机和叶轮给煤机。

（3）储煤场。为了电厂连续安全生产的需要，必须设置储煤场，储备一定数量的煤（一般为电厂 10～15 天的燃煤量），在外来运煤暂时中断的情况下，能保证电厂正常生产；也可用于当锅炉燃煤量与运煤量不均衡时起缓冲作用；储煤场又可作为不同煤种的选配与混合场地。

因煤场的储煤量大、工作量也大，故煤场配备有大型机械设备进行作业。煤场设备主要有斗轮堆取料机、装卸桥、桥式抓煤机、推煤机等几种类型。目前电厂主要采用悬臂式斗轮堆取料机。

悬臂式斗轮堆取料机主要由金属构架、料场带式输送机、尾车、悬臂（臂架）带式输送机、斗轮及斗轮驱动装置、悬臂俯仰机构、回转机构、大车行走机构、操作室、液压系统等组成，如图 2－63 所示。

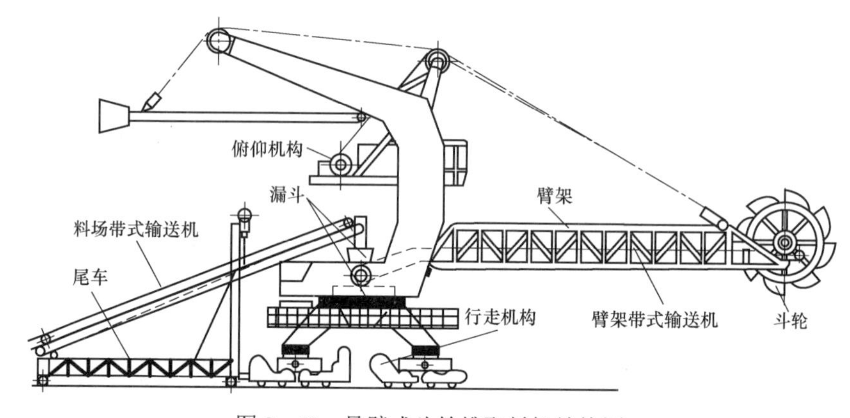

图 2－63　悬臂式斗轮堆取料机结构图

它有堆料和取料两种作业方式。堆料由料场带式输送机运来的散料经漏斗卸至臂架上的带式输送机，从臂架前端抛卸至料场。通过整机的运行，臂架的回转、俯仰可使料堆形成梯形断面的整齐形状。取料是通过臂架回转和斗轮连续旋转取料实现的。斗轮旋转从煤堆取得物料经卸料板卸至反向运行的臂架带式输送机上，再经机器中心处下面的漏斗卸至料场带式输送机运走。通过整机的运行，臂架的回转、俯仰，可使斗轮将储料堆的物料取尽。

（4）上煤设备。上煤设备是输煤系统的中间环节，其主要作用是完成煤的输送、破碎、筛分、计量等。它包括带式输送机、筛碎设备、除铁除木设备及计量设备等。

1）带式输送机。带式输送机是以胶带兼作牵引机构和承载机构的连续运输机，如图 2－64 所示。

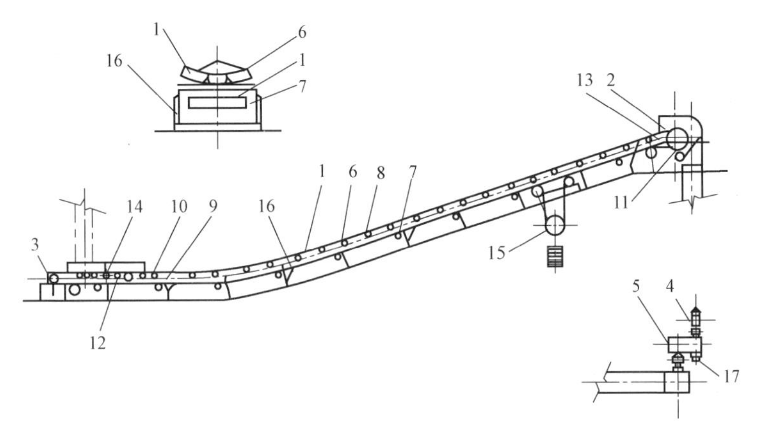

图 2-64　带式输送机结构

1—胶带；2—传动滚筒；3—改向滚筒；4—电动机；5—减速机；6—上托辊；7—下托辊；8—上调整托辊；9—下调整托辊；10—缓冲托辊；11—弹簧清扫器；12—尾部清扫器；13—带式逆止器；14—导料槽；15—拉紧装置；16—支架（包括头部支架、尾部支架、中间支架等）；17—滚柱逆止器

在大型火力发电厂中，从受卸装置或储煤场向锅炉原煤仓供煤所用的提升运输设备主要是带式输送机。带式输送机具有输送连续、均匀、输送量大、运行平稳可靠、维修方便，以及容易实现远方集中控制与自动程序控制等优点。为保证供煤可靠，电厂一般设置双路带式输送机，一路运行一路备用。

2）筛碎设备。筛碎设备包括煤筛和碎煤机。其作用是对物料进行筛分和破碎，以满足生产需要。

3）除铁、除木设备。除铁设备是用来除去煤中的铁件及磁性物质，以保证碎煤机和磨煤机安全运行的设备。除木块设备用以清除煤中的碎木块、破布、纸屑等不易磨细的杂物，以防制粉系统发生堵塞。

4）计量设备。火电厂的燃料计量在燃料进厂和进入锅炉房两个时间点进行。计量设备主要有微机动态轨道衡和电子皮带秤。

（5）配煤设备。配煤设备为输煤系统的末端，其主要作用是将煤按运行要求配入锅炉的原煤斗中。它有犁式卸料机、配煤车、可逆配仓皮带机等型式。

厂内输煤的流程如图 2-65 所示，煤槽或输煤煤斗中的煤，由给煤机控制并送到输煤机皮带上，经几次转向送入锅炉煤斗。在输送过程中，通过磁铁分离器，把煤中的铁件等分离出来；通过木屑分离器，把木片、碎布等不易磨细的杂物分离出来。在输送过程中原煤经过筛分设备，把粒度在 30mm 以上的煤块分离出来，

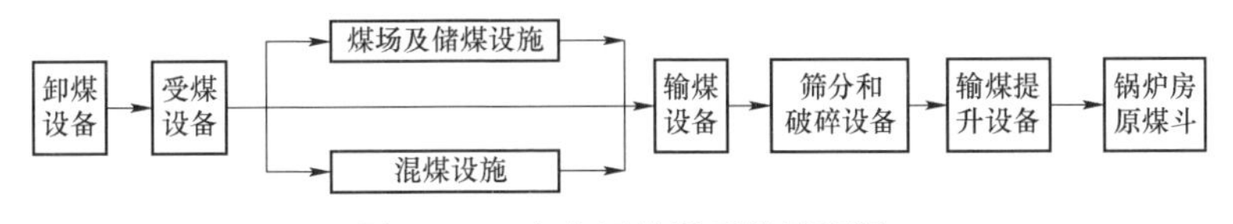

图 2-65　火电厂输煤系统流程图

送入碎煤机进行破碎。计量设备是用来计量送入锅炉燃煤量的，便于运行值班人员及管理人员进行经济指标分析与核算。

输煤系统除由上述主要的六个部分组成外，还设有真空吸尘系统、水冲洗系统、煤场喷淋系统、除尘系统、暖通及空调等功能齐全的辅助系统。

2. 输煤集中控制

输煤集中控制采用程序控制，其自动化程度高，特别适用于运煤工艺复杂，设备容量大的大、中型电厂，它不但可减轻运行值班人员的劳动强度，而且可保证输煤系统设备安全可靠运行。

输煤集中控制是将有关输煤设备系统按照生产工艺流程的要求、顺序和条件进行编程，而实现设备系统的自动启、停和运行调节。输煤集中控制系统主要由中央控制室的控制台、模拟屏、继电器柜、逻辑柜和现场装设的各种信号传送器及执行机构等组成。

（二）燃油的输送

燃油电厂的燃油一般有重油和柴油等。燃油的厂外运输通常采用铁路油槽车、油驳船运输，近距离的可用输油管道输送。采用油槽车及油驳船运输燃油时，厂内设有卸油设施、储油罐和供油系统。

1. 卸油系统

油槽车卸油方式有油槽车上部卸油和油槽车下部卸油两种。

（1）油槽车上部卸油方式。先由蒸汽加热以降低油的黏度，再经真空泵等设备在卸油鹤管中形成负压，使油注满卸油鹤管形成虹吸，将油从油槽车中卸到零位油罐中，再由油泵将零位油罐中的油送到储油罐备用。

（2）油槽车下部卸油方式。

这种卸油方式是利用油槽车比零位油罐位置高，靠油自重作用流入零位油罐。零位油罐的导油管可用软的橡胶管或敞开的导油槽。这种自流卸油系统比较经济，既不需要安装真空设备，又节省动力消耗，但油槽车必须固定使用，否则不便卸油。图 2−66 所示为敞开式自流卸油系统。

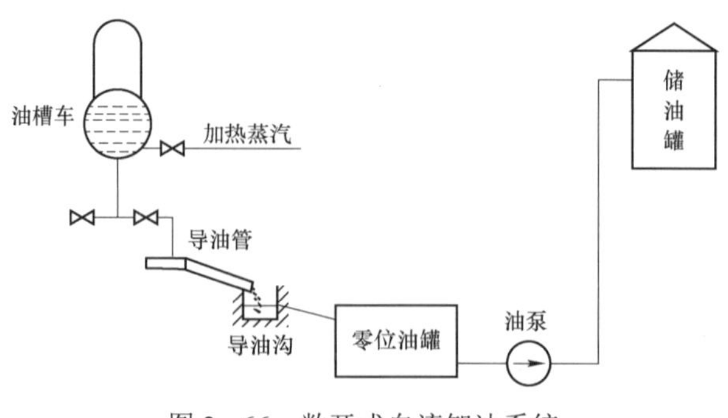

图 2−66　敞开式自流卸油系统

若上述两种卸油方式同时采用，称为联合卸油方式。这种卸油方式适应性强、工作可靠，故一般都采用这种卸油方式。

2. 电厂锅炉的燃油系统

燃油锅炉、燃煤锅炉的燃油系统的构成大同小异。不同的油流动特性不同，黏度大的重油在输送过程中必须由加热设备加热到一定的温度，使其易于流动。

燃油系统由储油罐、油泵、滤油器、加热器、管路、电磁阀、电打火器及喷油嘴等组成。图 2–67 所示为煤粉炉点火油系统，它在煤粉锅炉启动点火（此时煤粉无法点燃需烧油）或低负荷（此时煤粉燃烧不稳需伴油燃烧）时向喷燃器供油，保证此时锅炉燃烧用油。

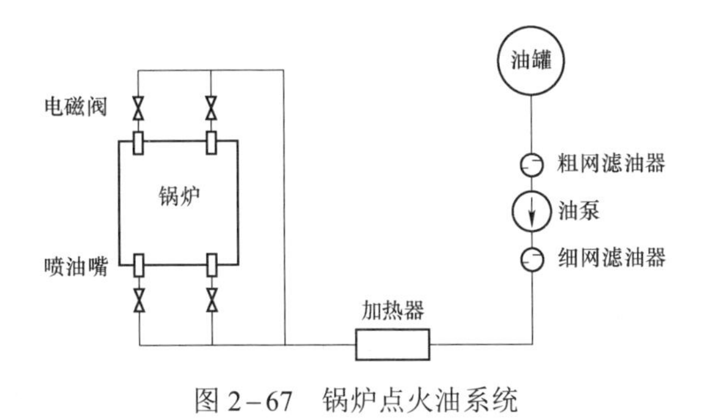

图 2–67 锅炉点火油系统

（三）燃气的输送

燃气有天然气、高炉煤气、焦炉煤气及地下气化煤气等。燃气的输送通常都采用输气管道进行。输气量由使用量决定，通过阀门进行控制。

二、供水

火力发电厂的耗水量是巨大的，如一台300MW机组，每小时耗水量在30 000t左右。电厂的用水包括生产用水和生活用水，生产用水中凝汽器的冷却水量最大，约占总耗水量的95%左右。所以火力发电厂的供水系统，主要指凝汽器的冷却水系统即循环水系统。

火电厂的供水系统基本上分为直流供水（也称为开式供水）系统和循环供水（也称闭式供水）系统。

（一）直流供水系统

直流供水系统是用水泵自水源上游吸取冷却水，送至凝汽器吸收汽轮机排汽的热量后，排至水源的下游，如图 2–68 所示。该系统简单，但冷却水属一次性使用，所以只有厂址附近有流量相当大的河流或大湖

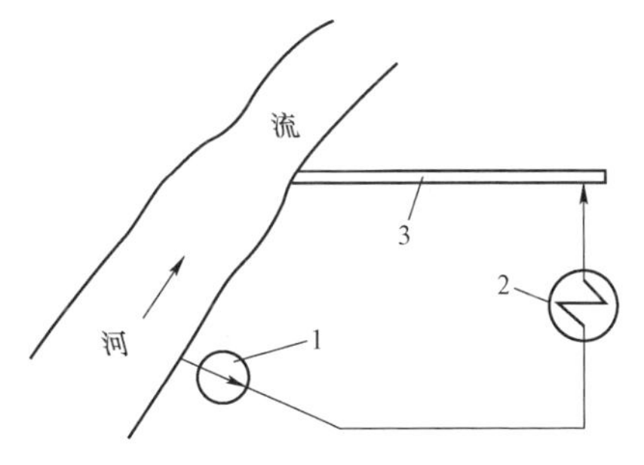

图 2–68 直流供水系统示意图

1—水泵；2—凝汽器；3—排水渠道

泊及沿海时，才考虑采用。

（二）循环供水系统

循环供水系统是指冷却水进入凝汽器吸收汽轮机排汽的热量后，送至冷却设备中冷却，然后再用循环水泵打入凝汽器继续作为冷却水循环使用。该系统正常运行时，只须向冷却设备中补充因冷却而蒸发掉的水量，所以比直流供水系统耗水量小得多，因此被火电厂广泛采用。

循环供水系统中的冷却设备有喷水池、冷却水池和冷却塔三种，其中冷却塔应用最为普遍，冷却塔有自然通风和强制通风两种型式。

图2-69为自然通风冷却塔循环供水系统。该系统的流程如下：在凝汽器中吸热后的冷却水，沿压力水管从冷却塔的底部中心进入冷却塔竖井。水经竖井被送到一定高度后，沿各主水槽流向塔的四周，再经分水槽流向配水槽。在配水槽下部装设有喷嘴，水通过喷嘴喷溅成水花均匀地洒落在淋水填料层上。水沿填料表面形成表面积很大的薄膜向下流动，从填料层出来的水下落到储水池。水在塔内下淋的过程中与冷空气直接接触，主要是通过蒸发方式，其次是对流方式将热量传给空气而被冷却。冷空气吸热温度升高后与水中蒸发的蒸汽一起沿塔筒向上从顶部排出，塔外部的冷空气则不断地从塔下部进口吸入，在塔内形成自然通风。落入储水池的冷却水由循环水泵送往凝汽器，重复使用。

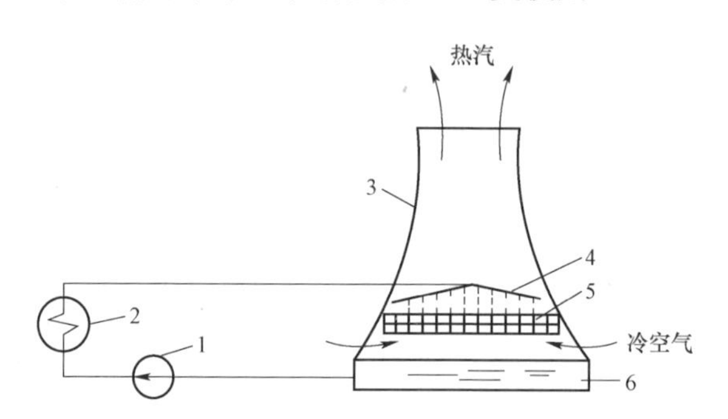

图2-69　自然通风冷却塔循环供水系统

1—循环水泵；2—凝汽器；3—冷却塔风筒；4—配水槽；5—淋水装置；6—储水池

还有一种称为机力通风冷却塔的冷却设备，空气在塔内是依靠风机的作用来强制通风的，一般用于大气温度高、湿度大的地区。

（三）空气冷却系统

虽然电厂广泛采用循环供水系统，但循环水在冷却过程中蒸发掉的水还是非常可观的，这对于水资源紧张而煤资源丰富的地区建厂是困难的，而空气冷却系统的使用解决了这一问题。

空气冷却系统有两种型式：一是直接空气冷却系统；另一种是间接空气冷却系统。

在直接空气冷却系统中，取消了常规凝汽器，汽轮机的排汽用大口径管道引至布置在汽机间外的表面式空气冷却器中，被空气直接冷却凝结成水。该系统完全取消了中间介质——循环水，节水效果非常突出，如图 2–70 所示。

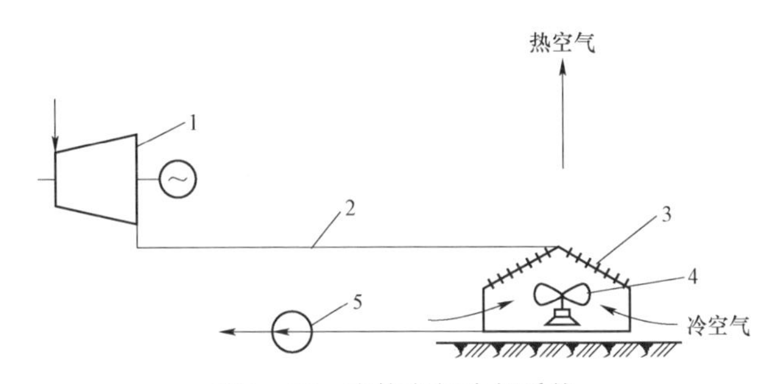

图 2–70　直接空气冷却系统

1—汽轮机；2—大口径排汽管；3—空气冷却器；4—风机；5—凝结水泵

在间接空气冷却系统中，汽轮机还设置有凝汽器，不同的是其冷却水是在密闭系统中形成循环。它又有两种型式：

（1）海勒式空气冷却系统，凝汽器是混合式的，如图 2–71 所示。冷却水进入凝汽器经喷嘴喷出，与汽轮机排汽均匀混合，并使其凝结。从凝汽器出来的水，一小部分作为锅炉给水，剩余的大部分水经循环水泵送至空气冷却塔中冷却（表面式冷却）之后，经小水轮机降压回收能量后再送至凝汽器形成循环。

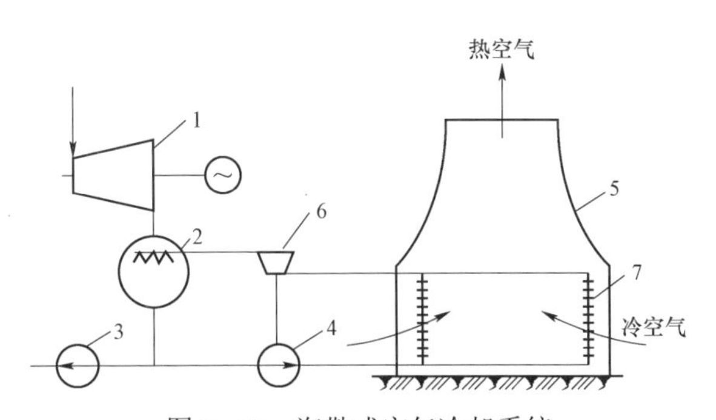

图 2–71　海勒式空气冷却系统

1—汽轮机；2—混合式凝汽器；3—凝结水泵；4—循环水泵；5—空气冷却塔；6—水轮机；7—冷却器

（2）哈蒙式空气冷却系统，其凝汽器与普通机组类同为表面式，而冷却水在空冷塔中的冷却也为表面式，即冷却水在表面式散热器内流动与外部的空气通过表面换热也没有蒸发现象，如图 2–72 所示。

直接空气冷却系统省去了电厂总耗水量 95%左右的凝汽器冷却水。间接空气冷却系统运行时，只需向系统补充很少的因泄漏损失的水，所以电厂采用这种空冷系统后，耗水量可大大地降低。

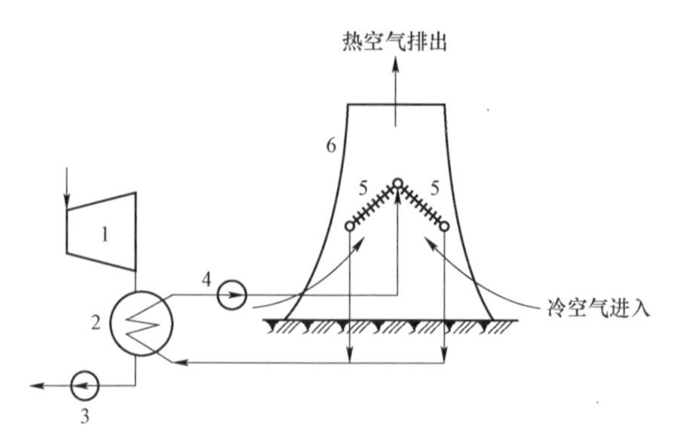

图 2－72 哈蒙式空气冷却系统

1—汽轮机；2—凝汽器；3—凝结水泵；4—循环水泵；5—空冷散热器；6—空冷塔

三、化学水处理

长期的实践使人们认识到，火力发电厂热力系统中汽水品质的好坏，直接影响火力发电厂热力设备安全、经济运行。因为天然水含有许多杂质，如不经过处理直接进入水、汽循环系统，就会造成热力设备腐蚀、结垢、积盐。

火力发电厂的热力系统虽是密闭循环系统，但在运行中，由于锅炉排污、排汽、蒸汽吹灰、各种水箱的排污溢流、管道阀门的泄漏等都会造成汽水损失。为了维持火力发电厂热力循环系统的正常运行，就要不间断地补入因汽水损失而减少的水量，这部分补入的水被称为补给水。火力发电厂的水处理工作就是将原水通过不同的水处理工艺生产出适合电厂各水系统使用的合格补给水。

火力发电厂的汽、水系统很多，相应水处理的种类和方式也不同，有锅炉补给水处理、循环冷却水补给水处理、凝结水处理、给水校正处理、锅内水处理、废水处理等，这里主要介绍前三种水处理的方式。

（一）锅炉补给水处理

电厂锅炉蒸汽参数越高对水质的要求也越高，如中低压锅炉采用软化水，高压以上锅炉采用品质更高的除盐水，而直流锅炉则对补给水的水质要求更高。但无论采用什么工艺的水处理，锅炉补给水处理系统一般由水的预处理和除盐两大部分组成。多年来水处理新技术不断涌现，自动化水平亦不断提高，相应的电厂锅炉水处理系统设备也发生了很大的变化，其主要经历了以下三种阶段型式：

（1）预处理→一级除盐（阳床→阴床）→二级除盐（混床）；

（2）预处理→反渗透→混床；

（3）预处理→反渗透→EDI（无需酸碱）。

第一种型式一级除盐系统中的阳床、阴床分别装有阳树脂、阴树脂，主要是除去水中的阳、阴盐类离子，二级除盐系统混床中装有混合均匀的阴阳树脂，继续除去水中的阴阳盐类离子，以满足不同锅炉水质的需求。该处理工艺中的阴、阳离子交换树脂在运行中随着离子交换不断进行会逐渐失去交换能力甚至失效，而为了恢复其交换能力，需要用酸碱来进行“再生”，所以，该种生产工艺过程中会耗用大量的酸碱，并有相应的再生酸碱废液的产生与排放。酸碱在生产、运输、储存和使用过程中，不可避免地也会带来对环境的污染，对设备的腐蚀，对人体可能的伤害以及维修费用的居高不下，酸碱废水排放与处理量大，费用高等缺点。目前，国家规定不允许使用地下水作为生产用水水源，只能用城市污水厂处理后的中水作为生产用水，这样就对水处理工艺有了更高的要求，所以离子交换处理工艺被后两种取代，尤其是近年来第三种型式的水处理系统优势更加突出，为新建电厂广泛采用。

1. 水的预处理

水的预处理就是通过不同型式的过滤器以过滤的方式除去水中的各种悬浮颗粒、胶体、蛋白质、微生物和大分子有机物等。经预处理后，原水中的污染物质被减少和控制，达到后期除盐设备进水水质的要求。电厂中的预处理系统方式有两种：① 常规的杀菌→混凝沉降→多介质过滤→活性炭过滤→微滤的工艺；② 以超滤装置为核心的工艺。后者是一种新型技术，已在电厂中得到广泛采用。

超滤（UF），属于膜过滤处理方式。其膜孔径为0.002～0.1μm，而水中杂质悬浮物直径大于1μm、胶体直径为0.001～1μm、乳胶直径不小于0.5μm、细菌直径不小于0.2μm。因此采用超滤膜技术可以将这些杂质从水中过滤出去。

超滤原理：

（1）筛分。膜拦截比其孔径大或与孔径相当的微粒，也称机械截留。

（2）吸附。微粒通过物理与化学吸附而被膜截获。因此，即使微粒尺寸小于孔径，也能因吸附而被膜截留。

（3）架桥。微粒相互推挤导致杂质都不能进入膜孔或卡在孔中不能动弹。

其中，筛分为超滤主因。

超滤有中空纤维组件、管式组件、卷膜组件等型式。电厂中一般采用的是中空纤维组件，其实际上是用几千甚至上万根中空纤维膜捆扎而成的，每根中空纤维膜是外径0.5～2.0mm、内径 0.3～1.4mm的细小管状。

中空纤维组件超滤有内压式和外压式。内压式超滤如图2-73所示，在压差

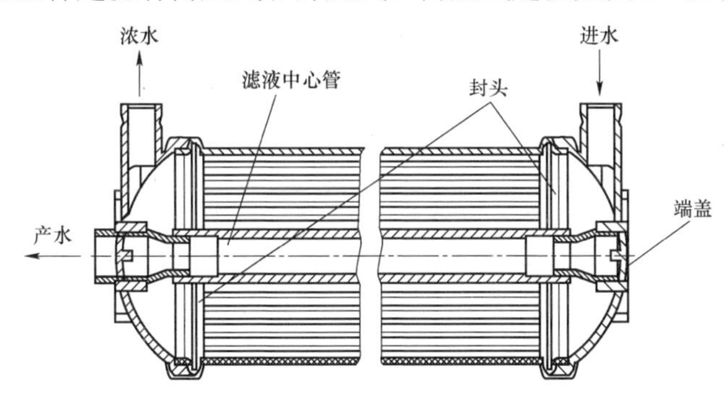

图2-73　内压式超滤结构示意图

作用下，进水在纤维管内流动，水通过超滤膜后在外壁侧汇集然后从中心管引出，而外压式则相反。内压式可以快速顺洗，冲洗水流与膜孔成切向方向快速流过，从而可以将吸附在膜内孔表面上的污染物快速冲去，清洗速度快、效果好。

2. 锅炉补给水除盐处理系统

根据锅炉参数不同，锅炉补给水有软化水和除盐水两种。软化水只适用于中温中压锅炉及以下的电厂锅炉，而大容量机组采用的均是除盐水，甚至是超纯水。一般锅炉补充水需经过一、二两级除盐处理，才能将水中的各种盐类离子除去。

（1）化学除盐处理系统。

该系统是用 H 型的阳离子树脂交换剂将水中的各种阳离子交换成 H^+（氢离子），用 OH 型的阴离子树脂交换剂将水中的阴离子交换成 OH^-（氢氧根离子），当水经过处理后，水中的溶解盐类全部被除去。

一般高压锅炉和直流锅炉补给水常采用一级复床除盐与二级混合床除盐串联而成的二级除盐系统。图 2-74 为化学二级除盐系统。

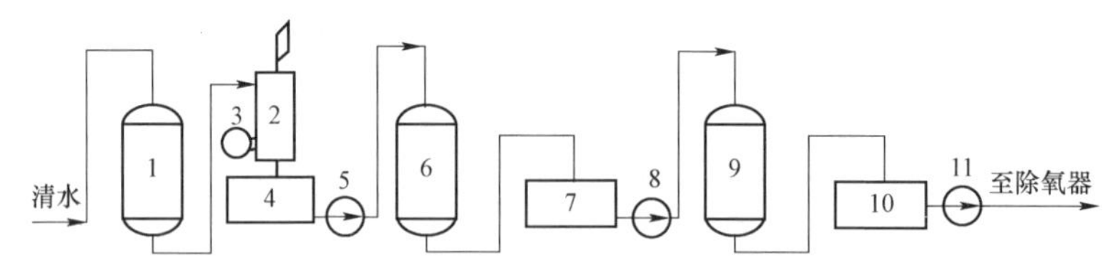

图 2-74　化学二级除盐系统

1—阳离子交换器；2—除二氧化碳器；3—风机；4—中间水箱；5—中间水泵；6—阴离子交换器；7—一级除盐水箱；8—一级除盐水泵；9—混合离子交换器；10—二级除盐水箱；11—二级除盐水泵

经预处理后只含有溶解性杂质（阳离子、阴离子、有机物等）的水通过阳离子交换器时，水中的阳离子都被阳树脂吸附使水呈酸性，酸性水通过除碳器将阳离子交换时产生的二氧化碳气体除去，这样，水再次通过阴离子交换器时，水中剩余的阴离子就几乎全部被阴树脂吸附，水中只存在少量的阳离子和弱酸阴离子，为了得到更高纯度的水，水最后进入混合离子交换器（混床），在混床内将剩余的少量阳离子和弱酸阴离子全部除去，使水变为基本不含盐的纯水。

采用这种除盐系统存在着阳、阴离子交换树脂的再生过程中会产生大量的酸碱废液，容易对环境造成污染，同时还需解决酸碱采购和储存问题等。此外，还存在着系统易腐蚀、人员安全等风险。

（2）反渗透 + 化学除盐处理系统。

1）渗透与反渗透概念。如图 2-75 所示，在相同的外压下，当溶液与纯溶剂用半透膜隔开时，溶剂通过半透膜渗透到溶液中，使得溶液体积增大、浓度变稀的现象称为渗透，如图 2-75（b）所示。当半透膜隔开溶液与纯溶剂时，加在原溶液上使其恰好能阻止纯溶剂进入溶液的额外压力称为渗透压，通常溶液愈浓，溶液的渗透压愈大（渗透压是溶液的一种特性，它的大小取决于溶液的种类、浓度和温度)。如果加在溶液上的压力超过了渗透压，则反而使溶液中的溶剂向纯溶剂方向流动，这个过程叫做反渗透，如图 2－75（c）所示。

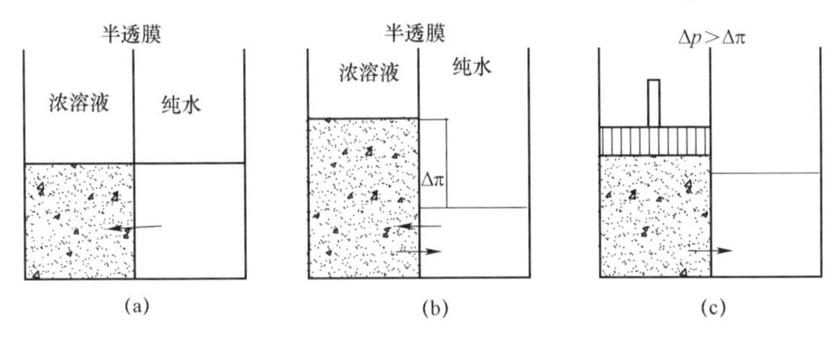

图 2－75　渗透与反渗透原理示意图

（a）渗透；（b）渗透平衡；（c）反渗透

理想半透膜也称为反渗透膜，其特性是只允许溶剂分子通过，而不允许溶质的分子通过。

2）反渗透膜元件和膜组件。反渗透膜是反渗透分离技术的核心，按其形状分为平板膜、中空纤维膜和管式膜，相应可制成卷式、板式、中空纤维式、管式的反渗透膜组件（元件）。中空纤维式膜组件（元件）由于膜的充填密度大、单位体积膜组件的水处理量大，常用于大水量的脱盐处理。

反渗透膜元件是由膜、支撑物和容器按一定的技术要求制成的组合构件，它是膜付诸于实际应用的最小单元。

图 2－76 是卷式膜元件的结构示意。在卷式膜元件中，膜袋（一个或多个）

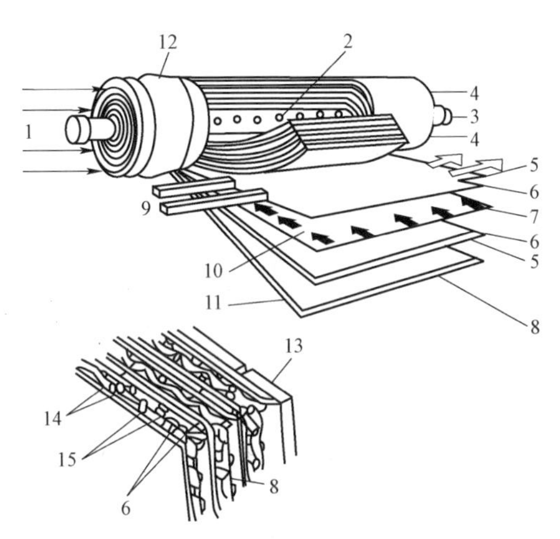

图 2－76　卷式膜元件的结构示意

1—进水；2—透过水集水孔；3—透过水；4—浓缩水；5—进水隔网；6—膜；7——产品水隔网；8—黏结剂；9—进水流动方向；10—透过液流过方向；11—外套；12—元件外套；13—中心透过水集水管；14—膜间支撑材料；15—多孔支撑材料

与网状分隔层一起围着轴心及透过液收集管卷绕。膜袋由两张膜以及两张膜之间的多孔网状支撑层（输送透过液）构成，膜袋的三条边经粘合密封，第四条边粘接到组件中央透过液收集管的狭缝通道上。原水从一端进入，在压力的推动下，沿轴向流过膜袋之间的网状分隔层（简称隔网）从另一端流出；而透过液在膜袋内多孔网状支撑层沿径向垂直方向螺旋式流进中央透过液收集管。

卷式膜组件，它由膜元件及装载膜元件的承压壳体（简称压力容器）构成。在卷式膜组件中，原水由膜组件的端部进入，在膜元件的隔网中沿中心管平行方向流动，淡水从两侧的膜透过，沿卷膜的方向旋转流进中心集水管，然后引出；浓缩水流入下一个膜元件作为进水，并依次流过组件内的每个膜元件进行脱盐，直至排出。膜组件中每个膜元件的进水端外侧用密封圈隔开，每个膜元件的中心集水管采用连接件连通。膜组件的构成如图 2–77 所示。

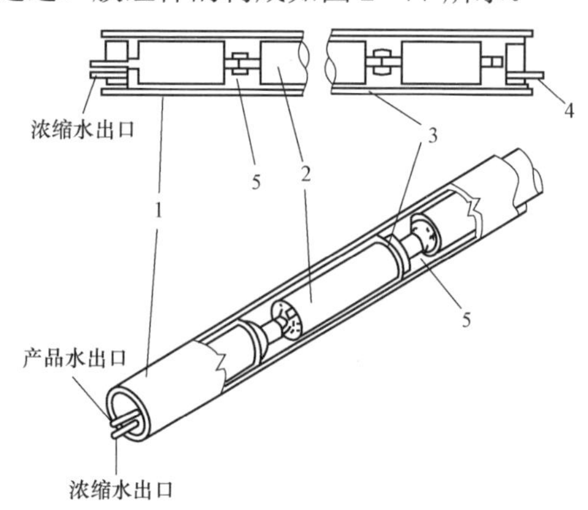

图 2–77　卷式膜组件构成示意图

1—压力容器；2—膜元件；3—密封圈；4—进水（料液）口；5—膜元件连接件

中空纤维式膜组件。中空纤维式膜组件通常成百上千根直径为 200～2500μm 的中空纤维直接装配在压力容器内构成，其剖面如图 2–78 所示。从图中看出，中空纤维是以 U 形方式沿着中心管径向均匀紧密排列，在纤维中间的进水管道的左端用于进水，另一端密封用环氧树脂板固定，并敞开中空纤维孔。进水管道内的水径向流往纤维束，大部分水渗透进中空纤维孔内，成为产水从右端流出。少部分浓缩后的水在纤维束外边缘轴向流往压力容器的左端部，成为浓水，不断排出。

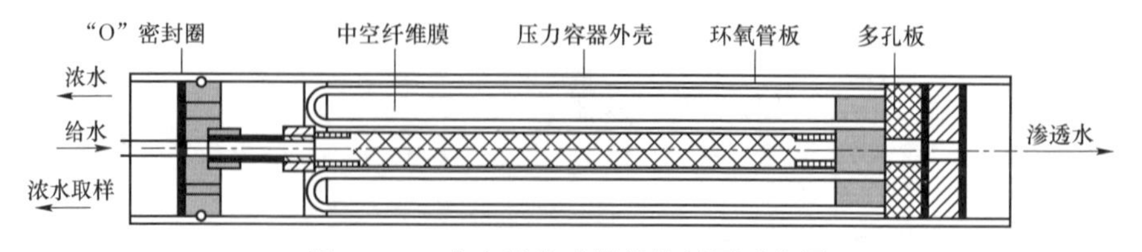

图 2–78　中空纤维式膜组件剖面示意图

3）反渗透＋混床除盐系统。反渗透＋混床除盐系统如图 2－79 所示，经预处理后，原水中的污染物质被减少和控制，达到反渗透膜元件对给水（进水）水质的要求。

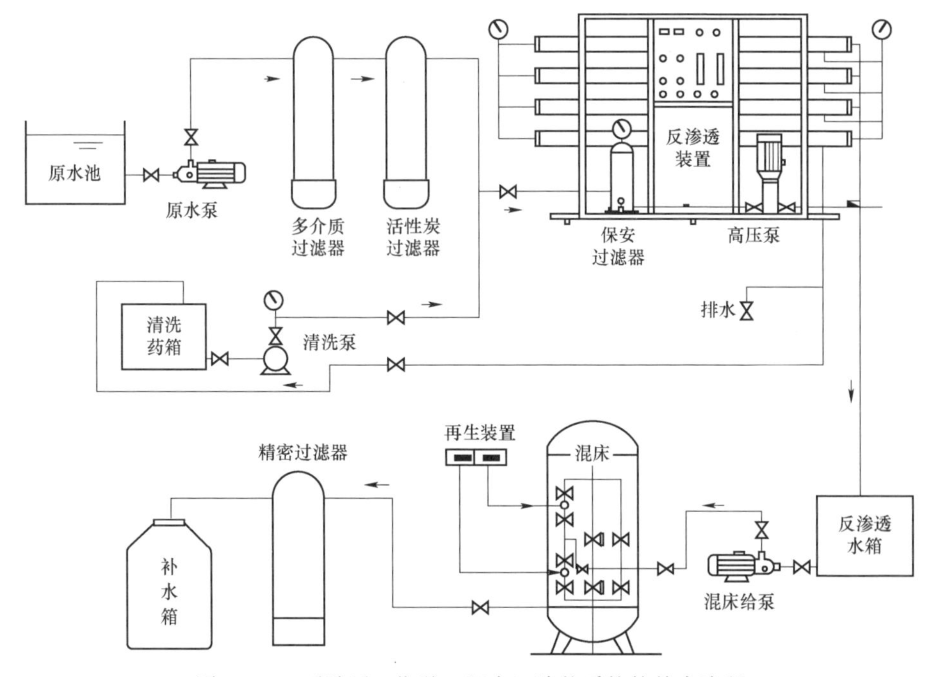

图 2－79　反渗透－化学（混床）除盐系统的基本流程

反渗透装置是反渗透脱盐过程的核心部分，在反渗透装置将进水中的大部分盐类被除去，同时除去的还包括有机物、细菌等，之后进入混床除去水中剩余的少量盐类离子，成为高纯度补充水储存于补水箱供锅炉使用。

反渗透＋混床除盐方法的优点：离子交换设备的再生剂用量可以减少 90%～95%，既可节省酸碱费用，又可减少酸碱废液排放利于环保。由于反渗透装置可将原水含盐量降低到原来的 5%以下，因此对后续除盐设备的运行周期可以延长，也延长了离子交换树脂的使用寿命；系统结构简单，自动化水平高；大大降低出水电导率，通常混床出水导电率为 0.1μS/cm，反渗透＋混床除盐联合系统出水导电率降到 0.07μS/cm。

（3）反渗透＋EDI 除盐处理系统。

该除盐系统中是用 EDI 装置替代了上述系统中的混床，其流程为：原水→预处理→保安过滤器→RO（反渗透）→EDI→精密过滤器→除盐水箱→锅炉补给水。

电去离子（Electro－deionization，EDI），是一种将离子交换技术、离子交换膜技术和离子电迁移技术相结合的高纯水制造技术。这一新技术可以代替传统的离子交换，生产出电阻率高达 18MΩ • cm 的超纯水，电导率为 0.05μS/cm。

EDI 水处理装置原理如图 2-80 所示，EDI 膜堆主要由交替排列的阳离子交换膜（阳膜）、浓水室、阴离子交换膜（阴膜）、淡水室（其中充满阴/阳树脂）和正、负电极组成。在直流电场的作用下，淡水室中离子交换树脂中的阳离子和阴离子沿树脂和膜构成的通道分别向负极和正极方向迁移，阳离子透过阳离子交换膜，阴离子透过阴离子交换膜，分别进入浓水室形成浓水。同时 EDI 进水中的阳离子和阴离子跟离子交换树脂中的氢离子和氢氧根离子交换，形成超纯水。超极限电流使水电解产生的大量氢离子和氢氧根离子对离子交换树脂进行连续的再生，不需要酸碱化学再生。

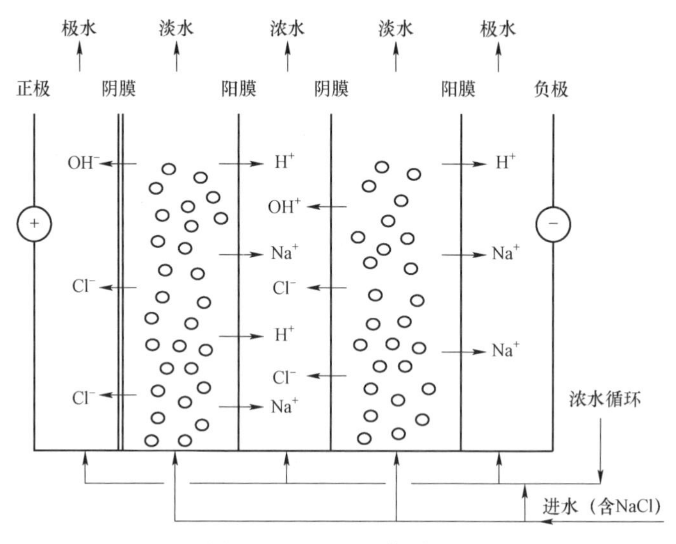

图 2-80　EDI 工作原理图

如图 2-81 所示为反渗透 + EDI 除盐系统组成示意图，原水经预处理后，经保安过滤器、高压泵打入反渗透装置进行一级除盐除去水中大部盐离子成为纯水，出水进入反渗透水箱，接着由纯水泵经精过滤器再送入 EDI 进行二级除盐。EDI 除去水中剩余盐离子制出超纯水，成为完全合格的锅炉补充水。

在图 2-81 所示的系统中，如预处理系统采用超滤装置，则整个锅炉补充水系统的核心设备分别采用超滤、反渗透、EDI 三种膜处理技术，所以也可称为全膜处理系统。它与传统的离子交换系统相比，完全没有了离子交换树脂饱和后需要化学间歇再生的工艺，EDI 膜堆中的树脂通过水的电解连续再生，工作也是连续，因此该水处理系统具有连续出水、无需酸碱再生、出水水质稳定、模块能耗少、节约运行费用、容易实现整体式的模块排列、结构紧凑和无人值守等优点，已在新建电厂广泛采用。

（二）循环冷却水处理

火力发电厂的循环冷却水主要是指汽轮机凝汽器的冷却水，循环冷却水系统

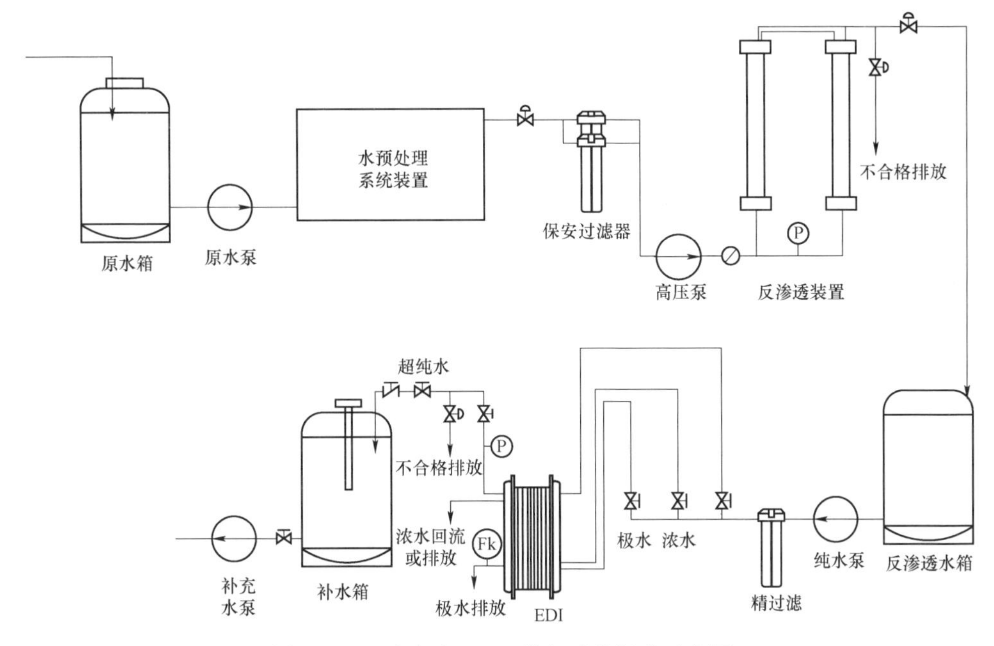

图 2–81　反渗透 + EDI 设备系统组成示意图

分直流式、密闭循环式和敞开循环式三种。

敞开循环式冷却系统，是冷却水经凝汽器后，通过冷水塔降低温度后再作为冷却介质循环使用。在循环过程中，由于蒸发、风吹、泄漏、排污造成了水量的损失，尤其蒸发损失的是很纯的水，致使循环水中盐类浓缩，当浓缩到一定程度时，就会析出碳酸钙，形成水垢。为了防止凝汽器结垢、腐蚀，目前采取的措施是使用弱酸阳离子交换树脂处理循环冷却水的补给水，再辅助以循环水水质稳定处理。常用的水质稳定处理方法有加酸处理、炉烟处理、添加缓蚀阻垢剂等。

（三）凝结水精处理

凝结水是由蒸汽凝结而成的，水质应该很纯，但实际上凝结水中往往因凝汽器的泄漏、热力设备金属的腐蚀和补充水中的杂质受到污染。对于高压和超高压汽包锅炉，汽轮机凝结水一般不进行处理；对于直流锅炉和亚临界参数的汽包锅炉，为了保证给水水质，应进行凝结水处理。凝结水除盐装置普遍采用混床除盐工艺，它布置在凝结水泵后的主凝结水管道上。从凝结水泵出来的水先进入凝结水除盐装置除盐后，再进入以后的回热加热系统，如图 2–82 所示。

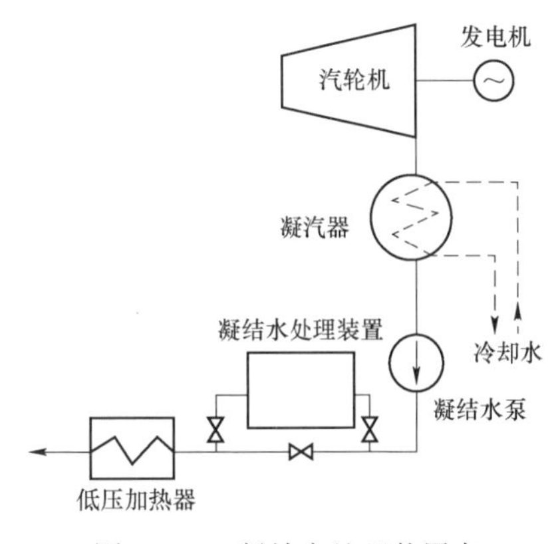

图 2–82　凝结水处理装置在热力系统中的布置

此外，在除氧器故障或运行操作不当时，水中的溶解氧和二氧化碳不能除尽，锅炉给水系统就会受到水中溶解氧和二氧化碳的腐蚀，所以，高温高压锅炉的给水应进行加氨和联氨的辅助除氧，防止给水系统腐蚀。为了防止在汽包锅炉中产生钙镁水垢，除了保证给水水质外，通常还需在锅炉汽包中投加磷酸盐进行炉水处理，磷酸盐与炉水中的钙镁结合生成水渣，随锅炉排污排掉。

四、除尘

燃煤锅炉中煤燃烧产生大量携带飞灰的烟气，如直接排至大气将会造成严重的环境污染，因此必须在烟气排入大气前将其中的飞灰除去，电厂称此为除尘，相应的设备称为除尘器。目前电厂中广泛采用电除尘器、布袋除尘器以及电袋相结合的电袋除尘器，除尘效率可达 99.5%以上。

（一）电除尘器

电除尘器由若干个正极板与负极线框架交错布置组成，正负极之间加上高压直流电，形成高压静电场。图 2－83 为板式电除尘器工作原理图，金属导线接高压直流电源的负极作为放电极（电晕极），两侧为极板，也叫集尘极，接电源正极。在高压电场作用下，使负极导线周围的气流产生电离后，在其周围可以看见一圈淡蓝色的光环称为电晕（所以也有把负极叫电晕极），并伴有轻微的爆裂声，这种现象称为电晕放电。电晕放电区范围一般限于距导线周围 2～3mm 处，其余的空间称为晕外区，如图 2－83（b）所示。电晕极周围（电晕区）的负离子和电子在电场力的作用下移向正极，途中与烟气中的飞灰尘粒互相撞击，并吸附在飞灰尘粒上，使中性的尘粒带上了负电荷。由此，带负电荷的飞灰尘粒在静电场力的作用下移向正极，并沉积在极板上，当正极板（集尘极）上积灰达到一定厚度

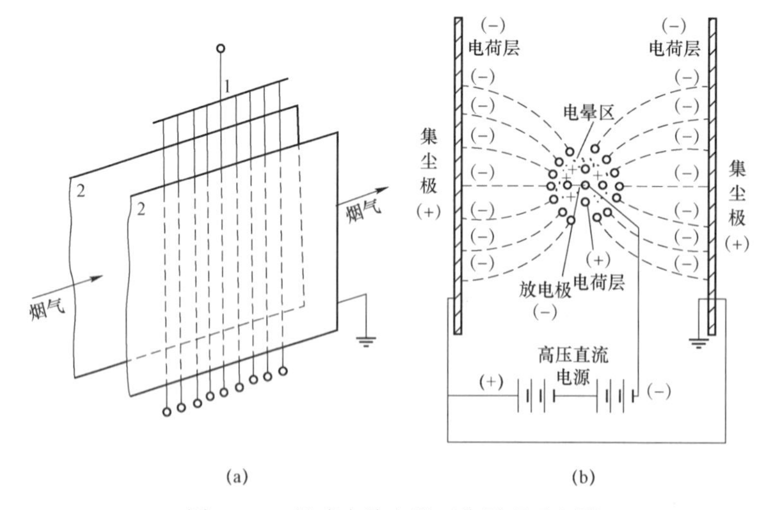

图 2－83　板式电除尘器工作原理示意图

（a）原理示意图；（b）电晕放电区

1—电晕极；2—收尘极

时，通过振打使灰落入下部的灰斗中排出。电除尘器都在电晕状态下工作，并且要防止极间气体击穿现象发生。

因为电晕区的范围很小，负离子和电子是通过范围更大的电晕外区向集尘电极方向移动的，而进入极间含尘气体中的大部分也是在电晕外区通过的，所以几乎所有的尘粒是荷上负电移到正极（集尘极）方向被除去的。极少数尘粒带正电而沉积在放电极上，致使放电极肥大，影响除尘效果，所以需定期给以振动清除。

图 2-84 是卧式板式电除尘器的本体结构部分简图，它主要有放电极（电晕极）、集尘极、槽板、清灰设备、外壳、进出口烟箱和储灰系统等部件。

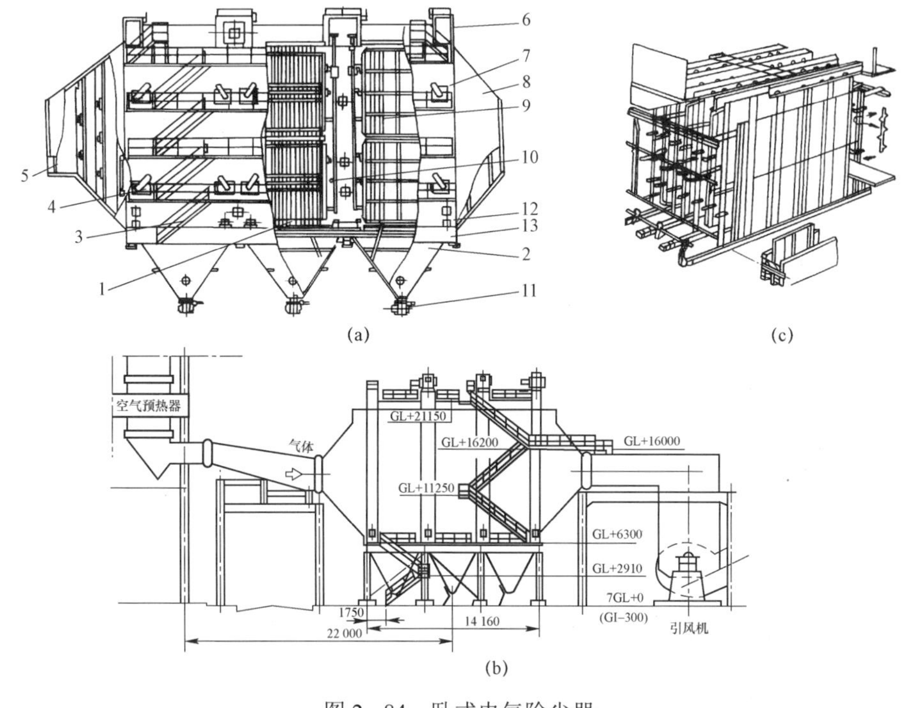

图 2-84　卧式电气除尘器

（a）整体结构；（b）内部结构；（c）布置位置

1—阳极板排；2—灰斗；3—扶梯平台；4—阳极振打装置；5—进口喇叭；6—顶盖；7—阴极振打传动装置；8—出口喇叭；9—星形阴极线；10—阴极振打装置；11—卸灰装置；12—阳极振打传动装置；13—底盘

电除尘设备还包括高压整流变压器（任务是向电除尘提供 50～90kV 高压直流电）、振打电机及控制装置等电气设备。

（二）布袋除尘器

布袋除尘器是一种高效收尘装置，它利用多孔纤维材料的过滤作用将含灰气流中的灰捕集下来。布袋除尘器按过滤方式分为内滤式和外滤式；按清灰方式分为机械振打式、反吹式和脉冲喷吹式等。

布袋除尘器由本体机械部分和电气控制部分组成。布袋除尘器密封箱体内布置了若干个滤袋，从锅炉来的烟气在通过滤袋时，尘粒被捕获，经过过滤的洁净烟气被排向大气。当尘粒在布袋表面堆积到一定厚度，利用压缩空气脉冲反吹或振打的方式将其清除落入下部灰斗排走。

脉冲布袋除尘器的基本结构如图 2–85 所示。

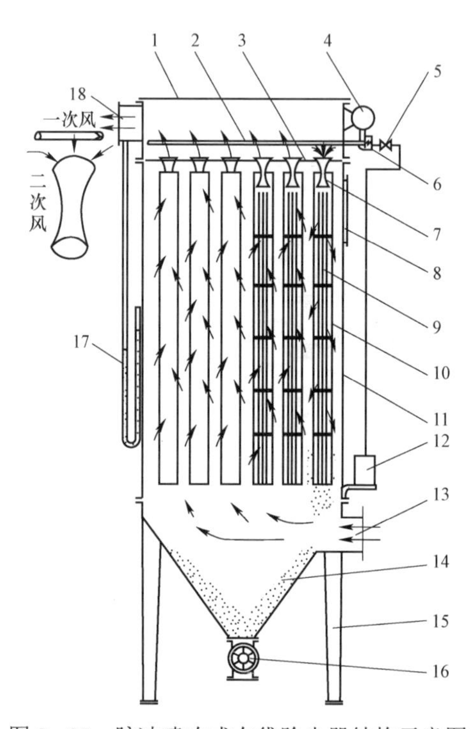

图 2–85　脉冲喷吹式布袋除尘器结构示意图

1—排气箱；2—喷吹管；3—花板；4—压缩空气包；5—压缩空气控制阀；6—脉冲阀；7—喇叭管；8—备用进气口；9—滤袋支撑骨架；10—滤袋；11 一除尘箱；12—脉冲信号发生器；13—进风管；14—灰斗；15—机架；16—电动锁气器；17—U 形衡压计；18—净化气体出口管

含灰气流由进风管进入灰斗上部，由于气流的速度大小和方向都急剧改变，大部分灰从气流中分离出来落入灰斗，剩余的细灰随气流冲向滤袋并附着在滤袋外表面。清洁空气流经滤袋由除尘器的出口排出。

留在滤袋一侧的细灰，大部分借助自身重力脱落到底部灰斗内，小部分继续附着在滤袋外表面。细灰在滤袋外表面的适量附着，提高了滤袋的过滤性能，但附着厚度的增大，使过滤阻力不断增加。为了保持收尘器的阻力在一定范围之内，必须经常清除滤袋表面的积灰。脉冲喷吹式布袋除尘器由脉冲控制仪定期按程序触发开启电磁喷气阀，使气包内的压缩空气由喷吹管孔眼高速喷出。每个孔眼对准一个滤袋的中心，通过文丘里管的诱导，在高速气流周围形成一个比原来的喷射气流（一次风）流量大 3～7 倍的诱导气流（二次风）。两股气流一同进入滤袋，滤袋在瞬间产生急剧膨胀，引起冲击振动，并产生由袋内向袋外的逆向气流，使粘附在滤袋外表面的积灰被吹抖下来，落入灰斗排走。

（三）电袋复合除尘技术

电袋复合除尘技术是基于静电除尘器和布袋除尘器两种成熟的除尘技术提出的一种新型复合除尘技术，近几年来发展迅速。电袋复合除尘原理是含尘气流首先通过静电除尘器，先利用高压电场除去大部分烟尘颗粒，然后通过布袋除尘器过滤带有电荷但未被电场收集的细粉尘。电袋复合除尘原理不仅仅是静电除尘和布袋除尘的叠加，两者在除尘过程中存在相互影响，颗粒在电场中荷电、极化、凝并，增强了布袋对颗粒物的捕集能力，因此与单一的电除尘或布袋除尘相比，其除尘效率更高、除尘效果更好。

图 2-86 所示为电袋相间布置的混合型除尘器，它是在除尘器内由一行电除尘部件和一行滤袋相间排列而构成。进入除尘器的气流和粉尘首先被导向电除尘区域，将大部分粉尘除去，然后还含有一部分粉尘的气体通过多孔极板上的小孔流向滤袋，经滤袋过滤，将剩余的粉尘除去。在滤袋脉冲清灰时，脱离滤袋的尘块经多孔极板回流，在电除尘区域被捕集，这样就大大减少了粉尘重返滤袋的机会。同样的，收尘极板振打清灰时未落入灰斗的粉尘也会被滤袋捕集。多孔极板除了捕集荷电的尘粒外，还能保护滤袋免受放电的破坏。该除尘器的除尘效率可达 99.99%，可满足超低排放要求的标准。

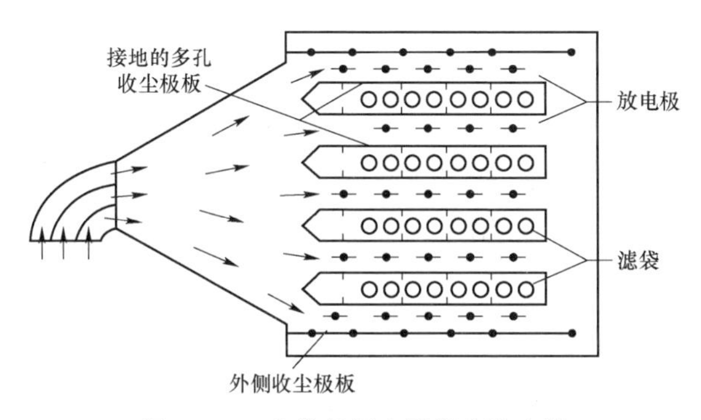

图 2-86　电袋相间布置混合除尘器

五、除灰

火电厂的除灰一般包括锅炉细灰和渣的排除两部分，灰与渣可混在一起排，也可分不同的系统排放。由于灰与渣的特性不同，以及考虑到灰与渣的综合利用，故火电厂中多采用灰与渣分除系统。电厂除灰方式有水力除灰、气力除灰和机械除灰三种。

（一）水力除灰

水力除灰是用水作为输送灰的介质，相应的输送设备及管道组成水力除灰系统。根据用水量的多少可将水力除灰系统分为低浓度和高浓度两种系统，后者具有耗水量少的优点，故应用较多。

1. 低浓度水力除灰系统

该种系统以灰渣泵为输送设备，所以也称为灰渣泵除灰系统。如图 2-87 所示，炉渣经碎渣机破碎后与除尘器分离出的细灰沿倾斜的灰沟被水冲到灰渣泵前池内，然后由灰渣泵送到灰场。当灰场距离较远时，还需再在中途串联一级灰渣泵输送。该系统为灰渣混合输送，灰渣泵和管道的磨损严重，水耗和电耗大。

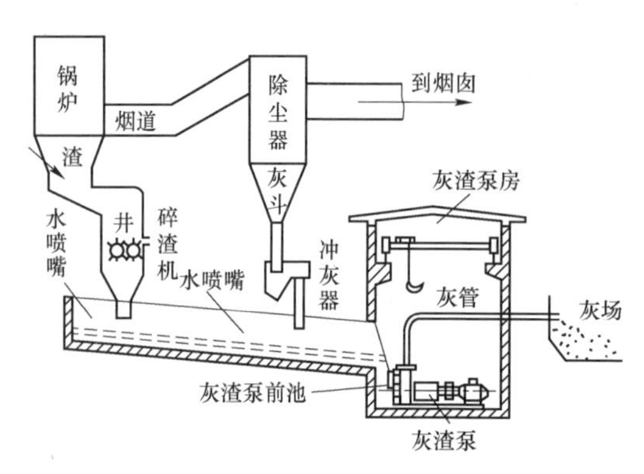

图 2-87　灰渣泵水力除灰系统（低浓度）

2. 高浓度水力除灰系统

高浓度水力除灰系统主要用来输送细灰，输送的灰水浓度高，省水，电耗小。该系统有离心式灰浆泵、油隔离灰浆泵、喷水式柱塞灰浆泵、水隔离灰浆泵等型式，喷水式柱塞泵磨损较轻、运行周期长，应用越来越多。如图 2-88 所示，灰水混合物先送入浓缩池内沉降浓缩成浓度为 50%～65%的稠灰浆。喷水式柱塞泵为往复式，柱塞从缸内往外拉时缸内形成真空，进口阀打开出口阀关闭从而将灰浆吸入，缸内吸满灰浆后，柱塞又往回压此时进口阀关闭出口阀被顶开，灰浆被挤压到出灰管，如此反复将灰浆沿管道源源不断地送至灰场。

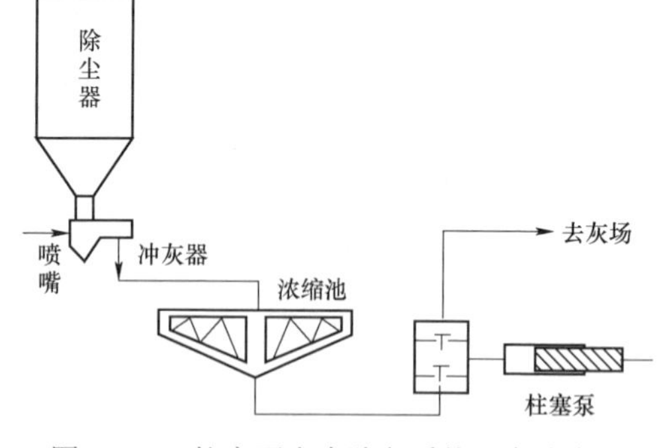

图 2-88　柱塞泵水力除灰系统（高浓度）

采用此种除灰系统的电厂，还应设一套除渣系统，因渣量相对较少，故一般用水力方法将渣送到渣仓脱水后用车辆运走。

（二）气力除灰

气力除灰是以空气作为工作介质，在管道内输送灰料的除灰方式，它属于干式除灰。气力除灰具有可节省大量的水，送出的干灰易综合利用，系统易实现自动化，运行工作强度小，设备简单，系统布置灵活等优点，所以气力除灰越来越多地应用于火力发电厂。

气力除灰按工作介质的压力不同大体可分为正压气力除灰系统和负压气力

除灰系统两种。

1. 正压气力除灰系统

图 2-89 为正压仓泵除灰系统，在此系统中，从电气除尘器分离下的灰，经电动锁气器、螺旋输灰机和饲料机进入仓泵，用压缩空气将灰吹出沿除灰管道送至灰库，压缩空气由空压机提供，从系统入口端送入。

正压气力除灰系统又可分为低浓度气力除灰系统和高浓度气力除灰系统，后者因具有高效节能、流速低、磨损小、输送管道可用普通钢管、投资和维修费用少等优点，成为我国燃煤电厂气力除灰系统的主导系统。

图 2-90 所示的紊流双套管气力除灰系统属于正压高浓度气力除灰方式。该系统的工艺流程和设备组成与常规正压气力除灰系统基本相同：通过压力发送器（仓式泵）把压缩空气的能量（静压能和动能）传递给被输送物料，克服沿程各种阻力，将物料送往储料库。

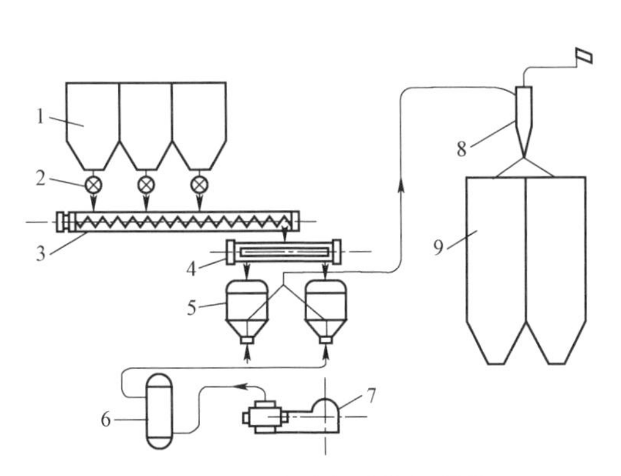

图 2-89　正压仓泵除灰系统

1—除尘器集灰斗；2—电动锁气器；3—螺旋输灰机；
4—饲料（灰）机；5—仓式泵；6—储气罐；
7—空气压缩机；8—分离器；9—卸料（灰）机

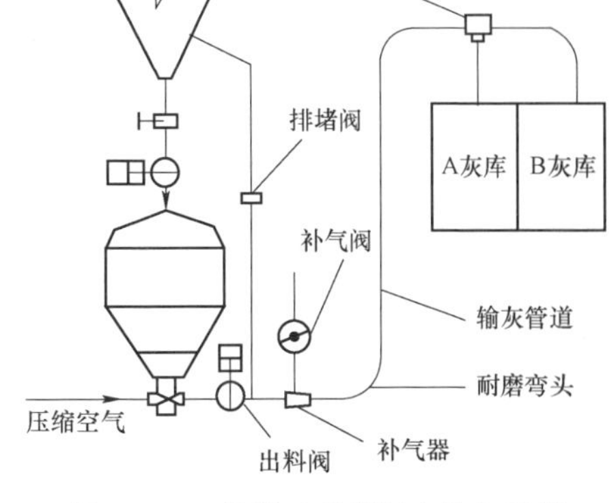

图 2-90　紊流双套管气力除灰系统

但是紊流双套管系统的输送机理与常规气力除灰系统不尽相同，如图 2-91 所示，该型管道采用大管内套小管的特殊结构形式，小管布置在大管内的上部，在小管的下部每隔一定距离开有扇形缺口，并在缺口处装有圆形孔板。正常输送时大管主要走灰，小管主要走气，压缩空气在不断进入和流出内套小管上特别设计的缺口及孔板的过程中形成剧烈紊流气流，不断扰动物料。由于低速输送会引起输送管道中物料堆积，这种堆积物引起相应管道截面压力降低，所以迫使空气通过内套小管排走，小管中的下一个开孔的孔板使“旁路空气”改道返回到原输送管中，此时增强的气流将吹散堆积的物料，并使之向前移动，从而使物料能实现低速输送而不堵管。

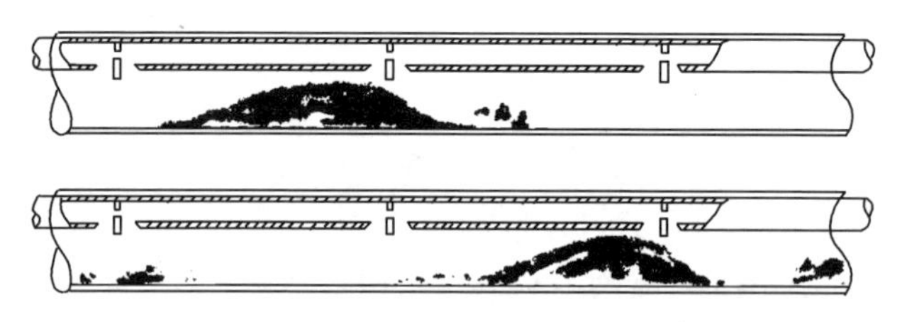

图 2-91　紊流双套管高浓度气力输送原理示意图

2. 负压气力除灰系统

负压气力除灰系统与正压气力除灰系统类似，不同的是工作中空气为负压状态，空气在输送管道内的流动的动力由位于系统末端的真空泵抽吸产生，如图 2-92 所示。负压气力除灰系统由于输送距离短、磨损严重、输送灰浓度低，故它一般用于干灰的短距离输送。

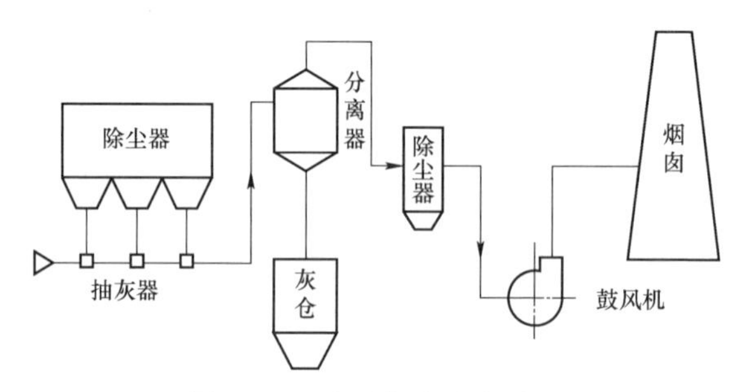

图 2-92　负压气力除灰系统

六、锅炉烟气脱硫

对火电厂而言，烟气脱硫（FGD）是目前世界上唯一大规模商业化应用的脱硫技术。按脱硫过程是否加水和脱硫产物的干湿形态，烟气脱硫可分为湿法、半干法和干法三类工艺。我国主要采用的是湿法脱硫。

（一）湿法烟气脱硫

典型的石灰石湿法烟气脱硫（WFGD）装置如图 2-93 所示，主要包括石灰石浆液制备系统、烟气系统、吸收塔系统、石膏脱水系统等。

1. 石灰石浆液制备系统

石灰石浆液制备系统有干粉制浆系统和湿法制浆系统，前者采用干磨机，后者采用湿磨机。如果直接购置合格的干粉，则不需要石灰石粉磨制系统。

图 2-93 所示系统采用湿法制浆。石灰石仓中的粒料（粒径小于 10mm）送至湿式球磨机，并加入合适比例的工艺水磨制成石灰石浆液，浆液由泵输送至石灰石浆液旋流器，经水力旋流循环分选，不合格的返回球磨机重磨，合格的石灰石浆液送至石灰石浆液箱，再根据需要由石灰石浆液泵输送至吸收塔。

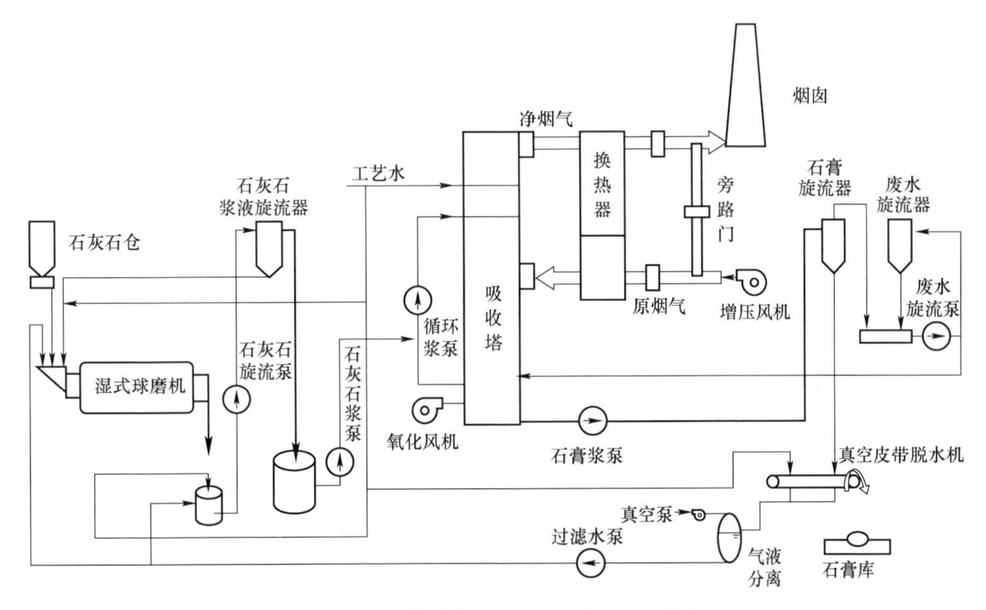

图 2－93　典型的石灰石湿法 FGD 装置

2. 烟气系统

原烟气经增压风机（引风机）增压，进入回转式气—气热交换器（GGH）加热净烟气后其温度降至 90～100℃送至吸收塔下部，经吸收塔脱除 SO_2，吸收塔出来的净烟气送回 GGH 升温至高于 80℃后沿烟囱排放至大气中。烟气系统在 GGH 前设置出、入口挡板门和旁路挡板门，当 FGD 装置故障时切换烟气运行方式。

3. 吸收系统

进入吸收塔的原烟气经过逆向喷淋浆液的冷却、洗涤，烟气中的 SO_2 与浆液发生化学反应生成亚硫酸钙和石膏。为了实现将反应产物完全转化成石膏（$CaSO_4 \cdot 2H_2O$），需将氧化用的空气鼓入塔底持液槽中。同时烟气中的 Cl、F 和灰尘等大多数杂质也在吸收塔中被去除。含有石膏、灰尘和杂质的吸收剂浆液被排入石膏脱水系统。吸收塔中装有水冲洗系统，将定期进行冲洗，以防止雾滴中的石膏、灰尘和其他物质堵塞元件。

4. 石膏脱水系统

由吸收塔底部抽出的浆液主要由石膏晶体组成，固态物含量 8%～15%，经一级水力旋流器浓缩为 40%～50%的石膏浆液，并自流至真空皮带式脱水机，脱水为含水 10%的湿石膏，送至石膏仓。为了控制石膏中的 Cl 等成分的含量，确保石膏的品质，在石膏脱水过程中，用工业水对石膏及滤布进行冲洗。石膏过滤水收集在滤液水箱中，然后用滤液泵送至吸收塔和湿式球磨机。若固体含量低时，石膏水力旋流器底部切换至吸收塔循环使用，石膏水力旋流器溢流液送至废水箱。

湿法烟气脱硫（WFGD）技术的特点是：脱硫过程气液反应，其脱硫反应速度快、脱硫效率高、钙硫比低、钙利用率高，在钙硫比等于 1 时，可达到 95%以上的脱硫效率，运行可靠，操作简单，适合于大型燃煤电站锅炉的烟气脱硫。但脱硫产物的处理比较麻烦，烟温降低不利于扩散，传统湿法的工艺较复杂，占地面积和投资较大。所以有的空冷式电厂将脱硫塔及烟囱布置在空冷塔内形成三塔合一（空冷塔、脱硫塔、烟囱），占地面积大大缩小。

（二）干法与半干法脱硫

半干法烟气脱硫是将吸收塔布置在除尘器之前，利用原烟气加热蒸发石灰浆液中的水分，同时在干燥过程中，石灰与烟气中的 SO_2 反应生成亚硫酸钙等，并使最终产物为干粉状。反应产物从吸收塔上部随烟气流出再经预除尘器除尘，除下的脱硫剂由空气斜槽送回反应塔循环使用，净烟气经电除尘器除尘后经烟囱排出。

干法、半干法的脱硫产物为干粉状，处理容易，工艺较简单，投资一般低于传统湿法，但用石灰（石灰石）作脱硫剂的干法、半干法的钙硫比高，脱硫效率和脱硫剂的利用率低。

七、锅炉烟气脱硝

烟气脱硝是近期内 NO_x 控制措施中最重要的方法，具体有干法和湿法之分。湿法烟气脱硝就是采用酸、碱、盐或具有氧化、还原、络合作用的其他物质的水溶液来吸收锅炉烟气中的 NO_x，达到净化的目的。湿法脱硝因脱除效率较低，反应生成的副产物需要进一步处理，容易造成废水的二次污染等缺点，故在电厂中较少应用。

目前，世界上较多使用的干法烟气脱硝技术主要是选择性催化还原法（SCR）、选择性非催化还原法（SNCR）以及前两者（SCNR/SCR）的组合技术。

1. 选择性催化还原法

选择性催化还原法是目前世界上应用最多、最为成熟且最有成效的一种烟气脱硝技术，它对锅炉烟气 NO_x 控制效果十分显著，且占地面积小、技术成熟、易于操作，目前在我国已经有了广泛的应用。

选择性催化还原法以氨（NH_3）或尿素为还原剂，在一定的温度下，通过适当的催化剂，有选择地将废气中的 NO_x 还原为 N_2，而不与废气中的氧发生反应。因此不产生副产物，装置结构简单，脱硝率高（大于 90%），适用于处理大流量的烟气。

与氨（NH_3）相比，使用尿素作为还原剂安全可靠，又无氨泄漏污染的问题。

选择性催化还原法的催化剂有金属基、碳基和分子筛基催化剂三种。

SCR 系统组成包括催化剂反应室、氨储存和管理系统、氨喷射系统和控制系统。按照催化剂反应器在除尘器之前或之后安装，可分为“高飞灰”和“低飞灰”

脱硝。“高飞灰”方式是指 SCR 反应器安装在未净化的烟气通道中，如图 2-94 所示，位于锅炉省煤器出口和空气预热器进口之间。此时脱硝反应可获得较高的合适的反应温度进行反应，节省能源消耗，但是由于烟气飞灰含量高，催化剂用量增加，表面磨损严重，在飞灰中的一些有害物质还会造成催化剂中毒而失效。“低飞灰”方式 SCR 反应器安装在除尘器后已净化的烟气通道中，如图 2-95 所示，此时烟气中飞灰含量低，减少了催化剂的用量，虽能够保证要求的反应温度，但增加了烟气换热设备并且消耗能源。

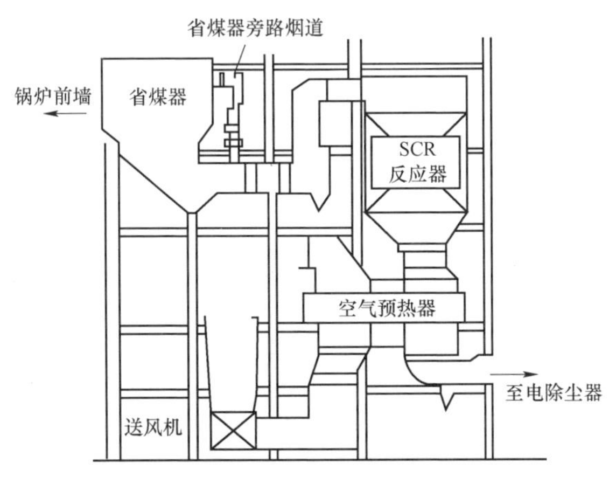

图 2-94　同步装设 SCR 装置的锅炉尾部布置

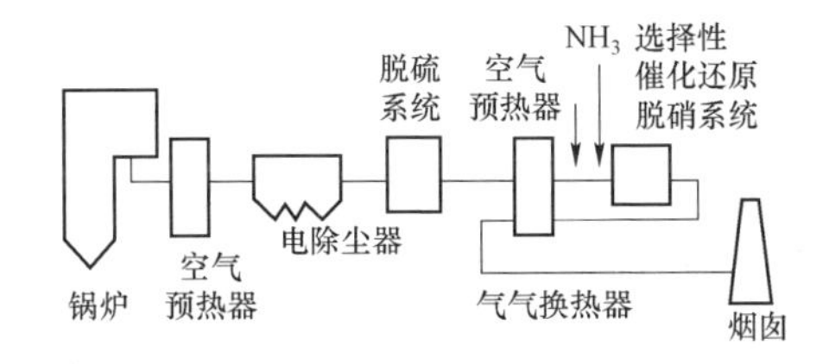

图 2-95　SCR 的系统配置

2. 选择性非催化还原法（SNCR）

选择性非催化还原法脱硝由于没有催化剂加速反应，故其操作温度高于 SCR。目前用尿素作还原剂，可在 800～1200℃脱硝。

SNCR 法工艺流程见图 2-96，炉膛顶部和烟道分别安装有喷嘴，还原剂通过喷嘴喷入烟气中，并与烟气混合，反应后的烟气排出锅炉。整个系统由还原剂储槽、还原剂喷入装置和控制仪表组成。

3. SNCR-SCR 联合脱硝技术

SNCR-SCR 联合脱硝技术是将 SNCR 脱硝技术与 SCR 脱硝技术结合起来，在炉膛中喷入氨或尿素，先在炉膛内进行 SNCR 反应，然后溢出的氨随烟气进入 SCR 反应器，在金属催化剂的作用下，继续还原烟气中的氮氧化物。

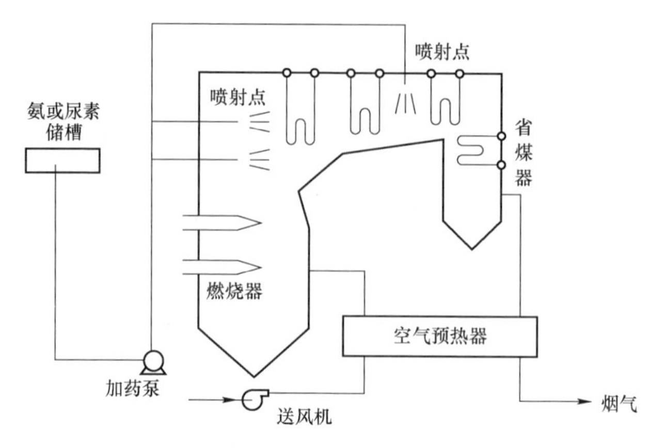

图 2-96 SNCR 工艺流程

八、火电厂废水处理

火电厂废水处理方式，是本着节水、排水梯级利用和废水重复利用相结合的原则设计的。火电厂废水处理有分散处理系统和集中处理系统两种方式。

（一）分散处理系统

分散处理系统是根据所产生的废水水量就地设置废水储存池，池内设置机械搅拌曝气装置或压缩空气系统，根据水质情况在池内直接投加所需的酸、碱及氧化剂等药物，废水在此处理达到标准后或者回收利用或者排放。分散处理系统的特点是基建投资少、占地面积小、使用灵活、检修和维护工作量少，比较适合于燃煤电厂，特别是采用水力冲灰的电厂。

（二）集中处理系统

废水集中处理系统是将全厂各种生产废水分类收集并储存，根据水质和水量，选择一定的工艺流程集中地进行处理，使其出水水质达标后重复利用或排放。集中处理的优点包括设施完善、经处理后水质稳定、便于运行管理。虽投资费用高些，但鉴于我国目前普遍缺水及环保要求标准的提高，要求电厂做到废水尽量回用和减少废水排放量，为此采用集中处理系统更合理。

图 2-97 所示为某火电厂废水集中处理系统。经常性排水收集在排水槽 A 内后，首先用压缩空气搅拌均匀，送入 pH 值调整槽调节 pH 值后，再进行混凝、澄清、过滤，使水中悬浮物降低，最后进行中和，保证排水 pH 值在 7.5～8 时排放。

对非经常排水，先在排水槽 B 内存放，再分别进行处理后，送入经常性排水槽或 pH 值调整槽，进行相应处理，再经 pH 调节、混凝、澄清、过滤，并最后中和调节 pH 值后排放。

废水处理系统澄清池在处理过程中出现的污泥，首先送到浓缩槽，浓度浓缩至 4%左右，再送进脱水机脱水，脱水后的泥饼（含水率在 75%左右）运走。

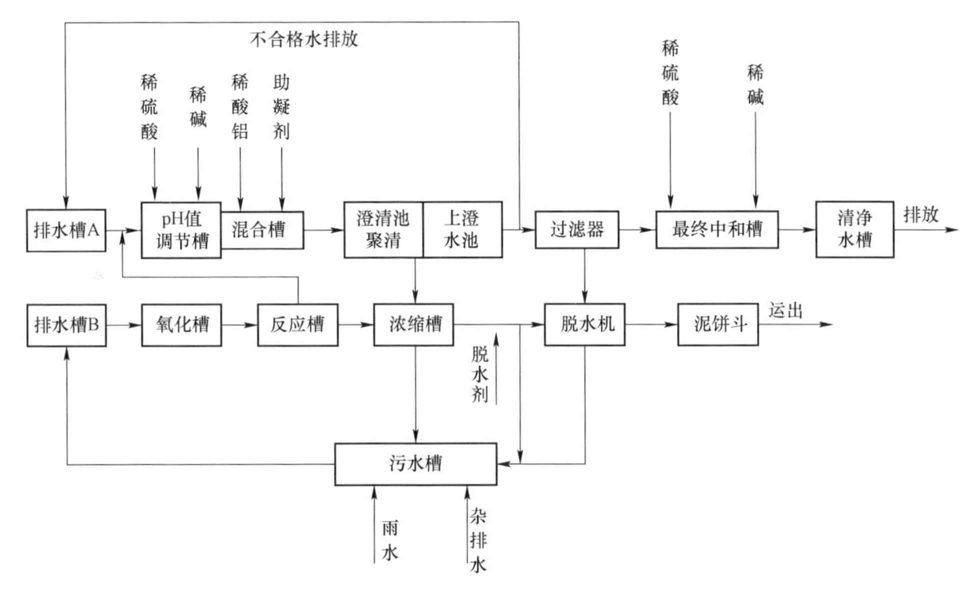

图 2-97　某火力发电厂废水处理系统

（三）火力发电厂废水零排放

随着国家环保要求的日益严格，环保要求火电厂实现废水零排放，这就需从两方面采取措施：① 减少废水的产生量；② 废水尽量重复利用。

图 2-98 所示为典型火电厂的废水零排放系统。按照各用水系统对水质的要求不同，采用分级用水方式，即将原水经过处理后先给对水质要求较高的系统使用，随后将其排水直接或经过处理后用于对水质要求较低的系统重复使用。如锅炉排污水可直接回用作循环水补充水，循环水排污水一部分可直接回用于干灰调湿、脱硫工艺用水，剩余部分进行除盐处理后回用作循环水补充水等。脱硫废水成分复杂，具有高浊度、高盐分、强腐蚀性及易结垢等特点，可通过传统的“中和+软化+沉降+澄清”预处理后再增加反渗透处理，净水回收利用，浓水经蒸

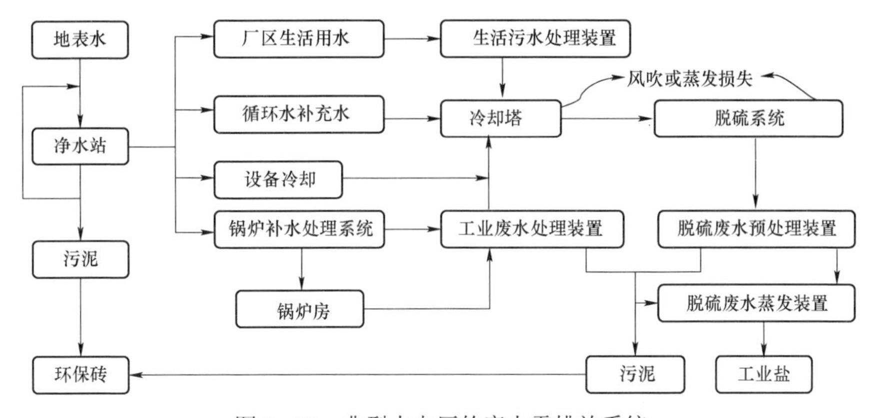

图 2-98　典型火电厂的废水零排放系统

发结晶系统，蒸发冷凝水回收利用，结晶盐利用，达到废水零排放，如图 2-99 所示。

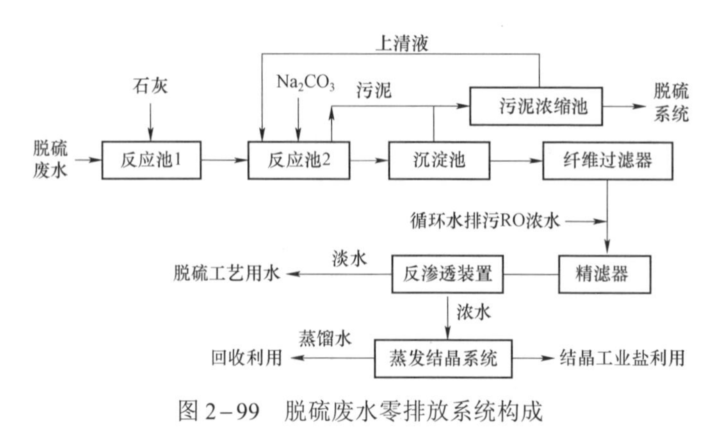

图 2-99　脱硫废水零排放系统构成

第六节　电厂自动控制系统

火力发电厂生产过程的变化是复杂、迅速且连续不断的。为了维持设备的正常、经济运行，只依靠运行值班人员对设备的监视、控制、调整、启动、停止、事故处理等是难以做到的。而且长时间、连续不断地进行监视、调整操作等，运行值班人员十分疲劳，稍有疏忽，容易误操作造成事故。因此，实现生产过程的自动化是非常必要的。随着计算机技术、控制技术、显示技术、通信技术（4C 技术）的不断发展，为进一步实现电力系统高度自动化提供了物质基础，现代的大型机组广泛采用计算机控制技术。如分散控制系统（DCS），它的出现使传统的控制方式发生了深刻的变化，它不但将所有的运行参数及系统图通过窗口显示在计算机的屏幕上，方便运行人员监视及用键盘和鼠标操作，同时还能完成对机组的顺序控制（SCS）、机炉协调控制（CCS）、锅炉燃烧管理（BMS）以及对事故的追忆、机组经济性的计算等高级的控制功能。随着科学技术的不断发展，自动控制系统会不断完善，将为运行人员创造良好的工作条件，减轻他们的劳动强度，提高劳动生产效率。

一、热工过程自动化

热工过程自动化主要包括自动检测、自动调节、顺序控制、自动保护四个主要方面。

1. 自动检测

自动地检查和测量反映生产过程运行情况的各种物理量、化学量以生产设备的工作状态，用以监视生产过程的进行情况和趋势，称为自动检测。大型机组一般采用巡回检测方式，对机组运行的各种参数和设备状态进行巡测、显示、报警、工况计算的制表打印。

2. 自动调节

自动维持生产过程在规定工况下进行，称为自动调节。自动调节的目的就是为了使表征生产过程的一些物理量，如压力、温度、流量等保持为规定的数值。电力用户要求汽轮机发电设备提供足够数量的电力和保证供电质量。例如，电力频率是供电质量的主要指标之一，为了使电的频率维持在一定的准确范围内，就要求汽轮机具备高性能的转速自动调节系统。锅炉运行中必须使一些重要参数维持在规定范围内或按一定的规律变化，如维持汽包水位为给定值，以及保持锅炉的出力满足外界的要求。

3. 顺序控制

根据预先拟定的步骤自动地对设备进行一系列的操作，称为顺序控制。顺序控制主要用于机组启动和停止、运行和事故处理。每项顺序控制的内容和步骤，是根据生产设备的具体情况和运行要求决定的，而顺序控制的流程则是根据操作次序和条件编制出来，并用具体装置来实现的，这种装置称为顺序控制装置。顺序控制装置必须具备必要的逻辑判断能力和连锁保护功能。在进行每一步操作后，必须判明该步操作已实现并为下一步操作创造好条件，方可自动进入下一步操作；否则中断顺序，同时进行报警。

4. 自动保护

当设备运行情况异常或参数超过允许值时，及时发出警报并进行必要的动作，以免发生设备事故和危及人身安全，自动化装置的这种功能称为自动保护。随着机组容量的增大，热力系统变得复杂起来，操作控制也日益复杂，对自动保护的要求也愈来愈高。

目前，大型机组采用汽轮机、锅炉、发电机集中控制方式，把它们作为一个不可分割的整体控制，从而实现火电厂生产过程综合自动化管理。

二、计算机控制原理

（一）计算机控制系统的组成

计算机控制系统由硬件和软件两大部分组成。被控对象、自动化仪表、外围设备、主机、外部设备等统称为硬件；软件系统也称为软件，如图 2–100 所示。

（二）硬件部分

计算机硬件是指计算机系统使用的电子线路及物理装置，如 CPU（即中央处理器，它由运算器和控制器组成）、存储器、输入输出设备等。硬件系统是计算机的物质基础。

用于一般数值计算和信息处理的计算机称为通用计算机，而在工业生产过程控制中所用的计算机称为工业控制机。

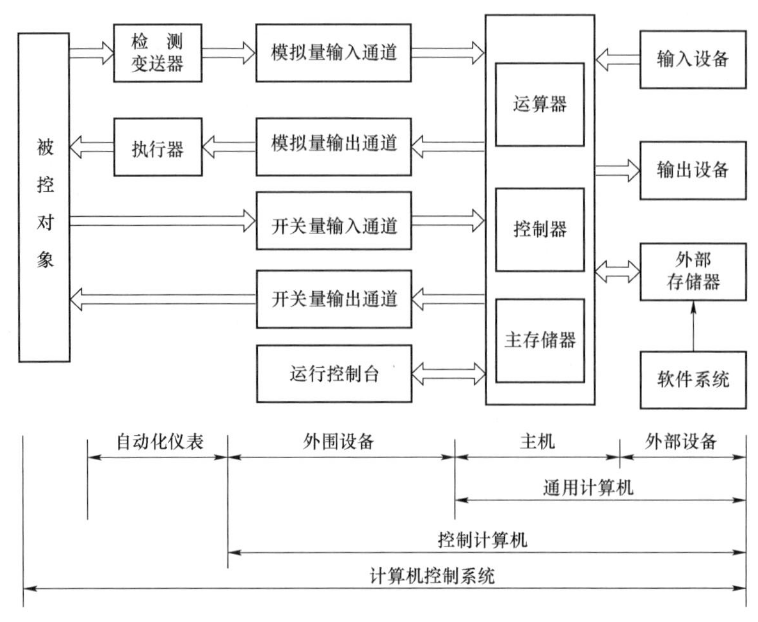

图 2-100　计算机控制系统的基本组成

通用计算机由主机和外围设备组成，主机包括 CPU 和内存。外部设备包括输入设备（如键盘、鼠标等）、输出设备（如显示器、打印机等）和外部存储器（如磁盘等），它起着人机联系和扩展主机存储能力有作用。通用计算机主要是同使用计算机的人交流信息，而工业控制机除与人交流信息外，还要自动控制生产过程。工业控制机必须与被控对象直接交流信息，这是工业控制机和通用计算机根本不同的地方，为此，工业控制机必须具备直接从生产过程获取信息、加工处理信息、把控制信息送给生产过程的能力。这种能力表现在主机与被控制对象之间直接进行信息的交换和传递上，具有这种能力的设备称为生产过程通道。相对于外部设备，通常把生产过程通道称为主机的外围设备。

由于描述生产过程状态的参数可分为模拟量、开关量、脉冲量三种类型。计算机内部只能对一定形式的数字量进行传送、储存和处理，外围设备的主要作用就是把生产过程中的模拟量、开关量和脉冲量等参数转换成符合计算机要求的二进制数字量输入主机。另外，把经过主机处理后，要输送给生产过程的控制量转换成生产过程执行机构所要求的模拟量和开关量，馈送给生产过程。生产过程通道一般只接受和输出有一定量程范围的电信号。生产过程中的各种非电量，要通过检测仪表和变送器转换成统一的电信号输入到过程通道。过程通道输出的信号通过执行机构对现场设备进行控制。因此，外围设备包括模拟量输入通道、模拟量输出通道、开关量输入通道、开关量输出通道。它们通过检测仪表、变送器和执行机构等自动化仪表与生产过程接口。

外围设备除了生产过程通道以外，还包括一个运行操作台，用于建立运行人员与生产过程之间的接口。通过运行操作台，运行人员可以了解生产过程的状态、设置和修改控制参数。在控制系统运行异常时，提供人工直接干预过程控制的手段等。

（三）软件部分

软件系统是指挥整个计算机系统工作的程序集合，它是计算机不可缺少的重要组成部分。只有在适当的软件系统支持下，计算机才能按设计的要求正常工作。一般计算机控制系统中的软件结构如图 2-101 所示，图中最靠近硬件的一层软件就是实时操作系统；其次是用于软件开发的支持软件，它包括编译程序、汇编程序、连接和装配程序等；还有用于数据处理和管理的数据库管理系统，它们与操作系统一起可称为系统软件。和系统软件相对应的是应用软件，各个计算机应用系统都有专门的应用软件。在软件系统的最外层是用户和各个用户程序。软件系统按其功能可分为系统软件和应用软件两大类。

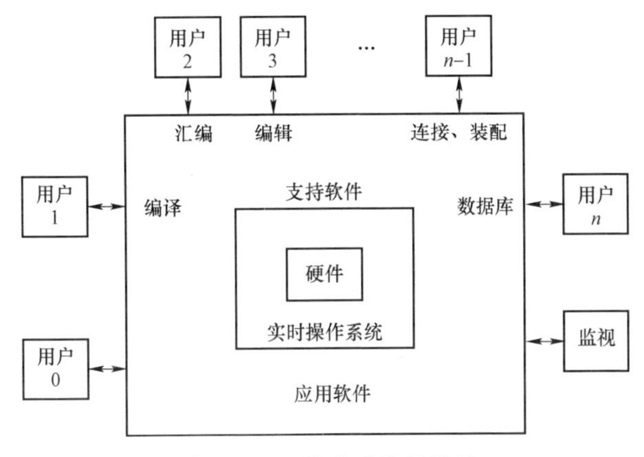

图 2-101　软件系统的结构

1. 系统软件

操作系统是最基本的系统软件，是直接控制和管理计算机硬件和软件的资源，以方便用户充分利用这些资源的程序集合。通常把未配置软件的计算机称为裸机，直接使用裸机不仅不方便，而且将严重降低工作效率和机器的利用率。操作系统是为裸机填补人和机器之间的鸿沟、建立用户与计算机之间接口而配置的一种系统软件。

实时操作系统是操作系统的一个重要分支。实时操作系统与通用操作系统有共同的一面，但在功能、性能、安全保密及环境适应能力等方面，还有其独特的一面。实时是指物理进程发生的真实时间。实时操作系统是指具有实时特性，能支持实时控制系统工作的操作系统，它可将系统中各种设备有机地联系在一起并控制它们完成既定的任务。实时操作系统的首要任务是调度一切可利用的资源完成实时控制任务；其次才着眼于提高计算机系统的使用效率。实时操作系统的一个重要特点是要满足过程控制对时间限制和要求，在实时系统中，时间就是生命，这与通用操作系统有显著的差别。除个别系统外，实时操作系统都应是多任务、多道程序的操作系统。

数据库系统是一种用于数据处理的综合性软件技术。在现实生活中，到处都可以看到数据库技术的应用实例。数据库的管理人员把从现实世界中采集来的各种信息经过数据化、规范化以后，送入数据库。决策人员通过访问数据库，从数据库中得到信息以后，便可做出决策，再返回到现实世界中去付诸实现。数据库系统实际上是由数据库和数据库管理两部分组成的。数据库是相关数据的集合，共享性、独立性、组织性和相关性是数据库的四个重要特征。数据库管理系统是对数据的定义、建立、检索和修改等进行操作以及确保数据的安全性、完整性和保密性的控制系统。数据库系统就是实现有组织地、动态地存储大量关联数据，方便多用户访问的计算机软、硬件资源组成的系统。

2. 应用软件

应用软件是在计算机系统提供的硬件、软件环境下开发的解决用户实际问题的软件。应用软件可按过程监视及过程控制分类，一般包括过程监视程序、过程控制程序和公共服务程序等。应用软件是在系统软件支持下编制完成的，它随被控对象的特性和控制要求不同而异，通常由用户根据需要自行开发。

（四）人机联系设备

人机联系设备按照信息传输的方向分为人机联系输入设备和人机联系输出设备，它属于计算机的硬件设备。前者如键盘、鼠标等；后者如 CRT 显示器、打印机等。

1. 键盘

在计算机控制系统中，有两种类型的键盘，一种是工程师和程序员用的标准键盘；另一种是运行人员使用的专用键盘。两者除功能不同外，工作原理基本相同。键盘是输入程序、数据和命令的主要设备，它通过触点式或无触点式按键开关产生一个信号，然后由编码器转换成相应的编码，输送给 CPU。

2. CRT 显示器

CRT 显示器速度快、使用方便、可靠，是计算机的主要输出设备。它的种类较多，从显示内容分，有字符显示器、图形显示器、图像显示器三种。

3. 打印机

打印机是主要输出设备，它可以把内部的信息转换成人们能识别、能使用的数字、字母、符号或者曲线、图形、汉字等输出。

综上所述，计算机控制系统的特点是环境适应性强、控制实时性好、运行可靠性高、有完善的人机联系方式、有丰富的软件。

三、分散控制系统（DCS）

分散控制系统（DCS）又名集散控制系统、分布式控制系统。它是利用计算机技术对生产过程进行集中监视操作、管理和分散控制的一种新型技术，是计算机技术、信息处理技术、测量控制技术、通信网络技术和人机接口技术相互渗透发展而产生的一种新型先进控制系统。分散控制系统由集中管理部分、分散控制监视部分和通信部分组成。集中管理部分又分为操作员工作站、工程师工作站和管理计算机。操作员工作站的任务是对生产过程进行监视和操作；工程师工作站的任务是组态（根据对象特性、生产过程的需要组成不同的控制状态和方式）和维护；管理计算机用于全系统的信息处理和优化控制。分散控制监测部分按功能可分为控制站、监测站；通信部分则完成数据、指令及各种信息的传递。分散控制系统的特点是：通用性强，系统组态灵活；采用数字化通信技术，数据处理迅速，显示操作集中，人机联系方便；控制系统分散化，提高了运行的安全可靠性。

（一）分散型控制系统的构成原理

一般性的分散控制系统的基本构成如图 2–102 所示，按各部分功能的不同，系统可分为过程控制级、控制管理级和数据通信系统。

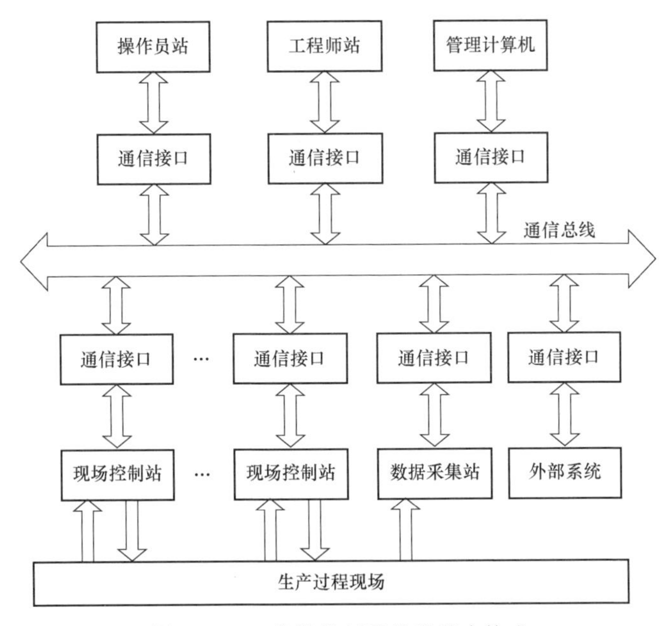

图 2–102　分散控制系统的基本构成

1. 过程控制级

过程控制级各单元的作用是对现场送来的生产过程信号进行数据采集、转换、校正、补偿和运算，从而对生产过程提供闭环控制、顺序控制等调节控制功能。一般的过程控制级就是指现场控制站和有关通信接口部分。现场控制站是计算机分散控制系统的基础和重要组成部分，它是一个可独立运行的计算机监测控制系统。如图 2–103 所示，在现场控制站的存储器中固化有一个控制和运算功能的程序库，可进行 PID 运算，高、低限幅及各种数字运算。

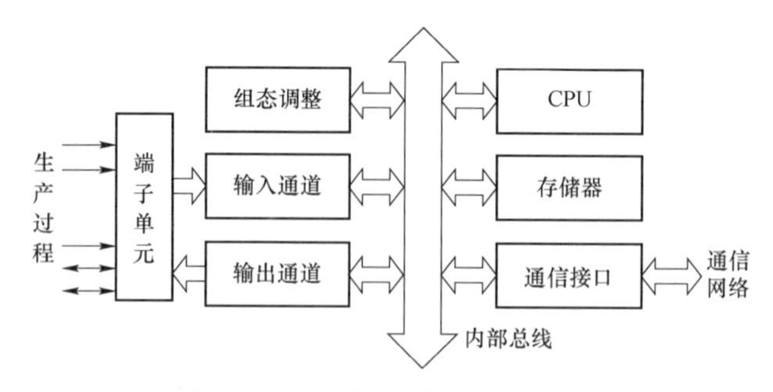

图 2－103　现场控制站的基本构成

2. 控制管理级

控制管理级包括操作控制站、工程师站和通信设备。有的还设置了用于系统管理和计算的管理计算机（上位机，而过程控制级的微处理器称为下位机）。由通信网络把分散在现场的许多现场控制站、数据采集站（DAS）与操作控制站、工程师站连接起来，对过程控制级的设备进行控制管理。操作控制站也称操作员站，它由一台功能较强的控制计算机、一台大的屏幕 CRT、操作员键盘、打印机、拷贝机等设备组成，如图 2－104 所示，CRT 显示器基本上可以取代大量的常规仪表的显示，在屏幕上显示工艺流程总貌、过程状态、统计结果、历史数据等。打印机可完成生产过程记录报表、系统运算状态信息、生产统计报表和报警信息等打印。

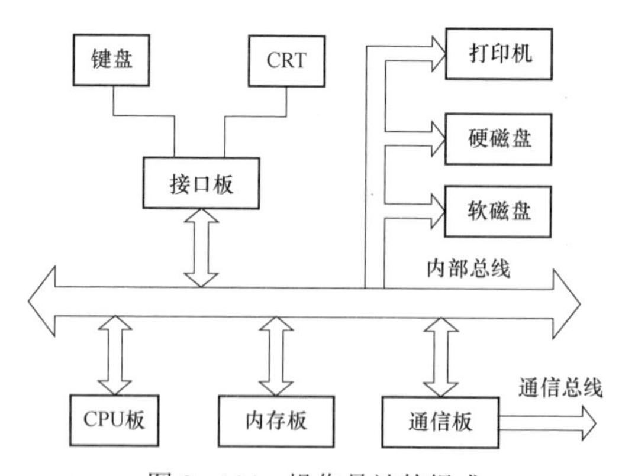

图 2－104　操作员站的组成

工程师站可进行数据库的生成、生产流程画面的产生，连续控制回路的组态和顺序控制的组态等。

3. 数据通信系统

所谓通信，是指用特定的方法，通过某种介质或传输线将信息从一处传送到另一处的过程。在分散控制系统中，数据通信系统是把过程控制级和控制管理级连接在一起的桥梁，同时也是分散控制系统的中枢神经。数据通信的传输介质是一条同轴电缆或双绞线构成的高速通信线路，称为数据高速公路（DHW）。同时通信必须按照一定的协议来完成，即必须选用适合于网络结构的信息送取技术（介质访问技术）。

（1）通信网络结构，常用的通信网络有星形、环形、总线形三种结构。

1）星形网络结构，如图 2－105 所示。星形网络属于中型网络。网络中各站有主、次之分，处于中心位置的主节点为主站，与之相连的多个节点为从站。这种网络结构的任何两个站之间的通信都必须通过主站。

2）总线形网络结构如图 2－106 所示，它用一条开环的通信电缆作为数据高速公路，各节点通过接口挂到总线上。

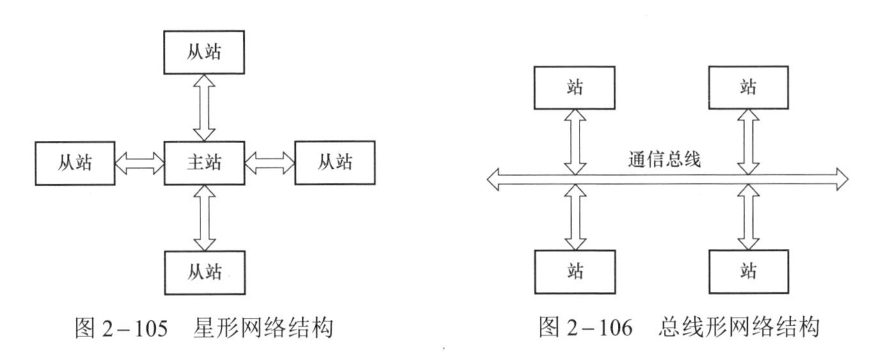

图 2－105　星形网络结构　　图 2－106　总线形网络结构

3）环形网络结构如图 2－107 所示，各站通过接口挂接到首尾相连的环形总线上，网上各站平等的行使通信控制权，信息在网上的传递总是从始发站出发，经各站后直接回到始发站。

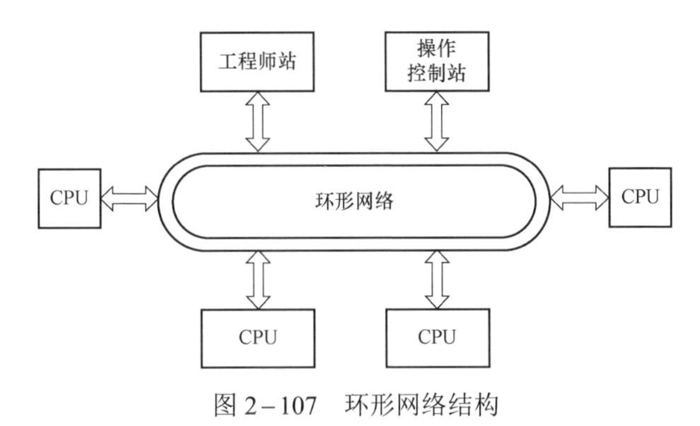

图 2－107　环形网络结构

（2）信息传输控制技术。信息在网络上的传输过程是：原站将信息送上网络，然后由目的站取走。为使信息传递迅速、正确，这就需要采用相应的信息传输控制技术（介质访问技术）。常用的方法有查询式、广播式和存储转发式等协议方式。

（3）信息传输介质。集散控制系统中常用的传输介质有双线、同轴电缆和光纤。

（二）运行操作员站和工程师站

操作员站一般由以下几个部分组成：处理机系统、显示设备、操作键盘、打印设备、存储设备和一个支撑固定这些设备的操作台。运行人员操作站具有很强的历史数据存储功能，以便运行人员对过去的运行数据进行查询以及对故障进行分析。

操作员站的键盘主要有以下功能：

（1）系统功能键。主要完成如状态显示、图形拷贝、分组显示、趋势显示、修改点记录、主菜单显示等。

（2）控制调节键。控制方式切换、给定值、输出值的调整、控制参数的整定等。

（3）翻页控制键。图形或列表显示时的翻页控制功能。

（4）光标控制键。用来控制参数修改和选择时的光标位置。

（5）报警控制键。控制报警信息的列表、回顾、打印的确认等。

（6）字母数字键。用来输入字母和数字。

工程师站一般用来完成组态、编程，这个站用的键盘是打击式键盘。

复习题

一、填空题

1. 火电厂按燃料种类分为________、________、________及________。

2. 火电厂按供出能源分为________和________。

3. 火电厂的锅炉按压力分为________、________、________、________、________。

4. 火电厂的锅炉按水循环特点分为________、________、________。

5. 锅炉由________、________及________三大部分构成。

6. 磨煤机有________、________、________三类。

7. 制粉系统有________和________两种。

8. 燃煤炉按其燃烧方式不同可分为________、________、________和________。

9. 燃料的燃烧方式有________、________、________、________四种。

10. 按工作原理不同，汽轮机有________和________两种型式。

11. 蒸汽在喷嘴内膨胀过程中，________和________不断降低，________不断增加。

12. 汽轮机本体由________和________两大部分组成，前者主要由________、

________、________、________和________等组成，后者主要由________、________、________、________等组成。

13. 汽缸是汽轮机的________。

14. 按汽缸数目将汽轮机分为________和________式。

15. 为便于安装检修，隔板制成________两半块。

16. 汽轮机第二级及以后各级喷嘴安装在________上，常称为________。

17. 汽轮机的轴承均为________式，用________来润滑冷却。

18. 将________合为一体，称为推力一支持联合轴承。

19. 叶片按截面变化规律分为________和________，叶片由________、________、________三部分组成。

20. 汽轮机转子有________、________、________和________等型式。

21. 联轴器的型式有________、________和________等。

22. 汽轮机的保安系统主要有________、________、________、________等保护装置。

23. 超速保护装置由________和________两部分组成。

24. 油系统供给汽轮发电机组________和________用油。

25. 交流和直流润滑油泵，在汽轮机________或________时，向供润滑油。

26. 现代引进型大机组油系统有两套，它们分别是________和________。

27. 抗燃油系统的主要设备有________、________、________、________、________、________、________及一些报警、指示和控制设备。

28. 调整抽汽供热式汽轮机，通过改变________来改变热用户的供热蒸汽压力。

29. 汽轮发电机是________发电机的一种，它是由________作为原动机，利用________原理把机械能转换成电能的设备。

30. 汽轮发电机主要由________、________两大部分组成。

31. 发电机整流器励磁方式按有无交流励磁机可分为________、________两大类。

32. 汽轮发电机的冷却方式有________、________、________。

33. 发电厂的供水系统有________、________，应用广泛的是________。

34. 循环供水系统中，冷却塔按通风方式分为________和________。

35. 空气冷却机组宜建在________的地区。

36. 直接空气冷却系统，取消了________，汽轮机排汽引至________，由________冷却凝结成水。

37. 间接空气冷却系统中，还设置有________，与循环供水系统不同的是________。

38. 间接空气冷却系统有________和________两种。

39. 火电厂的水处理种类有________、________、________、________、________等。

40. 燃煤电厂的除尘设备有________、________等。

41. 热工过程自动化主要包含________、________、________及________。

42. 计算机控制系统是由________和________两大部分组成。

43. 描述生产过程状态的参数大致可分为________、________、________三种类型。

44. 计算机控制系统的软件主要有________和________两大类型。

45. 键盘主要分为________和________两种不同的形式，工程师使用的是________键盘。

46. 分散控制系统的构成共分三个层次，它们分别是________、________、________。

47. 通信网络结构有________、________、________三种形式。

48. 信息传输控制技术常用的方法有________、________、________。

49. 运行操作员站的硬件由________、________、________、________、________、________组成。

二、判断题

1. 火电厂按燃料分类分为燃煤发电厂、燃油发电厂和余热发电厂。（　　）

2. 在我国，发电比例最高的是火力发电厂，火电设备容量占总装机容量的63%左右。（　　）

3. 凝汽式发电厂只生产与供应电能。（　　）

4. 区域性发电厂是在电网内运行，承担一定区域性供电的大中型发电厂。（　　）

5. 火电厂燃油系统加热燃油主要是为了利于燃烧。（　　）

6. 省煤器吸收烟气热量，把水变为蒸汽。（　　）

7. 水冷壁既吸收辐射热产生蒸汽，又保护炉墙不被烧坏。（　　）

8. 回转式空气预热器是由它的波形蓄热板把烟气中的热量传给空气的。（　　）

9. 锅炉的安全门保护锅炉在爆燃时免受损坏。（　　）

10. 锅炉的防爆门可保护省煤器、过热器不被爆破。（　　）

11. 强制循环锅炉的汽水循环动力来自给水泵。（　　）

12. 自然循环锅炉的汽水循环动力来自汽包。（　　）

13. 循环流化床锅炉是在沸腾炉的基础上发展而来的。（　　）

14. 蒸汽的热能是通过汽轮机叶片转变成机械能的。（　　）

15. 反动式汽轮机中，蒸汽在喷嘴中速度不增加。（　　）

16. 大型汽轮机的汽缸做成双层缸是为了减少金属的消耗量。（　　）

17. 汽封只防止汽轮机向外漏汽。（　　）

18. 汽轮机的轴承均为滑动式，用透平油来润滑冷却。（　　）

19. 在同一台汽轮机中，通过各级的蒸汽容积流量均相等。（　　）

20. 同一台汽轮机中，蒸汽容积流量大处的静叶片较长。（　　）

21. 凝汽器的真空是由抽气器抽出不凝结气体而建立的。（　　）

22. 冷源损失是造成发电厂热效率不高的最重要原因。（　　）

23. 除氧器的作用是除掉锅炉给水中的溶解氧。（　　）

24. 锅炉给水中含氧对热力设备及管道的安全不利，但对热经济性无影响。（　　）

25. 给水泵为多级离心式。（　　）

26. 抗燃油系统主要是给汽轮机及发电机的各轴承供油的。（　　）

27. 调整抽汽式供热，只能供给汽机做完功的蒸汽或部分做完功的蒸汽，所以其压力不能改变。（　　）

28. 发电厂厂用工作变压器发生故障或厂用工作电源母线电压消失时，备用电源应自动投入。（　　）

29. 凝汽器冷却水量约占电厂总耗水量的95%左右。（　　）

30. 靠近大海建电厂时，可用海水作为循环水使用。（　　）

31. 空冷机组均用空气直接冷却汽轮机排汽，并使其凝结成水。（　　）

32. 高压高温锅炉是以除盐水作为补给水的。（　　）

33. 除灰系统就是把锅炉炉渣排入灰场的系统。（　　）

34. 所谓4C技术是指计算机技术、通信技术、网络技术、控制技术。（　　）

35. 控制计算机和一般的计算机的主要区别是控制计算机有系统软件。（　　）

36. 实时操作系统属于系统软件。（　　）

37. 现场控制站不能进行独立运行，因为它不能进行PID运算。（　　）

38. 工程师站可以进行组态、生产画面的生成，连续控制回路和顺序控制的组态。（　　）

三、选择题

1. 水冷壁下联箱的作用是________。

A. 向水冷壁管供水；B. 汇集给水；C. 混合给水消除温差。

2. 空气预热器加热的空气作为________。

A. 磨煤机的干燥剂；B. 二次风助燃；C. 一次风；D. 一部分作磨煤机干燥剂，另一部分作二次风助燃用。

3. 锅炉炉膛的作用是________。

A. 燃烧燃料；B. 利用辐射热产生蒸汽；C. 燃烧燃料，并以辐射的形式将热量传给水冷壁的水。

4. 液态排渣炉适于________。

A. 灰分熔点低、着火困难的无烟煤；B. 灰分熔点高的烟煤；C. 灰分多的煤。

5. 控制磨煤机产粉量的方法是________。

A. 改变磨煤机的给煤量和通风量；B. 改变磨煤机的转速；C. 改变磨煤机的给煤量。

6. 强制循环锅炉的出现是因为________。

A. 给水压力不足而增加锅炉循环泵加强炉水循环；B. 随着锅炉压力的提高，汽、水重度差减小，自然循环动力不足，不能很好地进行汽水自然循环；C. 锅炉容量大而增加循环泵加强锅炉水循环。

7. 供热汽轮发电机组向外界用户________。

A. 供热；B. 供电；C. 既供电又供热。

8. 反动式汽轮机是按________工作的。

A. 反动原理；B. 冲动原理；C. 反动与冲动的共同作用。

9. 汽轮机转子与发电机转子的连接常用的是________联轴器。

A. 刚性；B. 半挠性；C. 挠性。

10. 汽轮机各转子间的连接多用________。

A. 刚性联轴器；B. 半挠性联轴器；C. 挠性联轴器。

11. 凝汽器的作用是________。

A. 吸收汽轮机排汽；B. 通过冷却水把汽轮机排汽热量带走而凝结成水；C. 加热循环水。

12. 热力系统中________处的压力最高。

A. 给水泵出口；B. 锅炉进口；C. 汽轮机进口。

13. 下列各辅助设备的工作压力最低者为________。

A. 回热加热器；B. 除氧器；C. 凝汽器。

14. 危急保安器的转速始终________汽轮机的转速。

A. 大于；B. 等于；C. 小于。

15. 汽轮机供油系统的主油泵由________来拖动。

A. 汽轮机主轴；B. 电动机；C. 发电机。

16. 机组正常运行中，轴承的润滑冷却用油由________提供。

A. 主油泵；B. 注油器；C. 交流润滑油泵。

17. 汽轮发电机转子铁芯一般________。

A. 由0.35～0.5mm厚的硅钢片叠压而成；B. 与轴锻成一个整体。

18. 现代电厂中普遍采用的是________循环供水系统。

A. 冷却水池；B. 喷水池；C. 冷却塔。

19. 在冷却塔中冷却水的冷却主要靠________冷却。

A. 蒸发；B. 对流换热。C. 导热。
20. 在空冷塔中循环水的冷却靠________。
A. 蒸发冷却；B. 对流换热；C. 辐射换热。
21. ________空气冷却系统不设空冷塔。
A. 直接；B. 海勒式；C. 哈蒙式。
22. 电厂冷却系统中耗水量最小的是________。
A. 循环供水系统；B. 直接空气冷却系统；C. 间接空气冷却系统。
23. 高温高压锅炉的补给水一般采用________。
A. 软化水；B. 除盐水。

四、问答题

1. 火电厂按供出能源分，可分为哪几种电厂？
2. 按发电厂总装机容量分，火电厂可分为哪几类？
3. 按供电范围分，火电厂可分为哪几类？
4. 按蒸汽参数分，火电厂可分为哪几类？
5. 锅炉的汽包起什么作用？
6. 过热器、再热器的作用及其区别各是什么？
7. 锅炉的引风机、送风机、排粉风机各起什么作用？
8. 滚筒型钢球磨煤机属哪一类？简述其工作原理。
9. 简述粗粉分离器工作原理。
10. 燃料的燃烧方式有哪几种？各有什么特点？
11. 一次风、二次风的作用各是什么？
12. 煤粉炉的燃烧系统由哪些设备构成？
13. 直吹式制粉系统由哪些设备构成？
14. 直吹式与仓储式制粉系统在运行中有何不同？
15. 什么是汽轮机的级？
16. 喷嘴和隔板各起什么作用？
17. 汽封是如何工作的？
18. 支持轴承和推力轴承各起何作用？
19. 汽轮机转子由哪些主要部件组成？运行中它处于什么状态？
20. 回热加热器的作用是什么？按换热面结构分，它有哪些型式？
21. 除氧器的作用是什么？它是如何除氧的？
22. 汽轮机为什么要设置调速系统？其型式有哪几种？
23. 超速保护装置的作用是什么？它由哪两部分组成？
24. 简述汽轮发电机的工作原理。
25. 汽轮发电机主要参数有哪些？我国国家标准规定频率为多少？
26. 发电机励磁系统的主要作用是什么？

27. 什么是交流励磁机带静止整流器励磁？
28. 什么是无刷励磁系统？它的优点是什么？
29. 什么是直流供水和循环供水系统？
30. 简述自然通风冷却塔循环供水系统的工作过程。
31. 汽轮机空气冷却系统的最大优点是什么？它有哪几种型式？
32. 锅炉补给水为什么要进行化学水处理？
33. 中压电厂一般采用什么化学水处理系统？
34. 高温高压及以上电厂为什么要采用化学除盐水处理系统？
35. 化学除盐水处理系统由哪些设备构成？
36. 为什么要进行凝结水处理？
37. 如何进行循环水处理？
38. 为什么要对锅炉烟气进行除尘？除尘器有哪几种？
39. 水力除灰系统主要有哪几种？各有什么特点？
40. 气力除灰的优点有哪些？
41. 简述高浓度气力除灰系统的优点。
42. 什么是顺序控制？
43. 计算机控制系统由哪几部分组成？每一部分的作用是什么？
44. 分散控制系统的过程控制级有什么作用？
45. 什么是分散控制系统？
46. 控制管理级有什么功能？
47. 分散控制系统的信息传输控制有哪些？
48. 分散控制系统（DCS）有哪些功能？
49. 输煤系统由哪些设备构成？
50. 翻车卸煤机煤卸有何优点？
51. 底开车专用车皮卸煤方式有何优点？

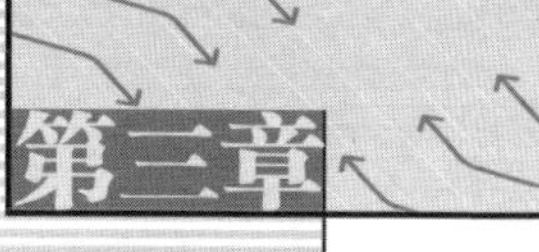

水 力 发 电

第一节 水电站的类型

水电站是借助水工建筑物和机电设备将水能转换为电能的场所。为了更好地开发利用水能，就要将水流的天然落差集中起来，并对其流量加以控制和调节，形成发电所需的水流落差（水头）和流量。水电站按集中落差的方式不同分为坝式水电站、引水式水电站、混合式水电站、梯级水电站、抽水蓄能电站等。

一、坝式水电站

坝式水电站是利用所建拦河坝来抬高水位、集中落差。根据电站厂房与坝的相互位置关系，坝式水电站可分为河床式与坝后式。

坝式水电站一般水库容量较大、蓄水多，可以调节河流径流量，发电水流量大，电厂的规模也较大，现在绝大多数大容量水电站都是这种型式。但坝式水电站的投资和工程量较大、水库淹没损失也较大、工期较长。

1. 河床式

河床式水电站的厂房与坝布置在一条直线上或成一定角度，且是坝体的一部分，所以要起挡水作用，并承受上游水压力，因此，厂房的结构与坝体相同。这种水电站适用于低水头开发，如图 3－1 所示。

图 3－1　河床式水电站示意图

2. 坝后式

坝后式水电站的厂房位于坝的下游即坝后。该种水电站厂房与坝分离，不承受水压力，适用于高、中水头水电站，如图 3－2 所示。

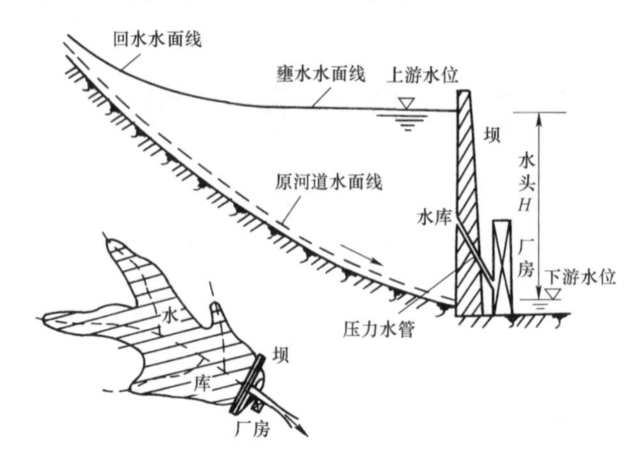

图 3-2　坝后式水电站示意图

二、引水式水电站

引水式水电站是在河流上建低坝或不建坝取水，通过坡降比原河道小得多的引水道（明渠、隧洞、管道等）来集中水头的。它分无压引水和有压引水两种方式。

引水式水电站建在水流量较小、坡降较大的河段，或具有较大坡降的河湾处，也可建在高差较大、相距较近的两河之间（跨流域引水开发）。

1. 无压引水式

引水道中的水全程具有与空气接触的自由表面，水未充满引水道，如图 3-3 所示。

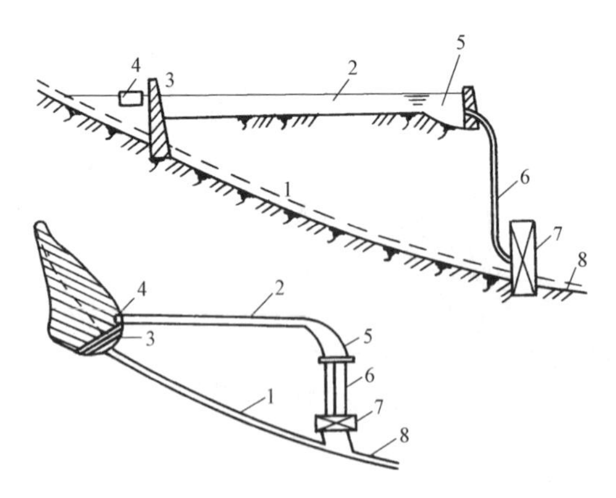

图 3-3　无压引水式水电站示意图

1—原河道；2—明渠；3—取水坝；4—进水口；5—前池；6—压力水管；7—厂房；8—尾水

2. 有压引水式

水充满引水道、没有与空气接触的自由表面，如图 3-4 所示。

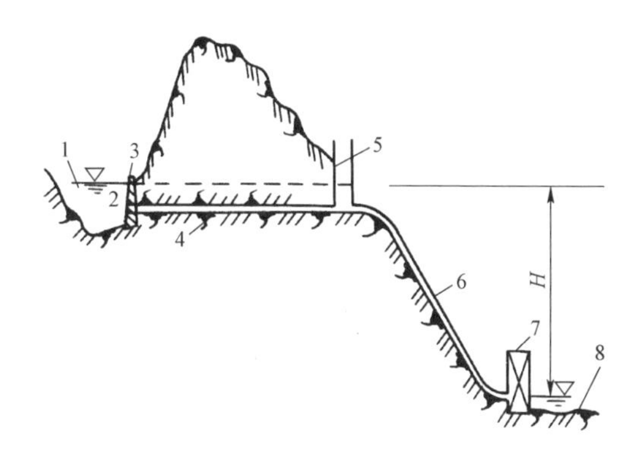

图 3－4　有压引水式水电站示意图

1—水库；2—进水口；3—坝；4—隧洞；5—调压井；6—压力水管；7—厂房；8—尾水

三、混合式水电站

混合式水电站既用坝抬高水位又用引水道集中水头，因此，它是利用坝和引水道共同集中落差的，如图 3－5 所示。

混合式水电站因有蓄水库，可调节流量，又可通过引水道获得较大的落差，所以它具有坝式和引水式两种方式的优点。适用于上游具有建坝条件，而下游坡降较大的河段建水电站。

四、梯级水电站

在数百千米长的河流上存在很大的天然落差时，不可能将落差集中在一座水电站上进行开发利用。介于技术和经济上的合理性，一座水电站所能开发利用的河段长度都有一定的限制，因此当一条河流可开发的全长超过一级开发所能达到的技术、经济允许长度时，就要合理地分段开发利用。即沿河流自上而下分段或分级建设若干个水电站，一个接一个，犹如一级级的阶梯，称为梯级开发，梯级开发布置的水电站就称为梯级水电站，如图 3－6 所示。

图 3－5　混合式水电站

1—坝；2—引水道；3—压力水管；4—厂房

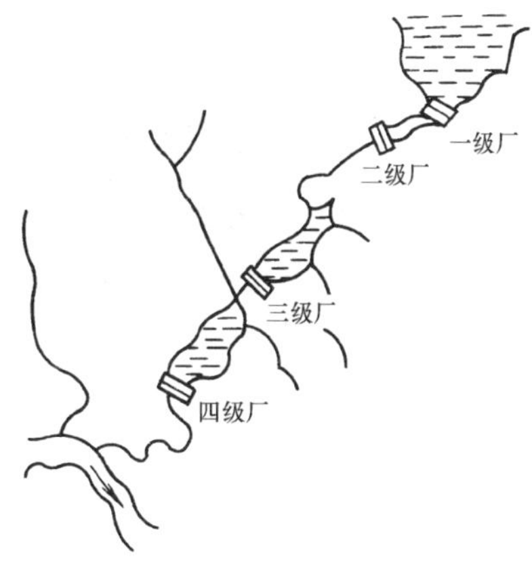

图 3－6　梯级水电站布置示意图

五、抽水蓄能水电站

建设抽水蓄能电站不是为了开发水能资源向系统提供电能，而是以水作为蓄能介质，起到调节电能的作用。

抽水蓄能电站包括抽水蓄能和放水发电两个过程，如图 3-7 所示。当电力系统负荷处于低谷时，抽水蓄能机组作电动机——水泵运行，利用电力系统多余的电能将低位水池（又称下库）中的水打入高位水池（又称上库），以水的势能形式贮存起来。等到电力系统负荷处于高峰时，电站机组作为水轮机——发电机运行，将高位水池中的水放下，冲动水轮发电机组发电，这时抽水蓄能电站向电力系统供电。因此抽水蓄能水电站是利用水泵对水做功来提升水流的水头，从而形成落差的。

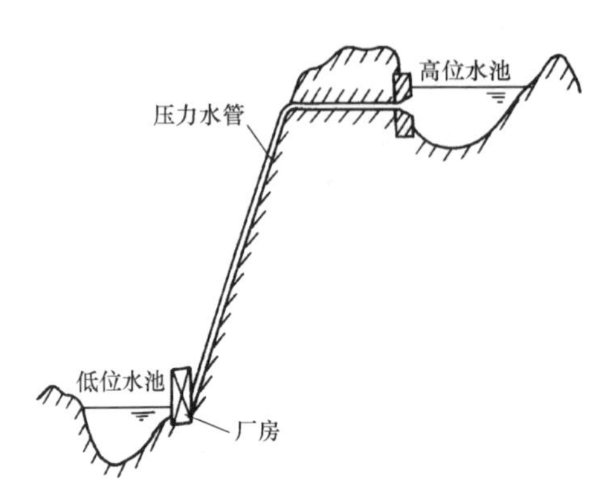

图 3-7　抽水蓄能电站示意图

第二节　水工建筑物

水工建筑物是水电站集中落差、调节流量、完成各种综合利用任务，保证水轮机安全正常运行的建筑物。各种水工建筑物共同组成的综合体统称为水利枢纽，图 3-8 为水利枢纽总体布置图示例。

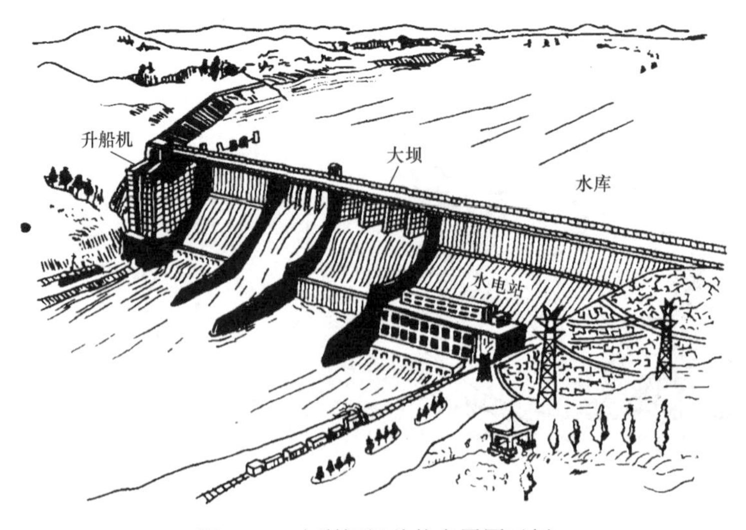

图 3-8　水利枢纽总体布置图示例

水利枢纽中的水工建筑物，按其作用可分为一般性（也称共用）水工建筑物和专门性水工建筑物。如挡水建筑物（坝），泄水建筑物（溢流坝、河岸溢洪道等）为一般性建筑物；而水电站厂房、通航建筑物（船闸、升船机）、过鱼建筑物（鱼梯、鱼道等）则为专门性建筑物。本书只介绍与发电有关的水电站水工建筑物。

一、挡水建筑物——坝

坝是水电站最重要的水工建筑物之一，其作用是拦截水流、抬高水位、形成水库、集中落差，使水电站具备发电的基本条件。在有调节库容的水电站中，坝同时起到集中河段落差和调节河水流量的双重作用，不仅为发电部门服务，同时也为防洪、灌溉、航运、给水等部门服务。

坝按受力情况和结构特点分为重力坝、拱坝和支墩坝，按筑坝材料分为土坝、堆石坝、砌石坝、混凝土坝和钢筋混凝土坝等，按坝过水方式分为溢流坝和非溢流坝。

重力坝是依靠坝体自身重量与坝基之间的摩擦力来抵抗外力的作用维持稳定的。

混凝土重力坝的强度高、稳定性好，且断面尺寸比同高度的土坝、石坝小，故应用较多。而土坝、堆石坝的断面尺寸大、工程量大，施工中度汛困难，但它们可就地取材，施工简便、构造简单，便于维修和扩建加高。

（一）土坝

土坝坝体宽厚，由散粒土体压实而成。土坝结构简单，材料就地选用，当附近有足够数量的不透水性良好的土壤时，可筑成均质坝。如土壤的透水性较强，必须在坝体内修筑透水性小的防渗层。防渗层有心墙和斜墙两种型式，如图 3-9 所示。

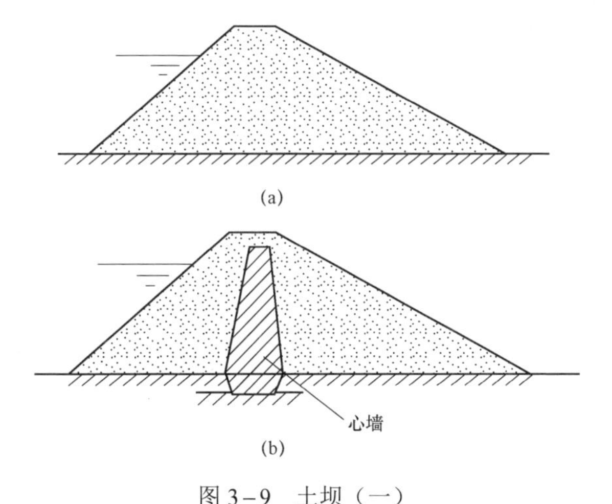

图 3-9　土坝（一）

（a）均质土坝；（b）塑性心墙土坝

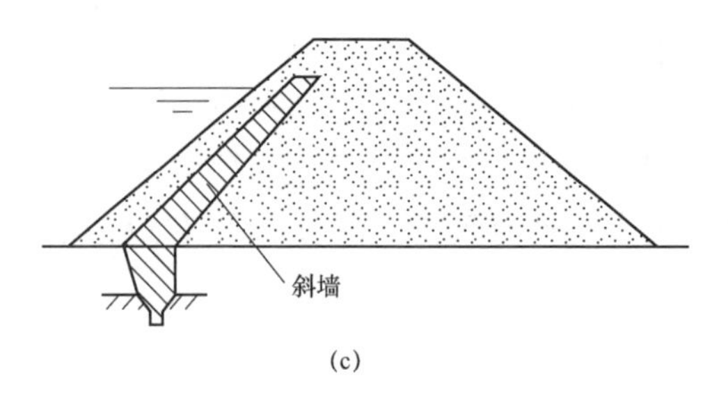

(c)

图 3－9　土坝（二）

（c）塑性斜墙土坝

（二）堆石坝

在坝址附近有丰富的石料时，可以石料为主建筑堆石坝。堆石之间有一定缝隙，所以应在坝体内修筑防渗层。防渗层一般为黏土心墙或黏土斜墙，如图 3－10 所示。

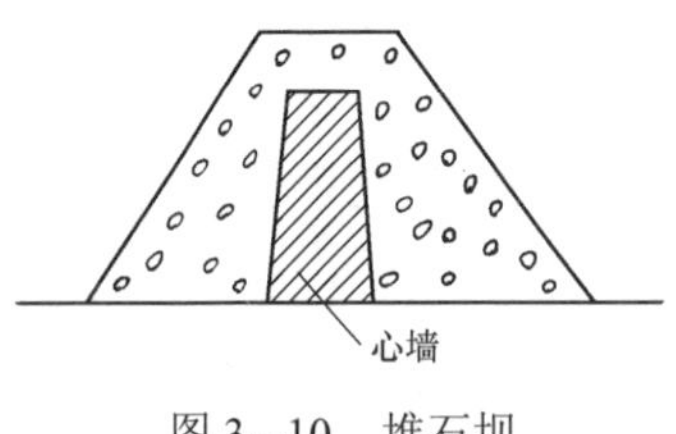

图 3－10　堆石坝

（三）混凝土重力坝

该种坝由混凝土浇筑而成，是应用最广泛的坝型。当它建在岩基上时，高度可达 200m 以上。混凝土坝上游面几乎是垂直的。为了减小坝内的应力，便于坝体散热，坝内应建造一定尺寸的结构缝，有的结构缝做得很宽称为宽缝重力坝。还有的混凝土坝筑成空腔，称为空腹坝，空腹内可作为水电站厂房，如图 3－11 所示。

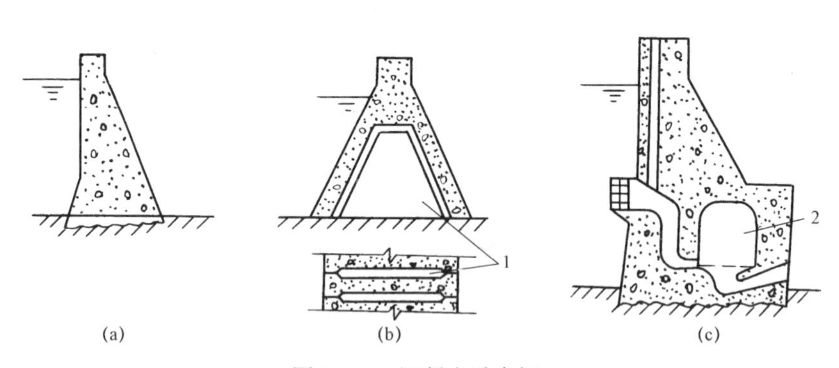

图 3－11　混凝土重力坝

（a）普通型；（b）宽缝重力坝；（c）空腹坝

1—坝内宽缝；2—坝内厂房

混凝土重力坝可做成溢流型，坝顶作为泄洪通道，不过要在坝后设计建造合理的消能设施，以免冲刷坝基，危及坝的安全。图 3－12 为溢流坝的一种消能设施。它是利用坝脚鼻坎将下泄的高速水流挑至空中，分散渗气，减小能量，然后落到远离坝脚的河床中，让其冲成深潭，冲到一定深度后即能保持稳定。因挑流使深潭远离坝脚，不致影响到坝的安全。

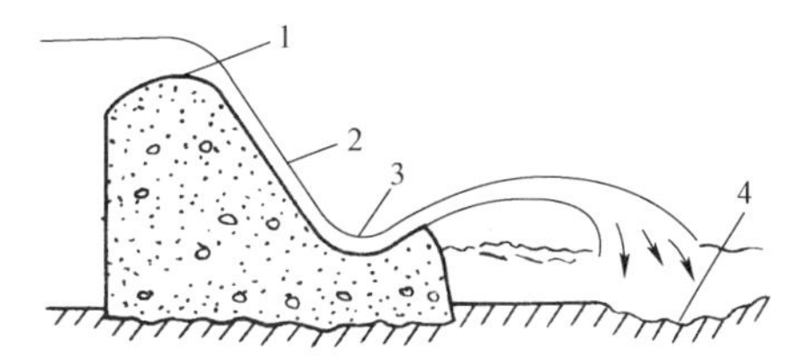

图 3－12　溢流坝鼻坎挑流消能设施

1—坝顶曲线段；2—直线段；3—反弧段；4—深潭

（四）拱坝

拱坝也是一种应用较多的坝型，用混凝土或钢筋混凝土筑成。拱坝是一种在平面上向上游弯曲成拱形的挡水建筑物。这种坝一般建在狭窄河谷且两岸岩基良好的地方，靠拱的作用将水的大部分推力传到两岸的岩基上，达到稳定坝的目的，如图 3－13（a）所示。拱的作用越显著，坝体越薄，所用的建坝材料越少，与同高度的重力坝相比，拱坝可减少工程材料量 1/3～2/3。有的拱坝除水平方向呈拱形外，垂直方向也做成拱型，将水的一部分推力传到坝体岩石基础上，这种坝称为双曲拱坝，如图 3－13（b）所示。

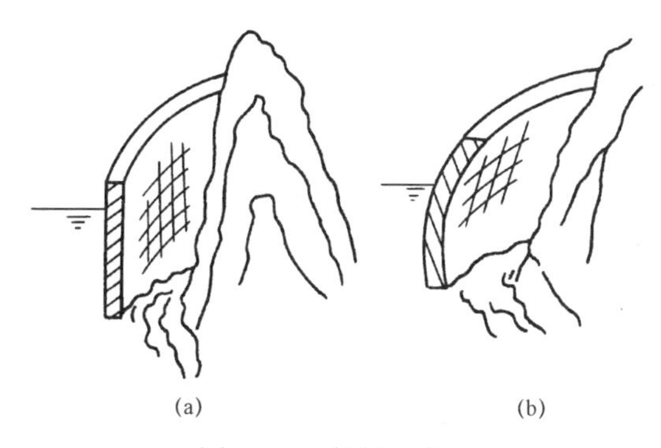

图 3－13　拱坝示意图

（a）平面拱坝；（b）双曲拱坝

（五）支墩坝

支墩坝是一种轻型坝，它是由钢筋混凝土筑成的。支墩坝由一系列彼此间有一定间距的支墩及其所支撑的挡水面板组成，水压力由挡水面板传给支墩，再由支墩传给地基。所以支墩坝利用库内水作用力帮助坝体稳定，它可以充分利用材料强度达到节省材料的目的。

按挡水面板不同，支墩坝分为平板坝（挡水面板为平板）、连拱坝（相邻支墩间挡水面板为一拱形）、大头坝（支墩上游部位加大、加厚、成弧形或多角形头部）等，如图 3－14 所示。

二、进水与引水建筑物

进水与引水建筑物主要指进水口、引水道、压力前池、调压室等，其作用是将河流或水库中的水引至水轮机。

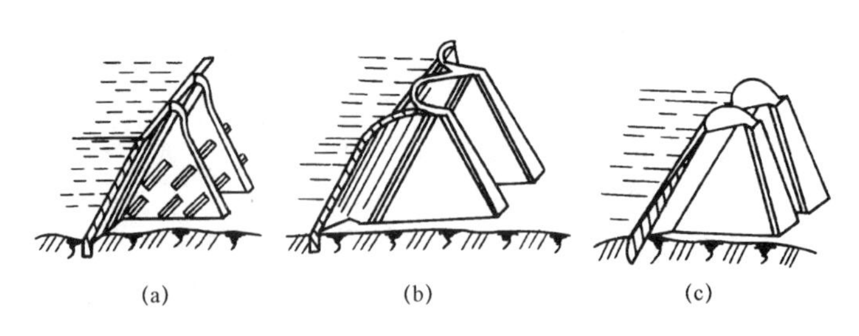

图 3－14　支墩坝

（a）平板坝；（b）连拱坝；（c）大头坝

（一）进水口

进水口设在引水道和压力进水管道的进口处。进水口要保证水进入时，能量损失小，水流平稳，并设置阻拦水中杂物的拦污栅、迅速启闭的工作闸门和检修闸门。另外，在有泥沙沉积影响的地方还要设置拦沙、沉沙、冲沙等设施。

进水口一般为喇叭或锥形，有无压进水口和有压进水口之分。无压进水口布置在接近上游水面的某一位置，通常具有自由水表面。有压进水口布置在上游最低水位即死水位以下，以免空气进入。

（二）引水道

引水道由渠道、隧洞、压力水管、渡槽和倒虹吸管等中的一个或多个组成。

渠道是引水式水电站的重要建筑物，一般是明渠，其截面为倒梯形，在良好岩石基础上也可采用近似矩形，如图 3－15 所示。渠道的两侧和底部要用防渗材料进行护砌，并尽可能使表面平整光洁，目的是防止渗水且使水流流动阻力损失小。

当引水道通过较高的山体时，需要开凿隧洞，隧洞内表面也应护砌平整。隧洞可分为无压隧洞和压力隧洞。断面未被水流充满，具有水自由表面的隧洞称为无压隧洞；整个断面均被水流充满，水流在压力状态下流动的隧洞为压力隧洞，如图 3－16 所示。

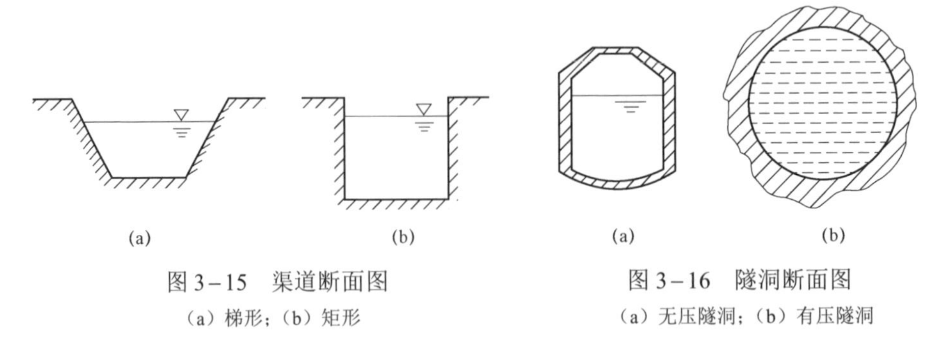

图 3－15　渠道断面图

（a）梯形；（b）矩形

图 3－16　隧洞断面图

（a）无压隧洞；（b）有压隧洞

压力水管是指从水库、压力前池或调压室向水轮机输送水流的管道，见

图 3-2～图 3-4。压力水管坡降大、水压力大且靠近厂房，所以它必须具有足够的强度，以保证工作安全可靠。压力水管一般为钢管，但在一些低水头小型水电站也有采用钢筋混凝土管的。

当引水通过山谷或地势低洼的地段时，需架设渡槽或铺设倒虹吸管。渡槽是一种架空的水渠，其断面多为矩形和 U 形。倒虹吸管是通过洼地的管道埋设于地下或沿地面敷设，如图 3-17 所示。渡槽和倒虹吸管用于小型水电站。

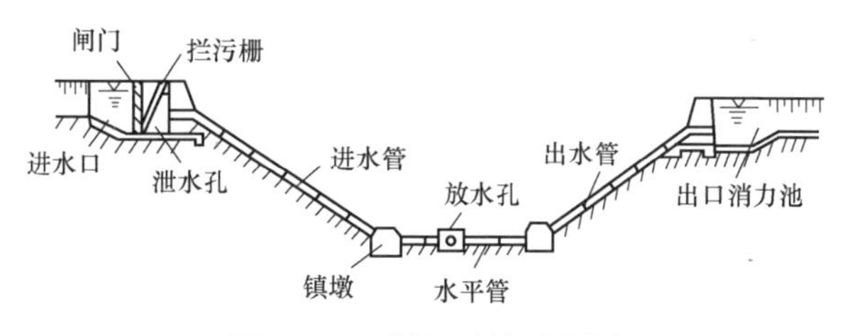

图 3-17　倒虹吸管示意图

（三）压力前池

在无压引水式水电站明渠输水的末端，为便于水流在进入水轮机前，将明流转化成压力流进入压力水管，必须设置压力前池。因此，压力前池是引水渠道向压力水管过渡的连接建筑物，同时还起到分配水量、调节流量、清除泥沙和杂物的作用，如图 3-18 所示。

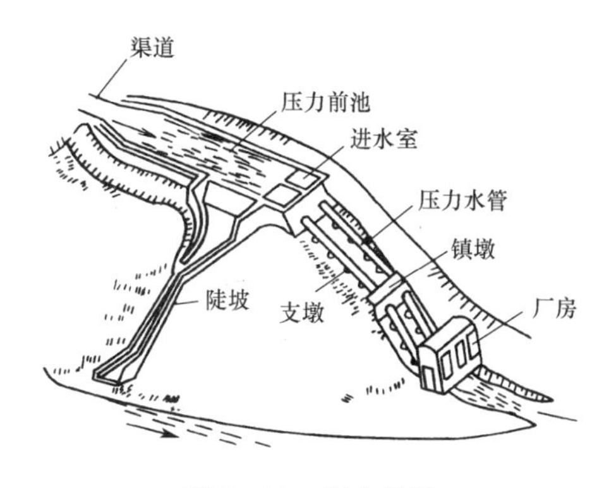

图 3-18　压力前池

（四）调压室（井）和调压阀

在水电站中，当机组突然甩负荷时，为了保证机组的安全，水轮机导水叶迅速关闭，切断水流。由于水的流速从很大突然变为零，就像快速奔驰的汽车突然撞到墙上一样，将产生很大的冲击力，使压力水管和隧洞内的压力急剧升高，而且这个压力的急剧变化为周期性地忽高忽低，这种现象出现时伴有锤击声和振动，所以称之为水锤（击）现象。

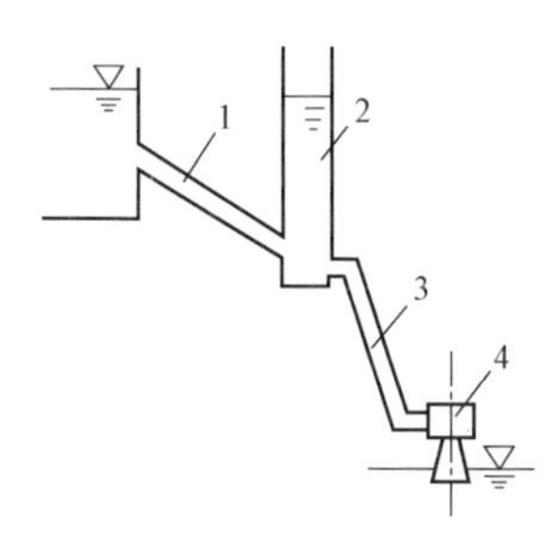

图 3-19　调压室

1—隧洞；2—调压室；3—压力水管；4—水轮机

水锤现象出现后将严重威胁到水利枢纽及机组的安全，可能导致压力水管变形甚至破裂的恶性事故，为此，一般在有压引水道与压力水管的连接处设置调压室。当水轮机水量突然减小时，引水道中多余水流就暂时进入调压室，从而减小了压力水管和引水道中的水锤压力。当地质条件没有限制时，调压室应尽可能靠近厂房，如图 3-19 所示。

调压室的投资大、工期长，所以有的水电站采用调压阀取代调压室。调压阀安装在压力钢管与水轮机蜗壳连接处，当导水叶迅速关闭，水压力升高时，调压阀自动打开放水，减小水锤压力。当水压力降低到一定值后，调压阀自动关闭。

三、泄水建筑物

泄水建筑物的主要作用是泄放洪水，以防洪水漫顶，确保大坝及水电站的安全，所以也叫泄洪建筑物。它是水利枢纽中不可缺少的建筑物。泄水建筑物按泄流方式分为溢流式和深水式。

（一）溢流式泄水建筑物

溢流式泄水建筑物为敞开式，按其位置不同可分为河床式与河岸式。

河床式泄水建筑物也就是溢流坝，是大坝的一部分，称为溢流段，其泄流方式如图 3–12 所示。

河岸式泄水建筑物也称为河岸溢洪道，用于大坝坝顶不宜过水的情况。它是在大坝附近岸边或离大坝较远处与大坝分离修筑。图 3–20（a）为河岸溢洪道示意图，它由进口段、溢流堰、陡槽和消能设施等部分组成。

（二）深水式泄水建筑物

深水式泄水建筑物也称为深水泄水道，位于深水层处，如图 3–20（b）所示。它一般有坝身泄水孔、坝下涵管和泄水隧洞三种型式。深水泄水道上设有高压闸门，它除用于泄洪外，还可进行排沙、放空水库、施工导流等。

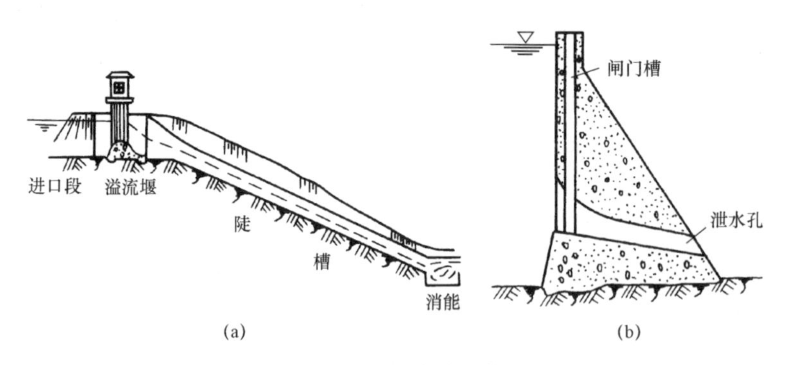

图 3–20 泄水建筑物

（a）河岸溢洪道；（b）深水式泄水建筑物

四、闸门

闸门主要用来关闭和开启过水孔口，以控制水流量，调节上游水位，排除泥沙、浮冰及其他漂浮物和过船等。按工作性能分为工作闸门、事故闸门和检修闸门；按所处位置可分为低水头闸门（露顶闸门）和高水头闸门（深孔闸门）；按结构分，常见的有平板闸门和弧形闸门。

（一）平板闸门

平板闸门多为钢制闸门，在闸墩或边墩的门槽内沿垂直方向移动（也有沿水平方向移动的），闸门两端装有滚轮，沿着设在门槽中的钢轨滚动，这样可减小闸门的启闭力。当闸门受水压力不大且尺寸较小时，可采用平板滑动方式启闭。为了防止闸门与闸墩和门槽之间漏水，在闸门边缘设有止水装置，一般为橡皮止水，如图 3-21 所示。平板闸门结构简单、成本低、使用方便，但重量大，所需启闭力也大。

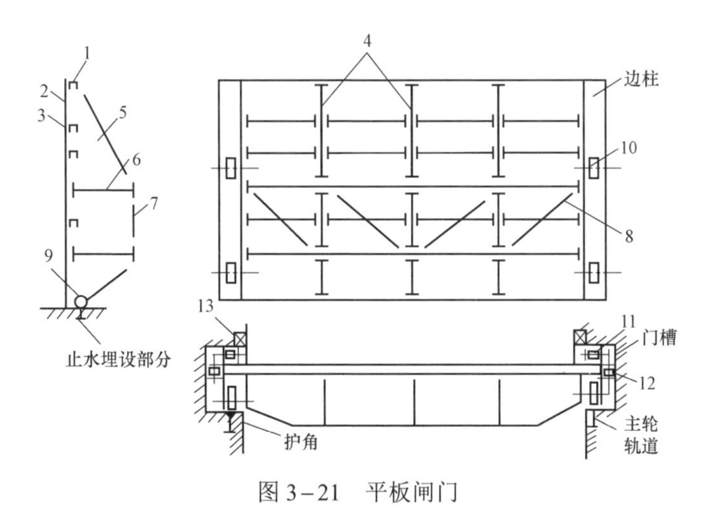

图 3-21　平板闸门

1—上边框；2—钢面板；3—辅助梁；4—支柱；5—横向支撑；6—横梁；7—桁架弦杆；8—纵向支撑；9 一底止水；10—主轮；11—反轮；12—侧轮；13—侧止水

（二）弧形闸门

弧形闸门多用在溢洪道上，它通过两端支腿，围绕安装在闸墩上的固定铰链转动完成启闭。弧形闸门轻便、启闭力较平板闸门小得多，操作灵活。弧形闸门设有底止水和侧止水，在深孔闸门中还设有顶止水，以防闸门关闭时发生泄漏，如图 3-22 所示。

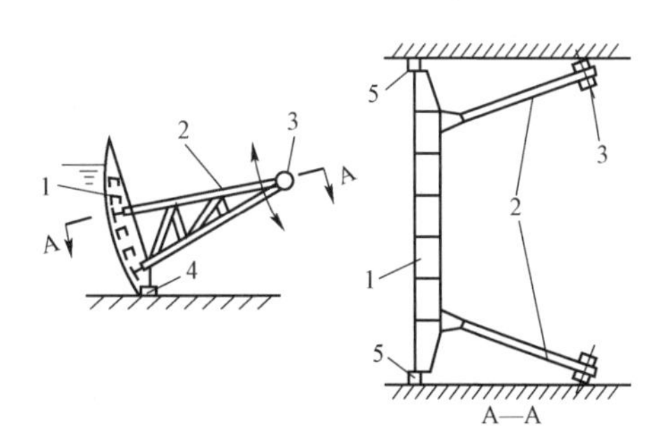

图 3-22　弧形闸门示意图

1—弧形面板；2—支腿；3—固定铰链；4—底止水；5—侧止水

五、水电站厂房

厂房是水电站的主要建筑物之一，它分为主厂房和副厂房。主厂房内布置水轮发电机组及其辅助设备，副厂房内布置中央控制室、配电设备、蓄电池室和仪表试验室等。

按厂房位置不同有河床式厂房（见图 3-1）、坝后式厂房（见图 3-2）、坝内厂房［见图 3-11（c）］。主厂房纵断面从上往下为发电机层、水轮机层、下部块体结构（主要布置尾水管、水泵等）。

第三节 水 轮 机

一、水轮机的工作原理及分类

现代水轮机按其工作原理不同分为反击式和冲击式两大类，其中反击式应用广泛。

（一）反击式水轮机

反击式水轮机主要是利用水流的压力能，其次是利用水流的动能来做功。当具有一定压力的水流进入叶轮作用在叶片上时，水压力会对叶片产生一个很大的作用力，同时水流受叶片的限制改变了流速的大小和方向，又给叶片一个反作用力，在这两个力的作用下，叶轮就旋转起来，从而将水蕴含的能量转化成水轮机的旋转机械能。反击式水轮机叶轮处于水流包围中。

反击式水轮机根据水流流经叶轮方向不同分为混流式、轴流式、斜流式和贯流式。

（1）混流式水轮机。水流流入叶轮时为径向，而流出时为轴向，如图 3－23 所示。这种水轮机结构紧凑、运行可靠、效率较高，适应水头一般为 30～700m，属于中高水头水轮机，应用比较广泛。

（2）轴流式水轮机。水流沿轴向流入叶轮，再由轴向流出。根据叶轮上的叶片能否转动分为轴流定桨式和轴流转桨式两种，如图 3－24 所示。轴流转桨式桨叶在叶轮体上可转动一定角度，从而适应不同水头和负荷时的水流状态，因此，其结构复杂，但因调节效率高，所以广泛应用于大中型水轮机。轴流定桨式桨叶主要用于小型水轮机。轴流式水轮机适用于中低水头水电站，一般水头为 3～80m。

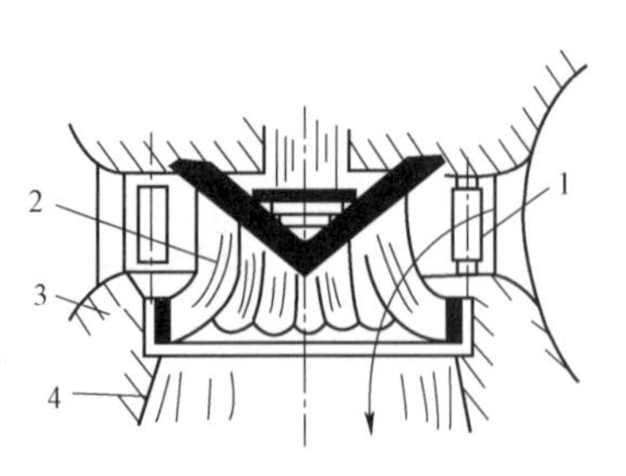

图 3－23　混流式水轮机

1—导水叶；2—转轮；3—蜗壳；4—尾水管

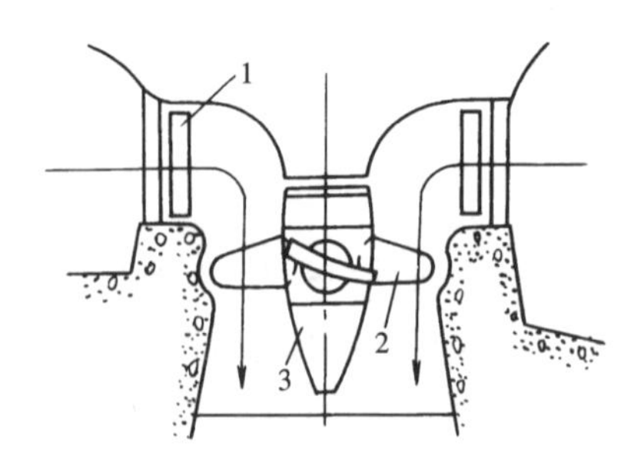

图 3－24　轴流式水轮机

1—导水叶；2—叶片；3—轮毂

（3）斜流式水轮机。水流流入和流出叶轮时均与主轴倾斜某一角度，如图 3－25 所示。

斜流式水轮机也有定浆式与转桨式之分，这种水轮机在结构和特性方面均介于混流式与轴流式水轮机之间。它在水头及负荷变化时均有较高的效率，且应用水头范围较宽，一般为25～200m。

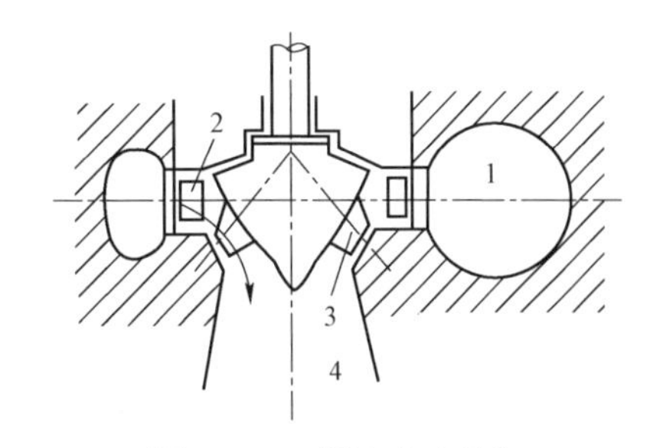

图3-25 斜流式水轮机

1—蜗壳；2—导水叶；3—转轮叶片；4—尾水管

（4）贯流式水轮机。水流从进入水轮机到流出水轮机与主轴几乎是平行贯通的，也就是“直贯流过”过水部件，如图3-26所示。这种水轮机一般做成卧轴或斜轴式，主要用于河床式低水头中小型水电站和潮汐电站。贯流式水轮机有灯泡式、轴伸式、竖井式和虹吸式等型式，其中应用较多的为灯泡式。适用水头范围不大于25m。

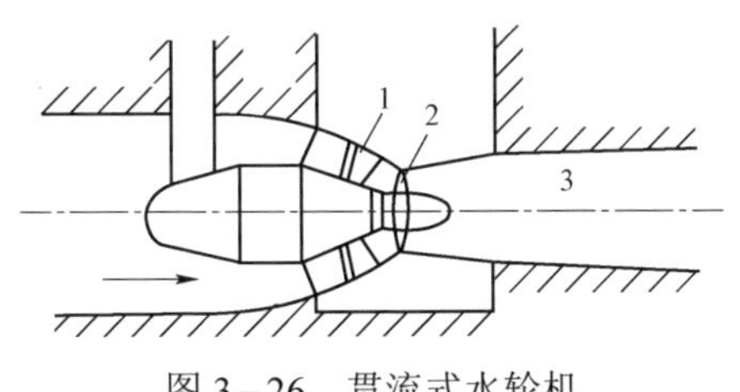

图3-26 贯流式水轮机

1—导水叶；2—转轮叶片；3—尾水管

（二）冲击式水轮机

冲击式水轮机是利用高速水流“冲击”叶轮而做功的。水流由压力水管进入水轮机经喷嘴形成一股高速射流，射向叶轮上的叶片或水斗，推动叶轮转动。

冲击式水轮机有切击式、斜击式和双击式三种型式。

（1）切击式水轮机。这种水轮机也称水斗式水轮机，它的叶轮是由轮盘和均匀分布在轮盘周围的一系列水斗所组成。水流经喷嘴后，形成高速射流沿切线方向冲击水斗，如图3-27所示。这种水轮机应用于高水头水电站，一般水头范围为300～1800m。

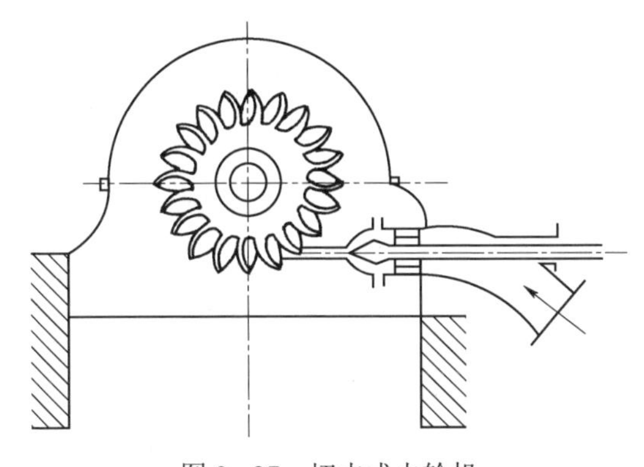
图3-27 切击式水轮机

（2）斜击式水轮机。由喷嘴喷出的射流，沿与叶轮平面成一定角度的方向射入斗叶，再从叶轮另一侧离开斗叶，如图3-28所示。

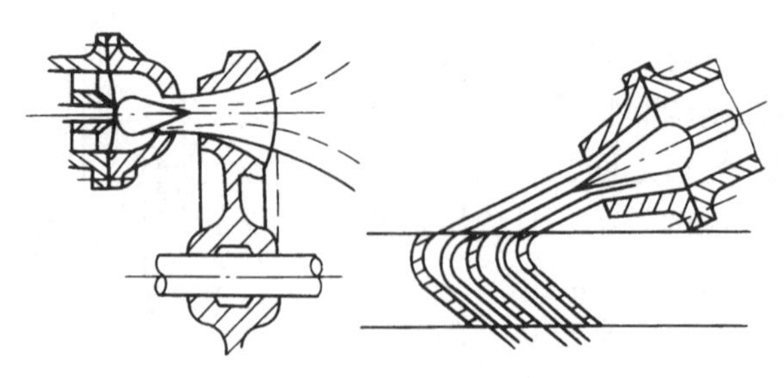

图 3－28　斜击式水轮机

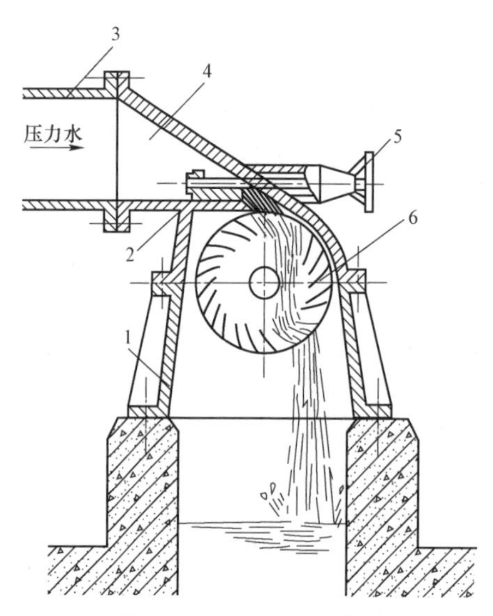

图 3－29　双击式水轮机

1—机壳；2—调节闸板；3—压力水管；
4—喷嘴；5—手轮；6—转轮

（3）双击式水轮机。水流经喷嘴射出后先后两次冲击在叶轮叶片上，这样水流能量可两次利用，如图 3－29 所示。

双击式和斜击式水轮机结构简单、制造方便，但由于效率低，故仅用于小型水电站。

此外，还有一种可逆式水轮机也称为水泵水轮机，它既可作为水轮机运行，也可作为水泵运行，因此安装在抽水蓄能电站。该水轮机有混流式、轴流式和斜流式三种，与同类型的普通水轮机结构相似。

二、反击式水轮机的结构

反击式水轮机的主要部件有引水室、导水机构、叶轮、尾水管和主轴等。

（一）引水室

除贯流式水轮机外，其他反击式水轮机的引水室均为蜗壳式。蜗壳的作用是将压力管道来的水以尽可能小的水头损失、均匀地从圆周引入导水机构。蜗壳有金属结构和混凝土结构两种。

金属蜗壳适用于高、中水头，其进口断面为圆形，根据水力设计要求，其断面由圆形逐渐过渡到椭圆，如图 3－30 所示。

金属蜗壳将导水机构全部包围，故称为全蜗壳，其包角 φ 一般为 345°～360°。水流先全部进入蜗壳，然后沿圆周均匀进入导水机构，因此，它在平面上占地面积较大。如图 3－31（a）所示。

混凝土蜗壳适用于低水头，其形状多为梯形或双梯形，如图 3－32 所示。混凝土蜗壳只包围部分导水机构，故又称非完全蜗壳，其包角 φ 一般为 180°～225°。水流在进入混凝土蜗壳前已有一部分进入导水机构，如图 3－31（b）所示。因此，在进相同流量的情况下，混凝土蜗壳占的平面面积较金属蜗壳小。

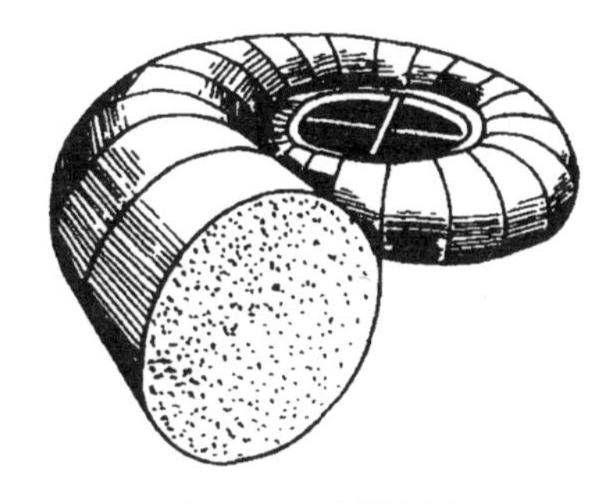
图 3-30　金属蜗壳

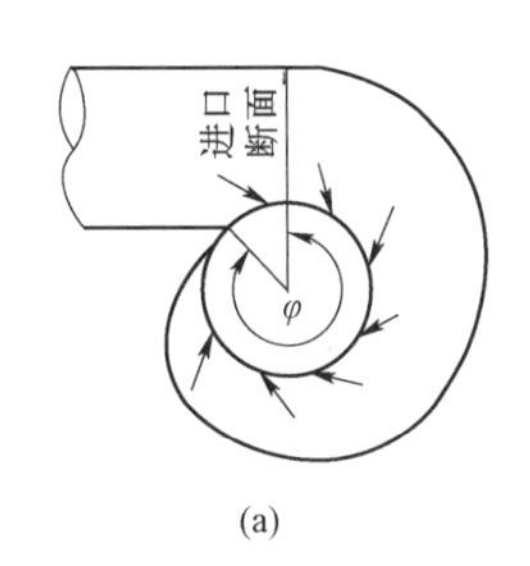

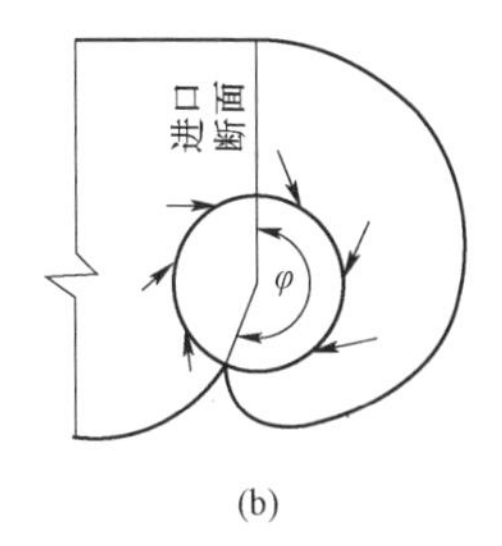

图 3-31　蜗壳平面图

（a）金属蜗壳；（b）混凝土蜗壳

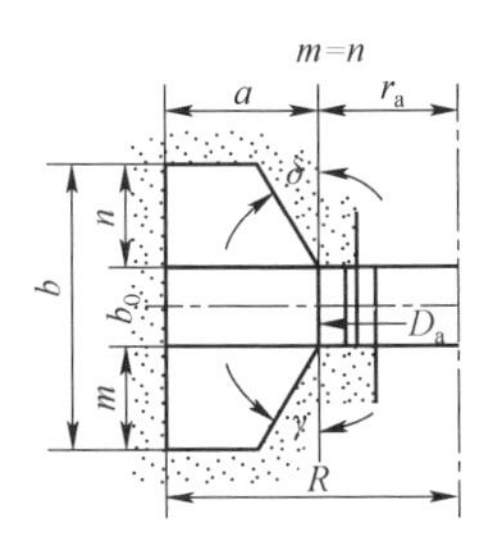

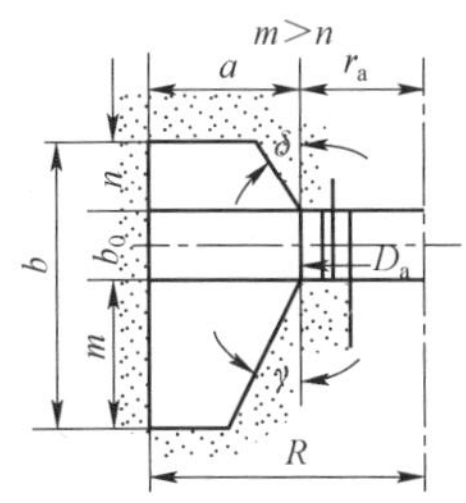

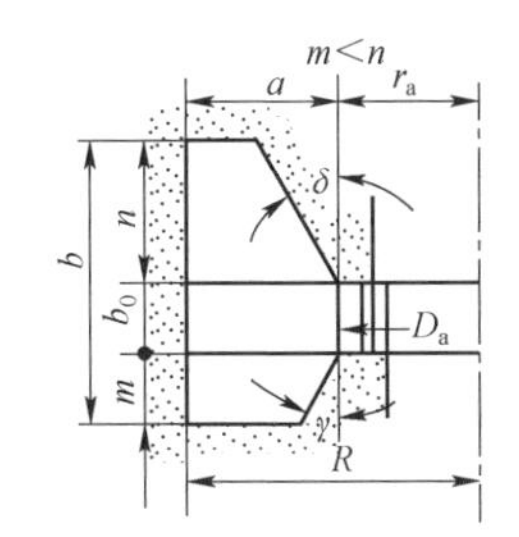

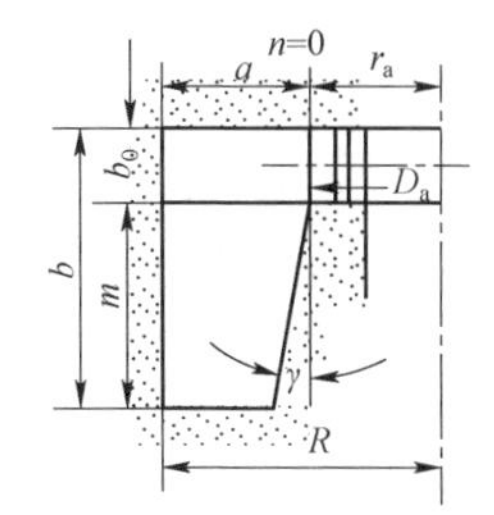

图 3-32　混凝土蜗壳断面图

（二）导水机构

导水机构的作用是以最小的水流阻力损失将水引入叶轮，同时根据需要调节进入水轮机的水流量，以调节机组的负荷。水流量的改变是通过改变布置在叶轮外圆周的一系列导水叶开度来完成的，如图 3-33 所示。

当导水叶长度方向位于径向时，开度最大，水流量也最大。而相邻导水叶首尾相接时为全关，这时水流量为零。导水叶处于前述两种状态之间不同位置时，就可得到不同的水流量。导水叶的开度由导水叶控制机构来调节，如图 3-34 所

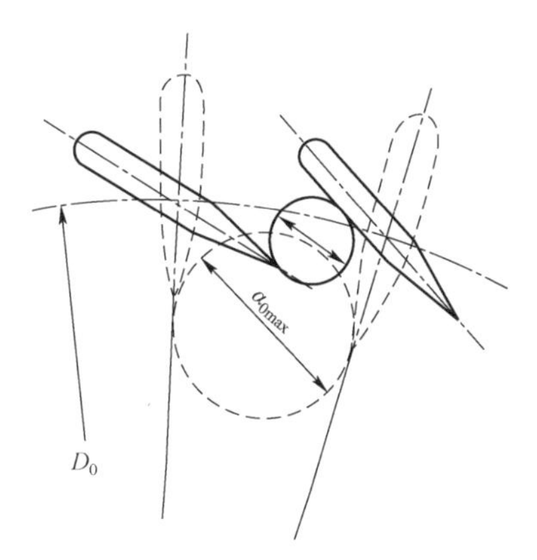

图 3-33　导水叶开度图

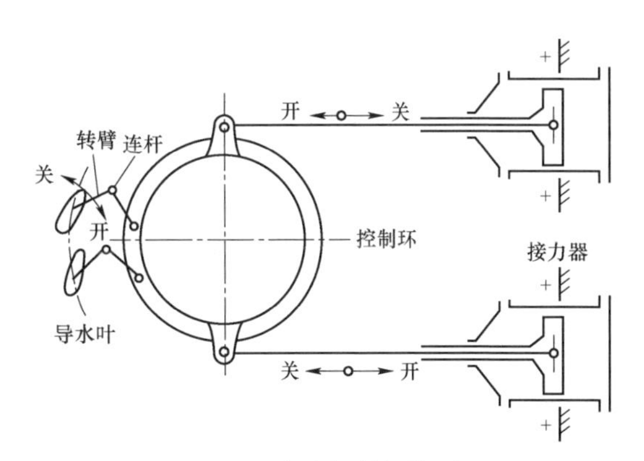

图 3-34　导水叶控制机构原理图

示。接力器活塞移动带动控制环转动，控制环的动作又通过连杆、转臂传给导水叶，使导水叶做相应的转动，从而改变水流量。

（三）叶轮

叶轮是水轮机的核心部件，也叫转轮或水轮，它的作用是将水流的机械能转换成叶轮的旋转机械能。

混流式叶轮由叶片、上冠、下环等部分组成，该种叶轮叶片数目较多，一般为12～20片，叶片为扭曲型，如图3–35（a）所示。

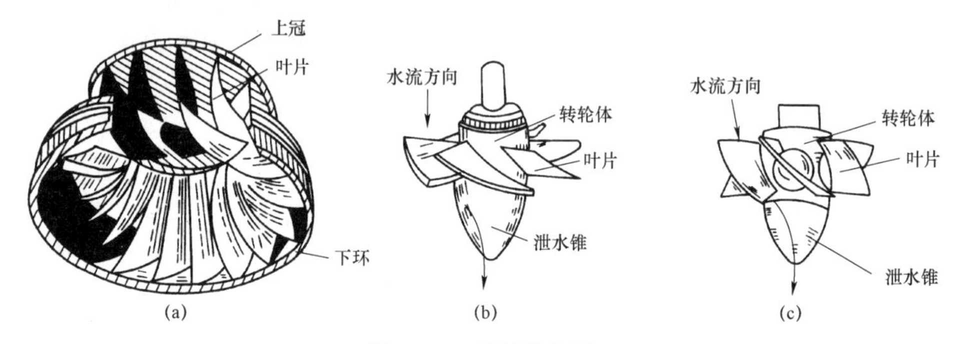

图3–35 转轮结构图

（a）混流式；（b）轴流定桨式；（c）轴流转桨式

轴流式叶轮主要由叶片、转轮体（轮毂）、泄水锥等部件组成，对轴流转桨式叶轮还包括一套叶片转动机构。轴流式转轮叶片数较少，一般为3～8片，叶片也是扭曲型，如图3–35（b）、图3–35（c）所示。

轴流转桨式叶轮的叶片转动操动机构组成如图3–36所示。当活塞向上或向下移动时，传动机构就带动叶片做相应的转动，从而改变叶片的开度，进而改变水流工况，保证水轮机在高效率区域工作，同时达到调节机组负荷的目的。

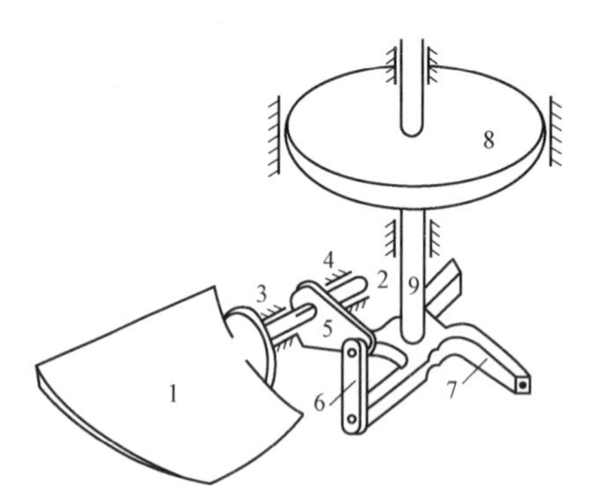

图3–36 叶片转动机构示意图

1—叶片；2—叶片枢轴；3、4—枢轴承；5—转臂；6—连杆；7—操作架；8—活塞；9—活塞杆

（四）主轴

主轴的作用是把叶轮获得的旋转机械能传递给发电机主轴，同时承受叶轮产生的轴向推力以及转动部分的重量。主轴多为双法兰式，上部法兰与发电机主轴法兰连接。下部法兰与叶轮连接。主轴一般为空心的，中心可布置操作油管、转桨式叶片转动操动机构等。

（五）尾水管

尾水管是水流流经的最后一个部件，其作用是将叶轮流出的水引向下游，更重要的是减小水轮机出口水流的速度及能量损失，所以尾水管为扩散型。尾水管通常用混凝土浇筑，有直锥式和弯肘式两种型式，大中型机组采用弯肘式，如图 3-37 所示。

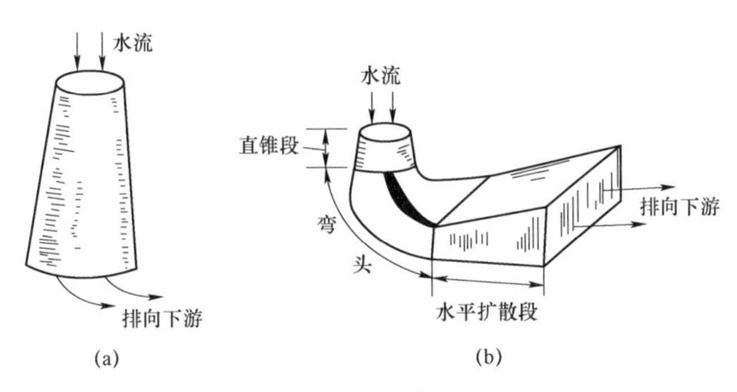

图 3-37　尾水管示意图

（a）直锥式；（b）弯肘式

三、水轮机调速系统

（一）调速系统的作用及构成

水轮机调速系统的作用是随电力系统负荷的变化，改变导水机构（或桨叶）的开度，以使机组的转速维持在规定值，保证生产电能的频率符合要求，并保持机组负荷适应系统需求。此外，通过调速系统还可控制水轮发电机组的正常启停、事故紧急停机以及更改机组的运行方式等。

在水电站，人为地改变落差是困难的，所以只能通过改变进入水轮机的水流量来达到调节目的。水流量的改变是通过改变导水叶开度来实现的。由于电力负荷的改变是瞬间的，所以要求导水叶开度的改变也是瞬间的，这个任务由调速器来完成。

调速器和调节对象一起构成了调速系统。调速器由测量、放大、执行和稳定四个主要部分构成。调节对象是机组（包括导水机构）。

调速系统有单一调速系统和双调速系统。前者是单纯改变导水叶开度来调节进入水轮机的水流量，它用于叶轮叶片固定的水轮机。后者用于转桨式水轮机，它同时改变导水叶开度和叶轮叶片的角度来实现流量调节。图 3-38 为调速系统方框图，对于双调速系统，其导水叶的调节部分同单一调速系统，所以只画出了桨叶调节部分。

调速器的测量元件测量出转速（频率）的变化值，并发出调节信号。经放大元件将调节信号放大后，通过执行机构去改变导水叶的开度，从而调节叶轮的进水流量，使机组的转速（频率）恢复到给定值。稳定元件使调速系统能够稳定工作，并使调节达到无偏差。

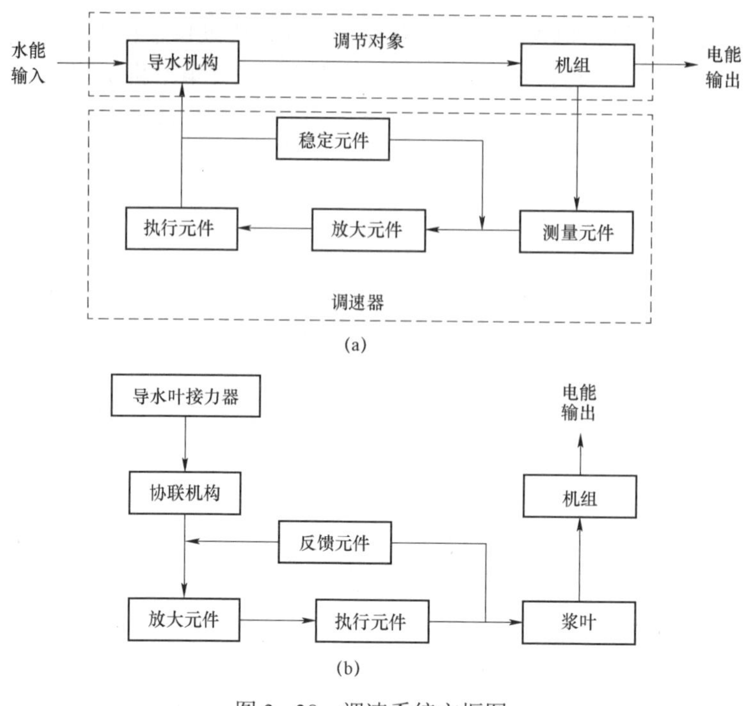

图 3–38 调速系统方框图

（a）单一调速系统；（b）双调速系统桨叶调节部分

桨叶调节部分将导水叶接力器的位移信号送到协联机构，然后经放大元件和执行机构去操动桨叶，改变叶片的角度。反馈元件用来保证本调节部分工作的稳定。

（二）调速器工作原理

调速器有机械液压调速器、电气液压调速器和微机调速器等类型。

1. 机械液压调速器

图 3–39 为机械液压调速器工作原理图。其中飞摆为测量元件、配压阀和接力器是放大和执行元件，4～7 构成稳定元件，也称为反馈元件。

当水轮发电机组工作正常而稳定时，飞摆的转速也稳定，其下端在图示 A 点位置，配压阀工作的活塞杆端点位于 B 点位置，配压阀的两活塞封堵住通往接力器两端的进出油口，接力器两腔内油压平衡，活塞静止不动。

当外界负荷降低时，机组转速升高，飞摆的转速也随之升高，飞摆摆锤受到的离心力增大，而向外扩张。由于飞摆上部固定，所以其下部端点 A 向上移动至 A′点。相应地杠杆 AOB 绕 O 点转动，使 B 点下移至 B′点。B 点的下移迫使配压阀活塞下移，从而使接力器右腔与压力油接通，左腔与回油管路接通。于是在压力油作用下，接力器活塞向左移动，关小导水叶开度，减小了水流量，水轮机的动力矩减小，转速随之降低。当接力器活塞向左移动关小导水叶开度的同时，使杠杆 7 上移，C 点不动，则 D 点上移，杠杆 LPN 绕 N 点顺时针旋转，P 点上移，O 点也随之上移至 O′点，使杠杆 AOB 达到 A′O′B 位置，配压阀活塞回到中间位置，切断了接力器供油，则其活塞停止移动。通过杠杆 7 的作用，水轮机能够停止调节过程，但水轮机的转速还有一定偏差。为了使转速恢复到原始值，系统中还设置了缓冲器（图中 4、5、6），在调节过程中与杠杆 7 同时作用，使杠杆 AOB 回到原始位置，达到无差调节。

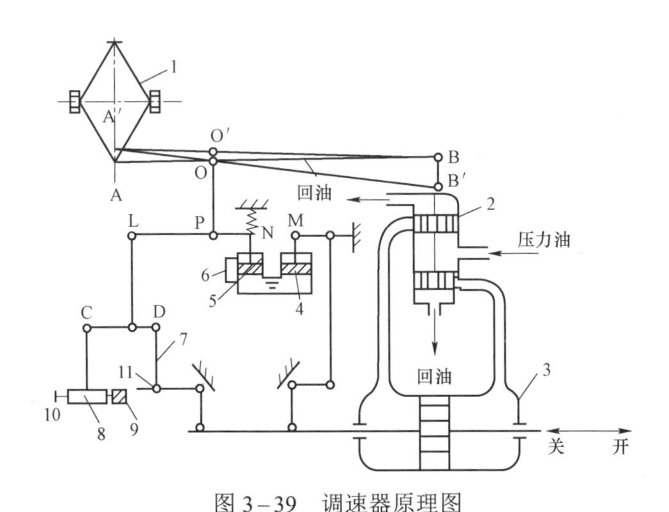

图 3－39　调速器原理图

1—飞摆；2—配压阀；3—接力器；4～7—反馈元件；8～10—变速机构；11—滑块

当外界负荷升高时，水轮机的转速降低，调速器的动作过程与上述过程正好相反。

电气液压调速器与机械液压调速器的放大和执行元件相同，不同的是测量元件和稳定元件采用了电气元件，以电信号代替了机械元件的位移。

2. 微机调速器

随着现代电力系统规模的不断扩大，电力用户对电能质量的要求不断提高，机械液压型调速器和电气液压调速器已经难以胜任机组稳定运行的需要。目前，我国新建水电站已广泛使用微机调速器，已建大中型机组在进行技术改造后，也已采用微机调速器。

（1）微机调速器基本结构。

微机调速器的基本结构与传统的机械液压型调速器和电气液压型调速器相比有了较大的改进。从目前应用的微机调速器来看，其结构主要由微机调节器和电液随动系统或机械液压系统两大部分组成，如图 3－40 所示。调节器部分由计算机系统组成，包括检测环节、输入/输出通道和计算机本身，其中调节、控制规律由软件来实现。根据硬件配置情况，调速器有采用单片机的微机调速器、PLC

的微机调速器和基于工业控制机的微机调速器等。按所采用微机的数量不同，分为单微机调速器和双微机调速器。电液随动部分根据微机调节器送来的信号完成控制水轮机进口导水叶的开度，从而控制机组的功率、转速等。

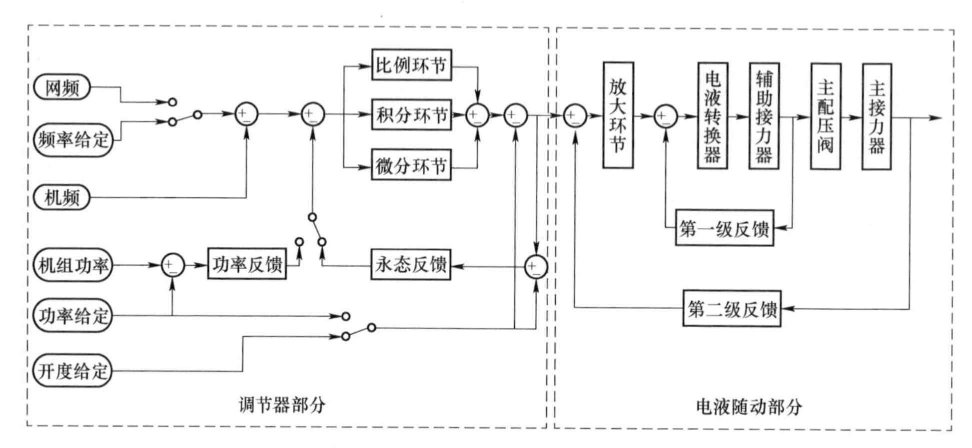

图 3－40　微机调速器基本结构

单微机调速器一般采用单微机、单总线、单输入/输出通道。一些采用可编程序控制器作调节器的微机调速器就属于这种类型。由于可编程序控制器具有很高的可靠性，因此在一些水电厂得到了应用。

双微机调速器一般采用双微机、双总线、双输入/输出通道，如图 3－41 所示。这种结构实际上是两套微机调节器，其微机部分有单片机、PLC 或 STD 总线工控机等。两套微机调节器的内容完全相同，结构完全独立，一套系统处于正常运行状态，另一套系统为热备用状态。当运行系统出现故障时，通过切换控制器无扰动地切换到备用系统，即所谓互为备用的冗余系统。这种结构形式在我国水电站得到了广泛应用。

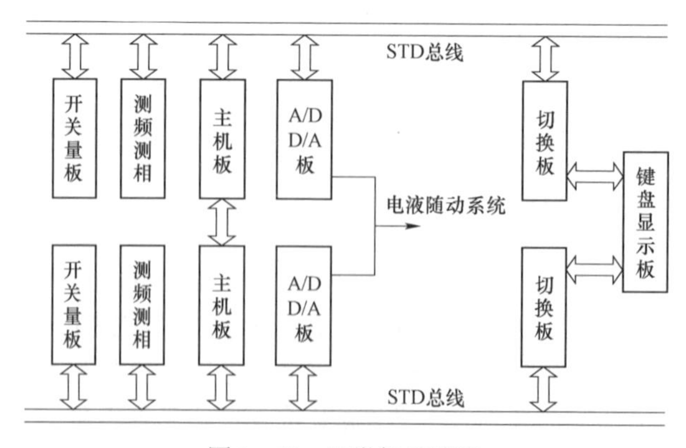

图 3－41　双微机调速器

（2）微机调速器调节控制系统的组成。

由微机调速器所构成的水轮机调节系统是一个由计算机控制的闭环控制系统。它由作为被控对象的水轮发电机组和作为微机调速器的工业控制计算机、测量单元、输入通道、输出通道、执行单元等组成，其典型结构如图3–42所示。计算机系统是整个控制系统的核心。输入通道主要完成对整个系统的状态检测，主要测量电力系统的频率、机组的频率、水轮机水头、发电机功率、接力器行程，以及其他模拟量和开关量等。输出通道将计算机输出的控制信号传递给执行单元，由执行单元完成对机组的调节任务。执行单元既可以采用电液随动系统，也可以采用步进电机取代电液转换器的数液随动系统。

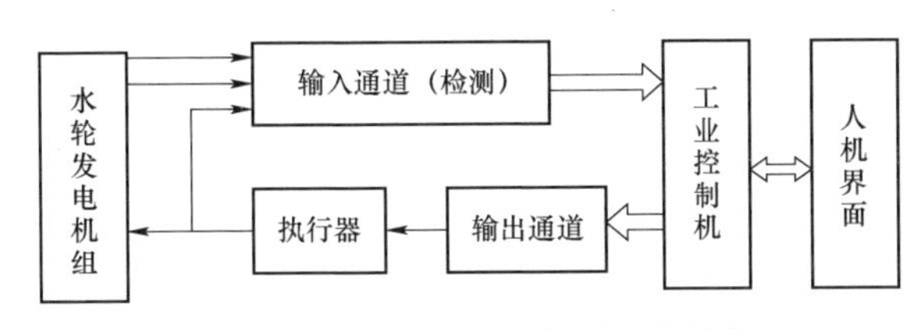

图3–42　微机调速器控制系统结构

人机联系设备按功能可分为输入设备、输出设备和外存储器。微机调速器的输入设备主要是键盘，用来输入外部命令，以及参数的整定和修改。输出设备有显示器、打印机、记录仪等。

（3）微机调速器的优点。

1）微机硬件系统集成度高、体积小、可靠性高，产品设计、制造、安装、调试、调整和维护方便。

2）开、停机规律可以方便地靠软件实现。停机过程可通过调节保证计算要求、灵活地实现折线关闭规律；开机过程可根据机组增速及引水系统最大压降的具体要求设定，并网时，既有测频功能又有测相位功能，还配有自动诊断、防错功能，抗干扰能力强，测频精度高，转速死区小，增减负荷稳定迅速。

3）调节规律采用软件实现，使水轮机调节系统具有优良的静态和动态特性。

4）便于与电厂中控室或电力系统中心调度所的上位机相连接，大大地提高了水电厂的综合自动化水平。

第四节　水轮发电机

一、水轮发电机的基本结构

水轮发电机有立式和卧式两种。大容量水轮发电机广泛采用立式结构。立式结构又分为悬式和伞式两种，如图3–43所示。悬式的推力轴承装在转子上部，伞式的推力轴承装在转子下部。图3–44所示为悬式水轮发电机结构图。由于水轮发电机都是转速较低的凸极式同步发电机，为了使感应电势具有 50Hz 的额定频率，就要有较多的磁极。因此水轮发电机的直径大而轴向长度短，整个电机呈扁盘形。

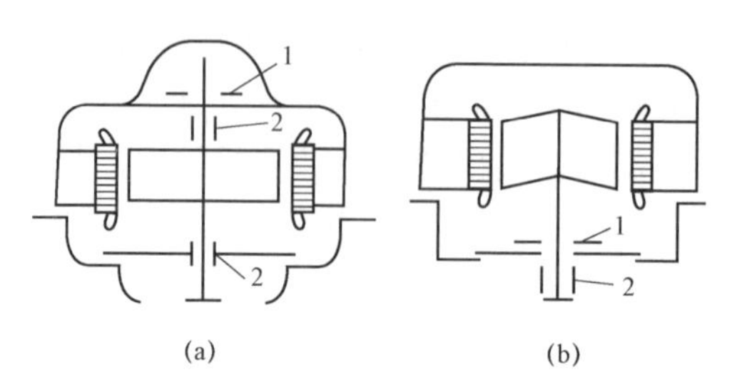

图 3－43　立式水轮发电机的基本结构型式

（a）悬式；（b）伞式

1—推力轴承；2—导轴承

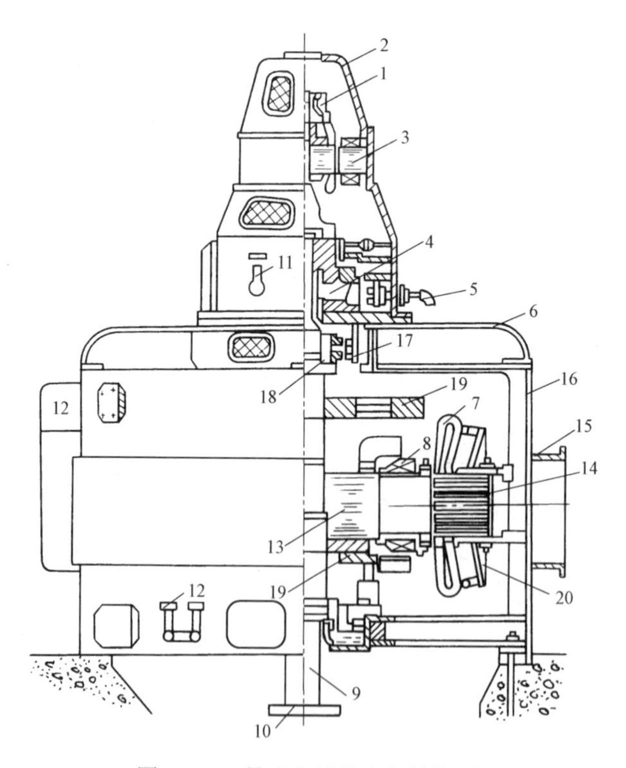

图 3－44　悬式水轮发电机结构图

1—换向器；2—端盖；3—主极；4—推力轴承，5—冷却水进出水管；6—上端盖；7—定子绕组；8—磁极线圈；9—主轴；10—靠背轮，11—油面高位指示器；12—出线盒；13—磁极装配支架；14—定子铁芯；15—风罩；16—发电机机座；17—炭刷；18—集电环；19—制动环；20—端部撑架

水轮发电机主要由定子、转子、机架和推力轴承等组成。

（一）定子

定子由铁芯、绕组和机座组成，其纵剖面如图 3-45 所示。

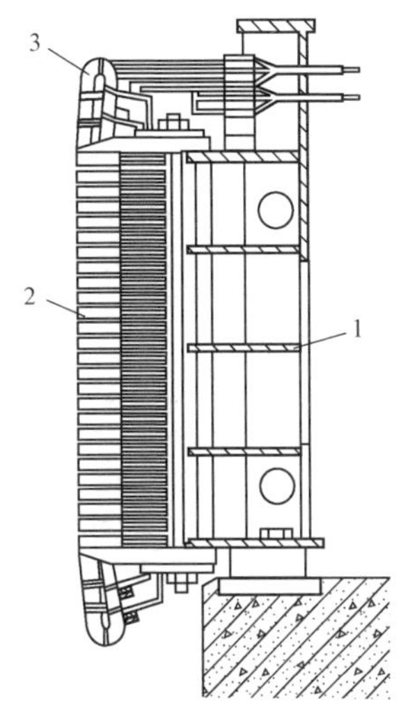

图 3-45　定子剖面图

1—机座；2—铁芯；3—电枢绕组

（1）定子铁芯。定子铁芯由扇形硅钢片叠装而成。每隔 40～50mm 留有通风沟。铁芯两端放置压板，用双头螺杆从背部夹紧而成为一个整体，定子铁芯内圆上有用于放置电枢绕组的槽。直径较大的发电机定子通常由数瓣装配而成。

（2）机座。机座用来支撑定子铁芯、轴承、端盖等。整个铁芯固定在机座内圆的定位筋上。机座外壳与铁芯外圆之间有通风道。

（3）电枢绕组。水轮发电机的电枢绕组多采用双层波绕组。电枢绕组置于定子铁芯内圆的槽内，并用槽楔压紧。

（二）转子

转子主要由转轴、转子支架、磁轭和主磁极组成。

（1）主磁极。主磁极铁芯一般由 1～1.5mm 厚的钢板冲片叠成，磁极两端加上压板，用铆钉或螺杆紧固成整体，如图 3-46 所示。主磁极分为极身和极靴两部分，极身较窄，套装励磁绕组；极靴两边伸出于极身之外的部分称为极尖，极靴的曲面称为极弧。极靴的作用是固定励磁绕组并改善气隙主磁通的分布。主磁极沿着圆周按 N、S 的极性交替排列。

（2）励磁绕组。励磁绕组由扁铜线绕成，再经浸胶热压处理，使其成为一个坚固的整体，套装在磁极的极身上。

（3）阻尼绕组。除励磁绕组外，水轮发电机的转子磁极上还吊装有阻尼绕组，它由插入极靴孔内的裸铜条和端部铜环焊接而成，见图 3-46。阻尼绕组的作用是减小发电机并联运行时转子振荡的幅值。

（4）磁轭。磁轭是电机磁路的一部分，同时它又是固定磁极的部件。如图 3-47 所示，磁极下部做成 T 尾或燕尾形，磁轭开有同样形状的槽，两者装配时用钢键楔紧，中小型电机也可用螺栓固定。

（5）转子支架。转子支架是磁轭和转轴之间的过渡部件，起连接作用。它通常由轮毂和轮辐组成，如图 3-47 所示。

（三）轴承

立式水轮发电机的轴承有导轴承和推力轴承两种。

导轴承的作用是限制轴线位移和防止轴摆动，主要承受径向力。

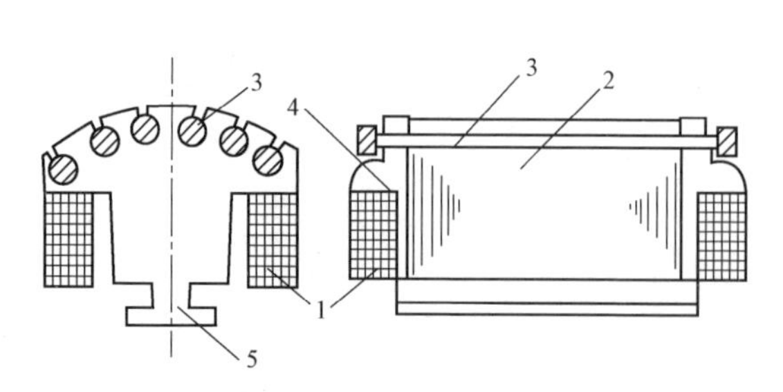

图 3－46 凸极机的磁极铁芯

1—励磁绕组；2—磁极铁芯；3—阻尼绕组；
4—磁极压板；5—T 尾

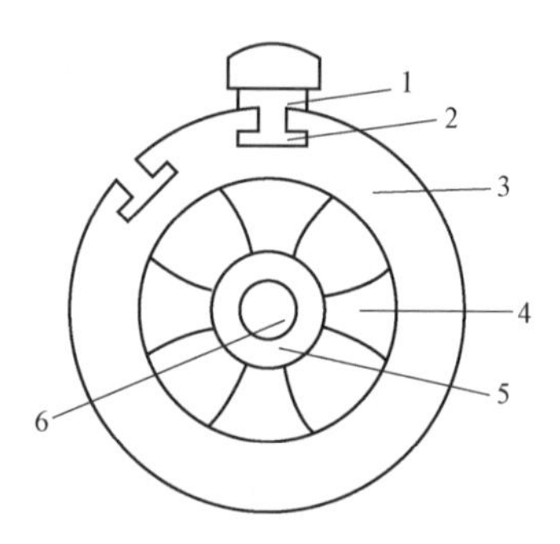

图 3－47 凸极机的磁极和磁轭

1—磁极；2—T 尾；3—磁轭；
4—轮辐；5—轮毂；6—转轴

推力轴承承受水轮发电机转动部分的全部重量和水轮机转轮的轴向水推力，是水轮发电机组制造上最为困难的一个部件。推力轴承包括推力头、转环和轴瓦等主要部件，其结构如图 3－48 所示。推力头固定在轴上，转环装在推力头下面。轴瓦为推力轴承的静止部件。转环与轴瓦相接触的表面光洁度很高。整个推力轴承装在一个盛有润滑油的密闭槽内，油既起润滑作用，又起冷却作用。冷却器是油的散热装置。

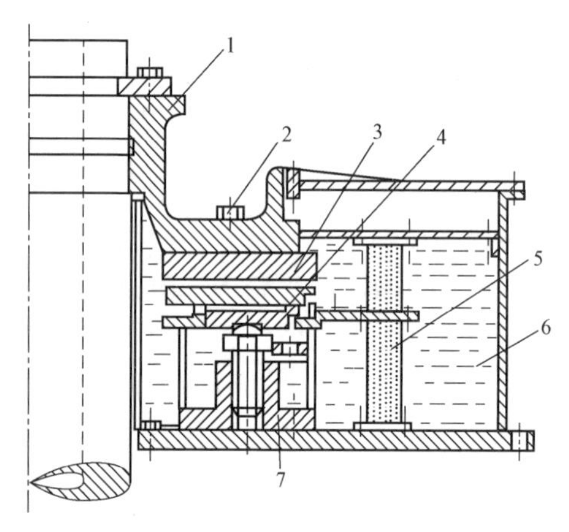

图 3－48 推力轴承结构示意图

1—推力头；2—定位销；3—转环；4—轴瓦；
5—冷却器；6—油槽；7—轴承座

（四）机架

机架是安装轴承用的。安装推力轴承的机架属于荷重机架，它承受转动部分总重量、水推力、轴承重量等。安装导轴承的机架属于非荷重机架，它仅承受径向力，有时还承受制动器传递的力等。装在定子上方的称上机架；装在定子下方的称下机架。

（五）制动闸

大型水轮发电机装有制动装置或叫制动闸。它的作用是制动及检修时顶起转子。

二、水轮发电机的冷却方式

大中型水轮发电机的冷却，一般采用装有空气冷却器的闭路循环空气冷却方式，只有当容量很大时，才采用氢气冷却或水内冷却方式。小容量的水轮发电机往往采用开启式通风或管道通风的冷却方式。

水轮发电机的工作原理与汽轮发电机相同。励磁方式与汽轮发电机基本相同。

第五节　水电站的辅助系统与设备

水电站除主要设备——水轮发电机组外，还有保证主要设备安全、经济运行和安装检修所不可缺少的辅助设备和系统，它们是水轮机主阀、水电站油系统、水系统和压缩空气系统等。

一、水轮机主阀

水轮机主阀安装在压力钢管末端和蜗壳进口断面之间，可在机组检修或长时间停运时关闭以保证水流关断的严密性，也可作为机组防飞逸的后备保护。主阀直径与压力钢管的直径相同，因此主阀的直径大、体积大、承压高、价格贵。在中、高水头水电厂中，几乎每台水轮机都设有主阀。

主阀有蝶阀、球阀和闸阀三种类型。

1. 蝶阀

蝶阀的阀芯位于水流当中，可作 80°～90° 全开或全关的操作。如图 3-49 所示，蝶阀全开时阀芯平面与压力钢管轴线平行，由于阀芯仍处于水流中，所以全开时水流阻力大；全关时阀芯平面与压力钢管轴线垂直或接近垂直，靠橡胶或较软的金属于间隙处接触以止水密封，全关时漏水较大。蝶阀结构简单、体积小、重量轻、启闭方便，适用于 200m 水头以下的水电站。

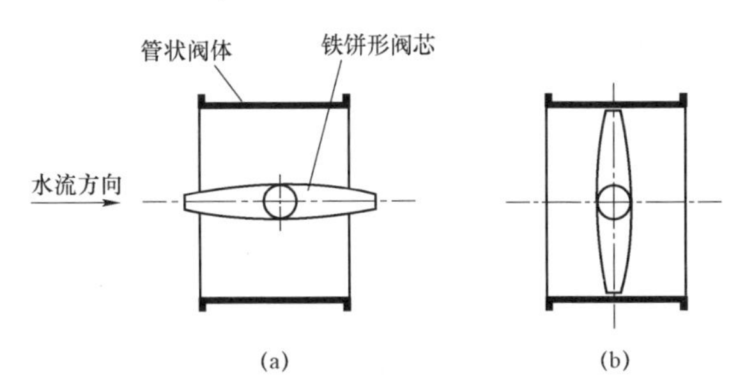

图 3-49　蝶阀开关位置示意图

（a）全开位置；（b）全关位置

2. 球阀

球阀具有与压力钢管直径相同的管状阀芯，可进行 90° 全开或全关操作。图 3-50 为球阀阀芯开关位置示意图，全开时阀芯轴线与压力钢管轴线重合，水流畅通无阻地流过主阀，所以全开时水流阻力小；全关时阀芯轴线与压力钢管轴线垂直，球缺形止漏盖弹出，紧紧压住阀体管口处止水密封，水头越高效果越好，所以全关时漏水小。但是球阀结构复杂、体积大、重量重、启闭不方便，适用于水头 200m 以上的水电站。

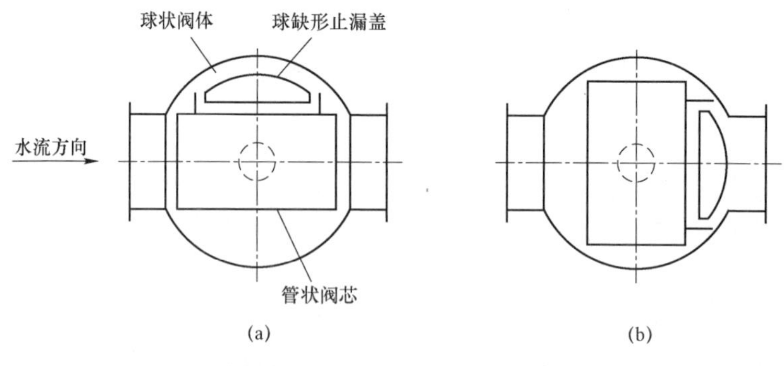

图 3-50　球阀开关位置示意图

（a）全开位置；（b）全关位置

3. 闸阀

闸阀阀芯为楔形圆盘状，阀芯盘面与水流方向垂直。如图 3-51 为闸阀阀芯开关位置示意图，全开时阀芯向上提起，躲进阀体的上部空腔，水流畅通无阻地流过主阀，所以全开时水流阻力小；全关时阀芯落下，进入流道切断水流，阀芯平面紧紧压住阀体中的阀座止水密封，封水效果较好，所以全关时漏水量小。但是，闸阀高度尺寸大、启闭时间长，管径较大时，阀芯升降所需的操作力很大，因此适用于管径较小的水电站。

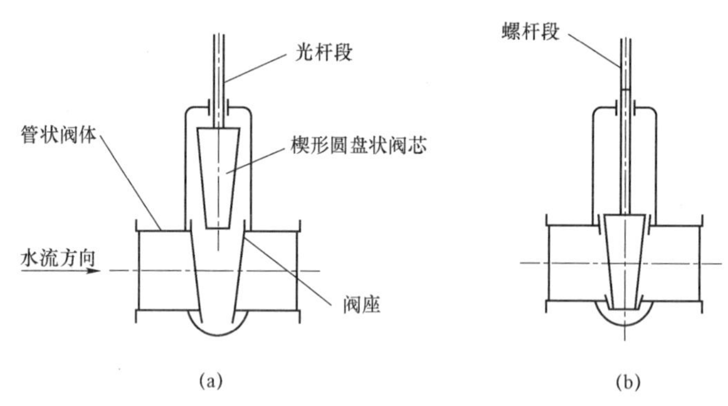

图 3-51　闸阀阀芯开关位置示意图

（a）全开位置；（b）全关位置

二、水电站的油系统

水电站的油系统由用油、储油、油处理设备及连接管道构成，它用来完成用油设备的给油、排油、添油及油的净化处理等工作。

水电站油系统大体分为润滑油系统和绝缘油系统两大类，两个系统的油质不同，因而是相互独立的。

润滑油系统主要有调节机构的压力油系统和机组进水口闸门油压启闭机压

力油系统。前者除供水轮发电机组的各种轴承的润滑与冷却用油外，还供调速系统用压力油。

绝缘油系统主要供变压器、油断路器的绝缘、散热与灭弧用油。

水电站的油系统的主要设备有油罐、油泵、滤油机等。

三、水电站的水系统

水电站的水系统包括供水系统和排水系统两大部分。

供水系统分为生产供水、消防供水和生活用水。

生产供水系统由水源、管道、控制元件和供水对象等组成。生产供水的水源可选择上游水库、下游尾水或地下水。生产供水的方式有自流供水、水泵供水和前述两方式相结合的混合供水等。选择何种水源和供水方式，应根据供水对象对水质、水量、水压和水温的要求确定，并做到供水系统的运行安全经济。

生产供水对象包括水轮发电机空气冷却器用水，机组推力轴承、导轴承油冷却器用水，水冷式空压机的冷却用水，油压装置的油冷却器用水，水润滑导轴承的润滑和冷却用水等。

水电站的排水有生产用的排水、检修排水和渗漏排水。其中生产用水排水是生产供水对象的排水，能靠自流排入下游，所以与生产供水组成一个系统。因此，一般水电站的排水系统指检修排水和渗漏排水系统。

检修排水指检修机组时，排出水轮机蜗壳、尾水管和压力引水管内的积水。这部分水由于高程低，应选用足够容量的水泵排水。

渗漏排水包括水轮机顶盖、蜗壳和尾水管人孔盖、管道法兰等处的漏水，水电站低洼处的积水，冷却器管外的冷凝水，冲洗设备的污水等。这部分排水量小且不均匀，也不能靠自流排出。一般是设集水井将它们收集起来，然后由水泵抽出排走。

排水系统主要有水泵、阀门、滤水器等设备。

四、水电站的压缩空气系统

水电站的压缩空气系统有高压气系统和低压气系统，两个系统可单独设置也可联合设置为综合气系统。

压缩空气在水电站内应用极其广泛，高压气供空气断路器（工作压力 2～4MPa）、水轮机调速器油压装置（2.5～6MPa，）等用气，调速器油压装置的压力油箱中 1/3 空间充满气，是利用压缩空气的良好弹性，保证调速系统工作时油压不产生过大的波动。低压气（0.7～0.8MPa）供机组停机制动、调相压水、风动工具、吹扫用气、水轮机轴承检修密封围带充气、蝶阀止水转围带充气、防冻吹冰、气动隔离开关操动机构等用气。

空气压缩系统的主要有空气压缩机、储气罐、测量控制元件等，必要时还应设空气干燥器。

第六节　水电厂计算机监控系统

水电厂计算机监控系统利用计算机对水电厂生产过程进行自动检测、控制，如趋势分析、自动发电控制（AGC）、自动电压控制（AVC）、优化控制等。

一、水电厂计算机监控系统的基本原理

水电厂计算机监控系统原理如图 3-52 所示，通过输入/输出过程通道，从水电厂生产过程取得电气量、非电气量和状态量等的实时数据，经运算分析做出调节和控制决策，并通过 I/O 过程通道作用于水电厂的调节和控制装置，实现对水电厂主要设备的自动调节和控制。对它的基本要求是：实时响应性好，可靠，适应性强，维修方便，好的性价比，具有分散的控制对象与综合的控制功能，灵活的人机联系功能，良好的抗干扰、防振等性能。

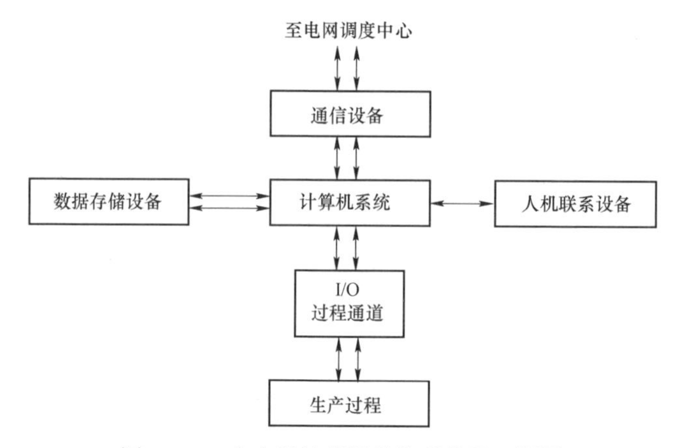

图 3-52　水电站计算机监控系统原理框图

二、水电厂计算机监控系统

1. 主设备运行参数与状态监测

采集的主要参数和状态数据类型有模拟量（主要提供越限报警、趋势分析、相关量同步记录）、脉冲量、开关量。

2. 机组及其他设备的自动顺序操作

主要对水轮发电机组的启、停过程实行自动顺序控制和其他设备的自动顺序控制的操作。

3. 自动发电控制（AGC）

自动发电控制是按预定条件的要求，自动控制水电厂有功功率的技术。它是在水轮发电机组自动控制的基础上实现全厂自动化的一种方式。

4. 自动电压控制

自动电压控制是按预定条件和要求，自动控制水电厂母线电压或全厂无功功率的技术。按电网的要求，自动调整水电厂的无功功率，保持水电厂高压母线电压在规定的范围内，并按经济原则分配机组间的无功功率。

5. 画面显示

通过彩色屏幕显示器以画面的形式反映水电厂的运行情况。

6. 制表打印

按电厂运行规定的要求，将电厂运行参数自动定时制成各种报表并打印记录下来。

7. 历史数据存储

对需要较长时间保存的电厂及其设备的某些运行参数加以自动分类保存，并可随时调出。

8. 人机联系

运行人员通过计算机系统外部设备了解和干预水电厂的生产过程。

9. 事件顺序记录

电厂发生事故或设备进行操作时，监控系统以最快的响应速度将机组开、停，断路器合、切和保护继电器触点状态改变的顺序记录下来，以供分析事故用。

10. 事故追忆和相关量记录

当电厂发生事故或设备发生异常时，其运行参数会发生较大的变化，计算机将与事故异常相关的一些量，在事故或异常发生前后一段时间内，以常速或加速采集的方法同步记录，供运行人员对事故或异常运行工况原因进行分析。

11. 运行指导

运行指导主要指典型操作指导和典型事故处理指导。对于电厂的某些典型操作，事先将其操作方法和步骤存在计算机内，当要进行某项操作时，可自动或人工召唤调出，结合当时电厂的运行情况，形成显示画面，指导运行人员进行操作。

12. 数据通信

在计算机监控系统中，数据通信包括系统内部实时数据及命令的传送、外部与电网调度或地区调度，以及其他有关方面的远动信息。

13. 系统自检

监控系统对自身的设备定时进行检测，发现故障时立即报警或作自动处理。

三、水电厂计算机控制方式

1. 数据处理控制

此种控制方式是通过传感器、多路开关、转换器、接口电路等部件组成的输入、输出通道，对运行中的水电厂的有关电量及非电量进行数据采集，并送到计算机中去，由计算机按照人们的要求进行运算、判断后，进行显示、打印、事件记录及越限报警，如图 3－53 所示。

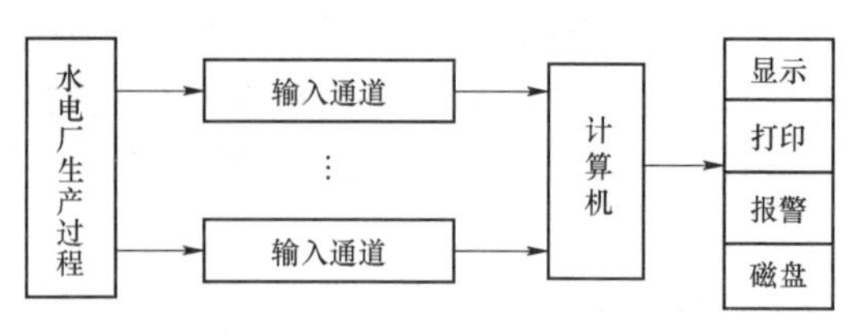

图 3－53 数据处理示意图

2. 运行指导控制

这种控制方式不仅要做一些必要的计算和数据处理，而且还要按一定的要求，在一定的时间内计算出有关控制量的最佳值，并打印显示出来，为运行人员进行操作提供指导性数据，如图 3－54 所示。

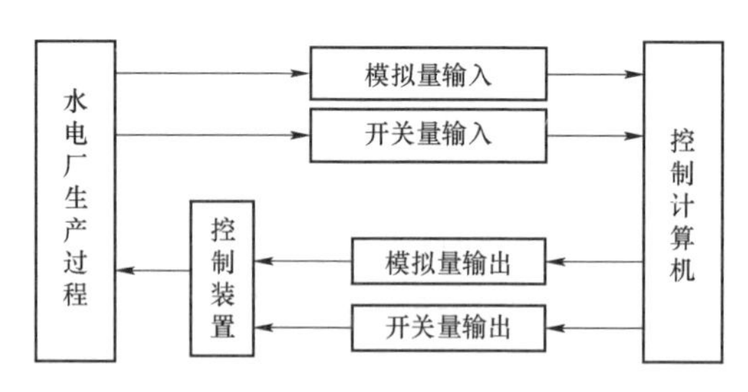

图 3－54 运行指导控制示意图

3. 监督控制方式

这是一种闭环控制系统。它通过输入通道对被控对象的有关参数进行采集后，根据运行过程的数学模型，由计算机算出控制的最佳给定值，并通过输出通道直接改变前一状态的给定值。如图 3－55 所示。

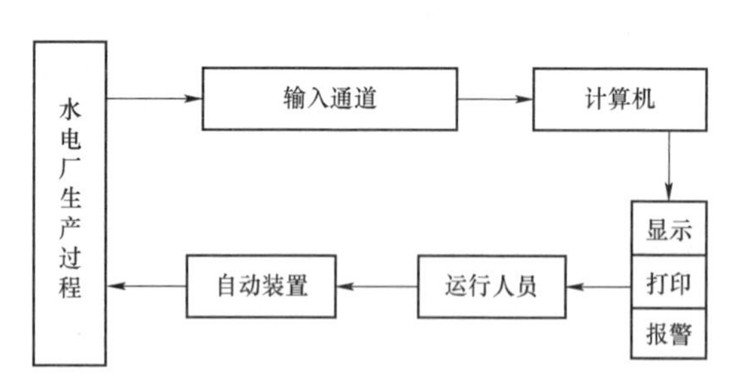

图 3－55 监督控制示意图

4. 双重监控方式

采用这种控制方式的水电厂要设置两套控制系统：① 以计算机为主体构成的控制系统；② 常规的自动控制系统。它们之间基本是各自独立的，但又可以互为备用。

四、水电厂控制级的功能

如图 3-56 所示为水电厂控制级，主要完成对整个电厂设备及计算机系统的集中监视、控制、管理和对外部通信等任务。

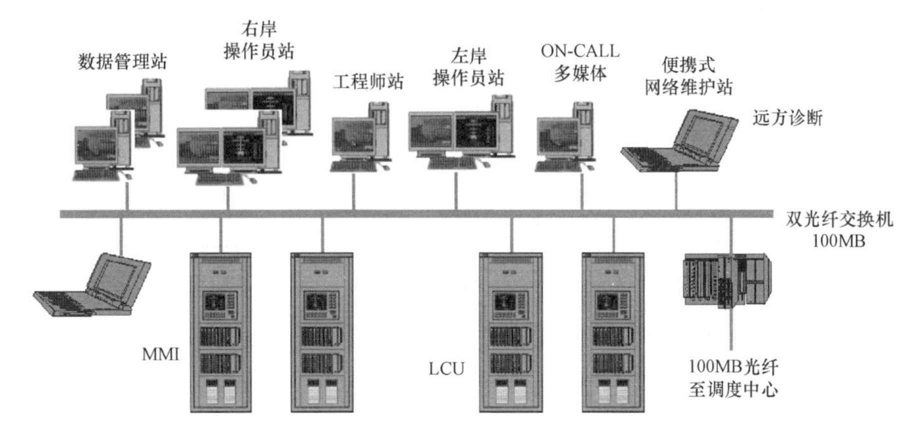

图 3-56　水电厂控制级示意图

电厂控制级的具体功能有：

（1）数据采集和处理。通过厂内通信网络自动采集 LCU 的电厂设备运行数据；通过外部通信网络接收调度命令或其他系统送来的数据；对采集的数据进行可用性识别，并标志不可用数据及处理；对采集的模拟量进行越限检查，产生报警报告并记录；按要求进行计算分析；进行相关记录和事故追忆记录；将有关数据生成数据库（实时数据库、历史数据库等）。

（2）控制和调节。发布机组的开/停操作、工况转换、功率调节命令，发布断路器、隔离开关及电厂公用设备的控制命令，进行 AGC、AVC 计算。

（3）人机接口。运行状态或参数显示、事故或故障报警记录显示、运行管理的各种记录和报表的显示；各种记录、记事、报表、操作票等的打印；事故、故障的音响或报警、电话报警或查询；通过 CRT、鼠标或键盘等输入设备，向计算机系统发布电厂设备的监控命令，对计算机系统的各种操作（如画面和报表的调用、报警认可、参数设定、监控状态设置等）；提供编辑、软件开发和操作员培训的接口。

（4）通信功能。电厂控制级和各 LCU 之间的通信；与外部系统或远方监视站的通信。

（5）编辑、软件开发、培训和系统管理。画面、报表、数据库的编辑；应用软件的维护和开发；系统结构的维护管理；运行培训。

（6）系统自诊断和故障处理。系统硬件、软件的在线和离线自诊断；对故障设备的隔离；对冗余设备的故障自动切换；非冗余设备在故障消失后的自动恢复。

（7）时钟同步。电厂控制级计算机时钟与标准时钟的同步；电厂控制级与LCU之间的时钟同步。

（8）专家系统功能。事故或故障分析和处理指导软件；故障预测软件；运行指导软件；设备维护管理分析和指导软件。

复习题

一、填空题

1. 水电站的类型有________、________、________、________、________。

2. 根据电站厂房与坝的相互位置关系，坝式水电站可分为________与________；前者适用于________，后者适用于________。

3. 引水式水电站分为________和________两种型式。

4. 引水式水电站建在________、________的河段；或具有________的河弯处；也可建在________的两河之间。

5. 水工建筑物是水电站________、________、________、________。

6. ________统称为水利枢纽。

7. 水工建筑物中的一般性建筑物有________、________；专门性建筑物有________、________、________。

8. 抽水蓄能电站是以水作为________，起到________的作用。

9. 坝按受力情况和结构特点分为________、________和________；按筑坝材料分为________、________、________、________和________等；按坝过水方式分为________和________。

10. 在有调节库容的水电站中，坝同时起到________和________的双重作用，不仅为发电部门服务，同时也为________、________、________、________等部门服务。

11. 拱坝是一种________的挡水建筑物。

12. 支墩坝由一系列________组成。

13. 按挡水面不同，支墩坝分为________、________和________。

14. 进水和引水建筑物由________、________、________、________等构成，其作用是________。

15. 引水道由________、________、________、________和________等中的一个或多个组成。

16. 泄水建筑物的主要作用是________，以防________，确保________。

17. 按厂房位置不同，水电站厂房有________厂房、________厂房、________厂房。

18. 水轮机按工作原理分为________和________两类。

19. 反击式水轮机按水流流经转轮叶片方向不同分为________、________、________、________四种。

20. 反击式水轮机主要是利用________，其次是________来做功的。

21. 冲击式水轮机有________、________和________三种型式。

22. 反击式水轮机由________、________、________、________、________等主要部件构成。

23. 金属蜗壳包角为________，混凝土蜗壳包角为________。

24. 进入反击式水轮机（贯流式除外）的水流量是通过________来改变的。

25. 混流式叶轮由________、________、________等部件组成。叶片数目为________片，形状为________。

26. 轴流式叶轮主要由________、________、________等部件组成，对转桨式叶轮还包括________。叶片数目为________片。

27. 水轮机的调速系统由________、________构成。前者由________、________、________和________四个主要部分构成，后者是指________。

28. 在水电站，人为地改变________是困难的，只能改变________来达到调节目的。

29. 在机械液压式调速系统中，飞摆为________，配压阀和接力器是________。

30. 水轮发电机主要由________、________、________以及________等部件组成。

31. 推力轴承装在发电机转子上方时叫________；推力轴承装在发电机转子下方的叫________。

32. 水电站的主要设备为________，辅助设备（系统）有________、________、________等。

33. 水电站的油系统有________和________两部分。压缩空气系统分________和________。水系统包括________和________两大部分。

34. 润滑油系统主要供________用油、________用油、________等。绝缘油系统主要供________用油。

35. 高压气系统主要用于________和________。低压气系统用于________、________、________、________、________、________、________、________等。

36. 供水系统分为________、________和________。排水系统有________、________和________。

37. 水电厂计算机监控技术是利用计算机对水电厂生产过程进行________、________的技术。

38. 自动发电控制技术是按预定条件和要求，自动控制电厂________的技术。

二、判断题

1. 河床式水电站厂房是坝的一部分，承受上游水压力。（　　）

2. 有压引水式水电站的落差大于无压引水式水电站的落差。（　　）

3. 混合式水电站利用坝集中水的落差发电。（　　）

4. 抽水蓄能电站是当电力系统负荷处于低谷时，机组作为水泵运行，把低水池的水抽入高水池进行蓄能。当电力系统负荷处于高峰时，机组作为发电机运行，把蓄存的水能变为电能。（　　）

5. 建设抽水蓄能电站是电力系统调峰的主要手段之一。（　　）

6. 堆石坝体内不一定要设防渗层。（　　）

7. 混凝土坝内的结构缝是为了建坝方便而留下的。（　　）

8. 坝的作用只是拦截河流集中落差。（　　）

9. 非溢流坝不能泄放洪水。（　　）

10. 压力前池是增加压力水管压力的。（　　）

11. 泄水建筑物用来有计划地泄放水库中的水。（　　）

12. 因为任何一种材料的坝都具有重量，且与坝基有摩擦存在，所以均为重力坝。（　　）

13. 溢流坝后设消能设施，是为了保证泄洪时坝的安全。（　　）

14. 河谷的岩基好就可建拱坝。（　　）

15. 副厂房内布置中央控制室、配电设备、蓄电池室和仪表试验室等。（　　）

16. 反击式水轮机是利用水的高速射流推动水轮机叶片而转动的。（　　）

17. 可逆式水轮机既可作为水轮机运行，也可作为水泵运行。（　　）

18. 所有反击式水轮机的引水室均为蜗壳式。（　　）

19. 水流先全部进入蜗壳，然后再进入导水机构。（　　）

20. 导水叶所处位置不同，则进入水轮机的水流量不同。（　　）

21. 叶轮上叶片的位置及角度是不能改变的。（　　）

22. 调速系统只用来改变水轮机的转速，不能改变其出力（功率）大小。（　　）

23. 水轮机尾水管可回收水流的部分能量。（　　）

24. 水轮机的调速器是通过改变导水叶开度调节水流量或改变叶轮叶片角度来实现调速的。（　　）

25. 水轮发电机与汽轮发电机相比，转子铁芯长、转速高、转子也是隐极式的。（　　）

26. 事件顺序记录主是记录机组发生事故时机组的参数及运行状态。（　　）

27. 运行指导主要有典型操作指导及典型事故处理指导。（　　）

三、选择题

1. 欲在岩基上建 200m 以上高坝时，应选择建________。

A. 土坝；B. 堆石坝；C. 混凝土坝。

2. 在狭窄河谷两岸岩基良好的地方可建________。

A. 重力坝；B. 支墩坝；C. 拱坝。

3. 靠拱的作用将水的大部分推力传给河谷两岸及坝体底部岩基的坝型为________。

A. 双曲拱坝；B. 重力坝；C. 拱坝。

4. 在相同高度下，耗用材料最多的坝型为________。

A. 拱坝；B. 重力坝；C. 支墩坝。

5. 拱坝的稳定依靠________。

A. 完全是拱的作用；B. 完全是坝体的重力作用；C. 主要是拱的作用，其次是重力的作用。

6. 在溢洪道闸门处，不设置________。

A. 底止水；B. 顶止水；C. 侧止水。

7. 水轮机叶轮叶片中的水流径向流入、轴向流出时，称为________。

A. 混流式水轮机；B. 轴流式水轮机；C. 斜流式水轮机；D. 贯流式水轮机。

8. 水流沿轴向流入叶轮叶片，再由轴向流出叶片，适用于中、低水头水电站的水轮机为________水轮机。

A. 混流式；B. 轴流式；C. 斜流式。

9. 水轮机喷嘴喷出的高速射流，沿与叶轮平面成一定角度的方向射入斗叶，再从转轮另一侧离开斗叶，该水轮机称为________。

A. 切击式水轮机；B. 斜击式水轮机；C. 双击式水轮机。

10. 潮汐电站主要采用的水轮机型式________。

A. 混流式；B. 轴流式；C. 贯流式。

11. 应用较多的贯流式水轮机型式为________。

A. 轴伸式；B. 灯泡式；C. 竖井式。

12. 水轮机的核心部件是________。

A. 叶轮；B. 导水机构；C. 轴。

13. 机械液压调速器的测量元件为________。

A. 飞摆；B. 配压阀；C. 接力器。

14. 低压气系统的工作压力为________。

A. 2.0～2.5MPa　B. 4～7MPa；C. 0.7～0.8MPa。

15. 双调速系统用于________水轮机。

A. 混流式；B. 转桨式；C. 定桨式。

16. 水轮发电机转子是________。

A. 隐极式的；B. 凸极式的。

17. 水轮发电机转子是凸极式的，其励磁系统与汽轮发电机的励磁系统________。

A. 不同；B. 相同。

四、问答题

1. 什么是坝式水电站？它有何优缺点？

2. 什么是引水式水电站？

3. 重力坝、拱坝、支墩坝分别是如何维持稳定的？

4. 混凝土坝有何优点？

5. 土坝、堆石坝的优缺点是什么？

6. 对进水口有何要求？

7. 什么是压力前池？它起何作用？

8. 什么是水锤现象？它有何危害？如何防止？

9. 闸门的作用是什么？按结构分常见的有哪些型式？

10. 平板闸门和弧形闸门各是如何启闭的？各有何优缺点？

11. 四种反击式水轮机各用于什么水头的水电站？

12. 轴流式水轮机有哪两种型式？哪种较好？

13. 引水室、导水机构、叶轮、主轴、尾水管的作用各是什么？

14. 什么是全蜗壳和非完全蜗壳？

15. 导水机构是如何调节进入水轮机水流量的？

16. 水轮机调速系统的作用是什么？

17. 什么是单一调速系统和双调速系统？

18. 水轮发电机的结构主要特点有哪些？为什么水轮发电机转子为凸极式的？

19. 水轮发电机的冷却方式有哪几种？

20. 水电计算机监控系统有哪些功能？

21. 水电厂计算机控制方式有几种？

核 能 发 电 厂

第一节 核 能 发 电 原 理

核能指原子核能，又称原子能，是原子结构发生变化时放出的能量。目前，从实用来讲，核能指的是一些重金属元素铀、钚的原子核发生分裂反应（又称裂变）或者轻元素氘、氚的原子核发生聚合反应（又称聚变）时，所放出的巨大能量，前者称为裂变能，后者称为聚变能，目前使用的核能主要是裂变能。通常所说的核能是指可控核裂变链式反应产生的能量。

核能的特点是能量高度集中。1t 铀-235 在裂变反应所放出的能量约等于 1 t 标准煤在燃烧中所放出能量的 240 万倍。据估算，地球上已探明的易开采的铀储量，如果以快中子堆加以利用的话，所提供的能量将大大超过全球可用的煤、石油和天然气储量的总和。现在核能已成为一种大规模集中利用的能源，可以替代煤、石油和天然气，目前主要用于发电。

中国的核电事业自 20 世纪 80 年代初开始起步，90 年代前半期，中国大陆有 3 个核电机组陆续投入运行，总装机容量为 210 万 kW。而根据中国核能行业协会发布的《中国核能发展报告（2019）》蓝皮书，截至 2018 年 12 月底，中国在运核电机组 44 台，装机容量达到 4465 万 kW，全年核能发电量为 2944 亿 kWh，二十年间增长了 20 多倍。

一、核裂变反应

重原子核，也就是质量非常大的原子核，在元素周期表上排到最后几位的元素，比如铀、钍和钚等，在中子的冲击下，分裂成多个质量较小的原子的反应，并且这个过程伴随着巨大能量的释放，这种反应称为核裂变反应。核裂变反应有可控和不可控之分，比如核电站里的核反应堆就是可控的，广岛上爆炸的原子弹就是不可控的。如图 4-1 所示，核裂变是一种链式反应，当用中子去轰击铀-235 原子后，铀-235 原子会分裂成 2～4 个中子，由于分裂伴随着能量释放，所以分裂出的高速中子伴随着这些能量继续轰击其他铀-235 原子，此反应会不断进

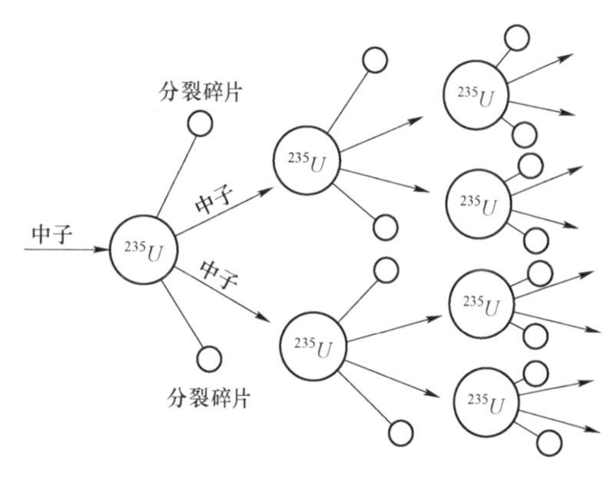

图 4-1 链式裂变反应示意图

行下去从而形成链式反应。在发电站的核反应堆中，利用中子棒以及慢化剂来降低中子的速度，从而实现可控的核裂变反应。

二、核能发电

中子与铀－235核的自持链式裂变反应可以人为控制，称为可控核裂变反应。目前最常用的控制方式是向产生链式反应的裂变物质（如铀－235）中插入或移出可以吸收中子的材料。正常工作时使裂变物质的链式反应处于临界状态，即维持稳定速度的链式裂变反应，因而保持稳定的核能释放。如需停止链式反应，就向裂变物质中插入更多的吸收中子材料；如果要求释放更多的核能，则向外移出一定的吸收中子材料。这种通过维持和控制核裂变，而控制核能——热能转换的装置，叫核反应堆。

核能发电的核心装置是核反应堆。核反应堆按引起裂变的中子的能量不同分为热中子反应堆和快中子反应堆。

快中子就是移动速度非常快、能量高的中子，核裂变反应中刚释放的中子是快中子。热中子则是快中子被慢化后的中子，因此也叫慢中子。

为了实现链式反应有两种方法：① 提高铀中铀－235的浓度，使快中子引起的裂变能持续进行下去，这就是快中子堆的原理；② 用水、石墨当作慢化剂，把快中子慢化为热中子。铀－235对热中子的裂变几率大，对低浓度铀也可使裂变反应持续进行下去。这就是热中子反应堆的原理。在热中子堆中，几乎所有的裂变都是由热中子引起的。

目前，大量运行的是热中子反应堆，其中装有慢化剂，快中子与慢化剂的原子核产生弹性碰撞后慢化成热中子。热中子堆使用的燃料主要是稍加浓缩的天然铀－235（铀－235含量为3%左右）。根据慢化剂、冷却剂和燃料不同，热中子反应堆分为轻水堆（包括压水堆和沸水堆）、重水堆、石墨气冷堆和石墨水冷堆。目前已运行的核电站以轻水堆居多。

核反应堆的启动、停堆和功率控制依靠控制棒，它由吸收中子能力很强的材料制成。为保证核反应堆安全，停堆用的安全棒也是由强吸收中子材料做成。

核能发电就是利用核反应堆中的可控核裂变反应产生的热能，加热水变成蒸汽后推动汽轮发电机发电的。

核能发电成本低且较稳定，交通运输量小，没有石化能源发电所产生的二氧化碳、酸雨等环保问题，故世界上技术先进国家选择核能为其发电能源之一。

第二节 核电站的类型

核电站采用的发电堆主要有轻水堆、重水堆、石墨气冷堆和快中子增殖反应堆四种。它们相应地被用到四种不同的核电站中，形成了现代核发电的主体。

一、轻水堆核电站

轻水堆属于热中子堆，它用轻水作为慢化剂和冷却剂，是目前核电站使用最多的堆型。轻水堆又分为压水堆和沸水堆。

1. 压水堆核电站

图 4–2 是压水堆核电站的原理图，它由完全隔开的一回路和二回路两个系统组成。整个一回路系统被称为核蒸汽供应系统，也称为核岛，它相当于火电厂的锅炉系统。为了确保安全，整个一回路系统装在一个被称为安全壳的密闭厂房内，这样，无论在正常运行或发生事故时都不会影响环境安全。一回路系统主要包括反应堆、蒸汽发生器、主泵、稳压器、冷却剂管道等。二回路系统与火电厂的汽轮发电机系统基本相同，称为常规岛，它主要包括汽轮发电机组、凝汽器及其系统、给水系统等。反应堆是核电站的核心。

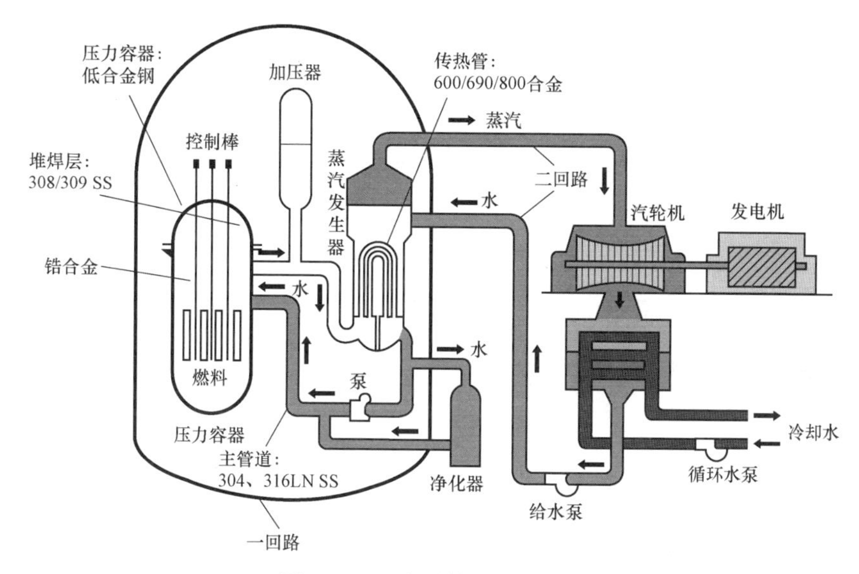

图 4–2 压水堆核电站原理图

压水堆核电站的原理流程为：主泵将高压冷却剂送入反应堆，一般冷却剂保持在 12M～16MPa。在高压情况下，冷却剂的温度即使 300℃多也不会汽化。冷却剂把核燃料放出的热能带出反应堆并进入蒸汽发生器，通过数以千计的传热管把热量传给管外的二回路，使水沸腾产生蒸汽。冷却剂流经蒸汽发生器放热后，再由主泵送入反应堆，这样来回循环，不断地把反应堆中的热量带出并传给二回路以产生蒸汽。从蒸汽发生器出来的高温高压蒸汽，推动汽轮发电机组发电。做过功的乏汽在冷凝器中凝结成水，再由给水泵送回蒸汽发生器，形成二回路循环系统。

综上所述，压水堆核电站将核能转变为电能分四步，在四个主要设备中实现。

（1）反应堆——将核能转变为水的热能；

（2）蒸汽发生器——将一回路高温高压水中的热量传递给二回路的水，使其变成饱和蒸汽；

（3）汽轮机——将饱和蒸汽的热能转变为汽轮机转子高速旋转的机械能；

（4）发电机——将汽轮机传来的机械能转变为电能。

2. 沸水堆核电站

沸水堆利用轻水作慢化剂和冷却剂，只有一个回路，水在反应堆内沸腾产生蒸汽直接进入汽轮机发电。与压水堆相比，沸水堆工作压力低，由于减少了一个回路，其设备成本也比压水堆低，但这样可能使汽轮机等设备受到放射性污染，给设计、运行和维修带来不便。沸水堆核电站原理示意如图 4–3 所示。它的工作流程是：冷却剂（水）从堆芯下部流进，在沿堆芯上升的过程中，从燃料棒那里得到热量变成蒸汽和水的混合物，再经过汽水分离器和蒸汽干燥器，将蒸汽分离出来并进行干燥后直接送入汽轮发电机组发电。做功后的乏汽被凝结成水再送回反应堆形成循环。

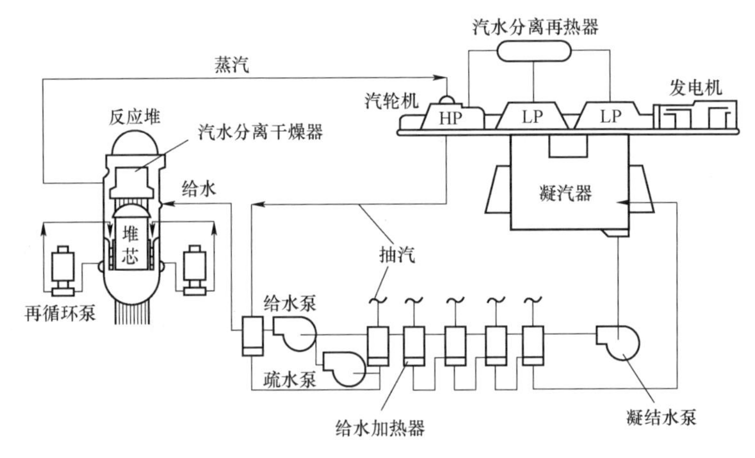

图 4–3　沸水堆核电站原理示意图

沸水堆由压力容器及其中间的燃料元件、十字形控制棒和汽水分离器等组成。汽水分离器在堆芯的上部，它的作用是把蒸汽和水滴分离，防止水进入汽轮机，造成汽轮机叶片损坏。沸水堆所用的燃料和燃料组件与压水堆相同。

沸水堆与压水堆不同之处在于冷却水保持在较低的压力（约为 7.0MPa）下，水通过堆芯变成约 285℃的蒸汽并直接被引入汽轮机。所以，沸水堆只有一个回路，省去了容易发生泄漏的蒸汽发生器，因而显得很简单。

轻水堆核电站的最大优点是结构和运行都比较简单，尺寸较小，造价也低廉，燃料也比较经济，具有良好的安全性、可靠性与经济性。它的缺点是必须使用低浓铀，轻水堆对天然铀的利用率低，比重水堆多用天然铀 50%以上。

二、重水堆核电站

重水堆按其结构型式可分为压力壳式和压力管式两种。压力壳式的冷却剂只用重水，它的内部结构材料比压力管式少，但中子经济性好，生成新燃料钚-239的净产量比较高。这种堆一般用天然铀作燃料，结构类似压水堆，但因栅格节距大，压力壳比同样功率的压水堆要大得多，因此单堆功率最大只能做到300MW。

压力管式重水堆的冷却剂不受限制，可用重水、轻水、气体或有机化合物。它的尺寸也不受限制，可用天然铀作燃料，中子的泄漏损失小，并可实现不停堆换料等优点。图4-4是重水堆核电站原理示意图。

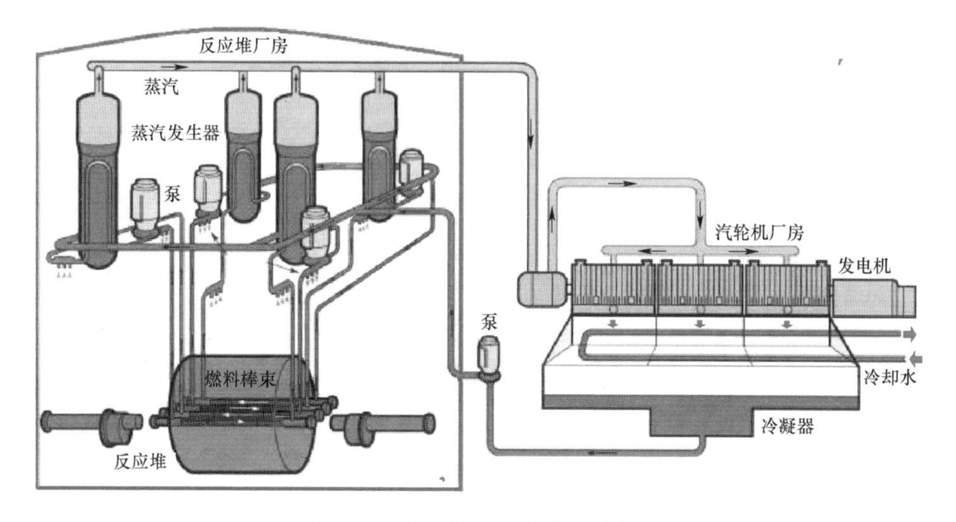

图4-4 重水堆核电站原理示意图

压力管式重水堆主要包括重水慢化、重水冷却和重水慢化、沸腾轻水冷却两种反应堆。这两种堆的结构大致相同。

1. 重水慢化、重水冷却堆核电站

这种核电站的发电原理是：重水既作慢化剂又作冷却剂，在压力管中流动，冷却燃料；像压水堆那样，为了不使重水沸腾，必须保持在高压（9.0MPa）状态下；这样，流过压力管的高温（约300℃）高压的重水，把裂变产生的热量带出堆芯，在蒸汽发生器内传给二回路的轻水，以产生蒸汽，带动汽轮发电机组发电。

2. 重水慢化、沸腾轻水冷却堆核电站

重水慢化沸腾轻水冷却反应堆都是垂直布置的。它的燃料管道内流动的轻水冷却剂，在堆芯内上升的过程中，引起沸腾，所产生的蒸汽直接送进汽轮机，推动汽轮发电机组发电。

重水堆核电站是发展较早的核电站，我国秦山三期1、2号机组采用的是压力管式重水堆。

三、石墨气冷堆核电站

石墨气冷堆是以石墨作为慢化剂、以气体（二氧化碳或氦气）作为冷却剂的反应堆。这种堆经历了三个发展阶段，产生了天然铀石墨气冷堆、改进型气冷堆和高温气冷堆三种堆型。

（1） 天然铀石墨气冷堆核电站。天然铀石墨气冷堆实际上是以天然铀作燃料、石墨作慢化剂、二氧化碳作冷却剂的反应堆。

（2） 改进型气冷堆核电站。改进型气冷堆是在天然铀石墨气冷堆的基础上发展起来的。设计的目的是改进蒸汽条件，提高气体冷却剂的最大允许温度。

（3） 高温气冷堆。高温气冷堆被称为第三代气冷堆，它是以石墨作为慢化剂、氦气作为冷却剂的堆，其原理如图 4-5 所示。

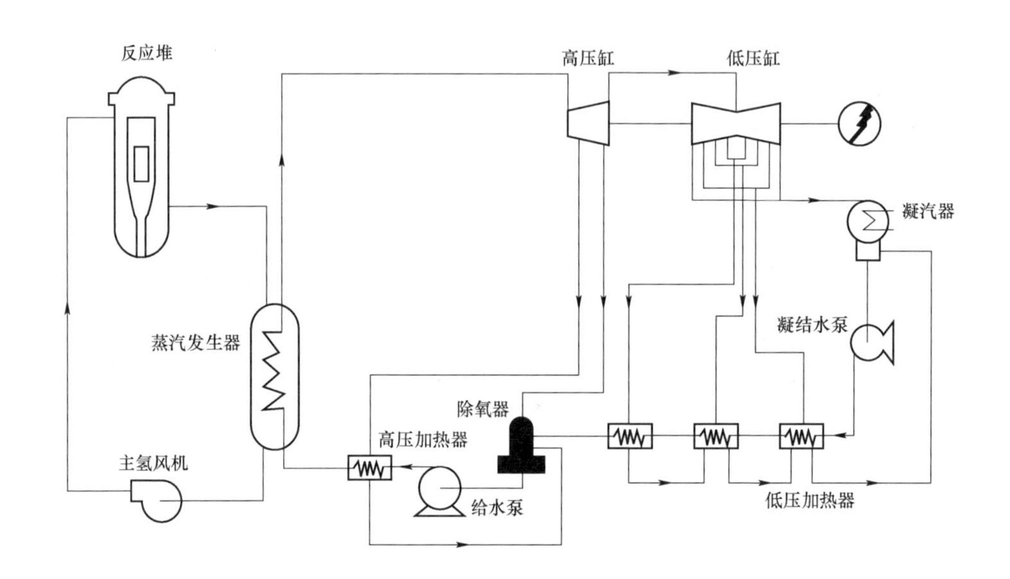

图 4-5　高温气冷堆核电站原理图

这里所说的高温是指气体的温度达到了较高的程度。因为在这种反应堆中，采用了陶瓷燃料和耐高温的石墨结构材料，并用了惰性的氦气作冷却剂，这样，就把气体的温度提高到 750℃以上。同时，由于结构材料石墨吸收中子少，从而加深了燃耗。另外，由于颗粒状燃料的表面积大、氦气的传热性好和堆芯材料耐高温，所以改善了传热性能，提高了功率密度。这样，高温气冷堆成为一种高温、深燃耗和高功率密度的堆型。

它的简单工作过程是，氦气冷却剂流过燃料体之间变成了高温气体；高温气体通过蒸汽发生器将水加热成为高温高压蒸汽，蒸汽带动汽轮发电机发电。

高温气冷堆有特殊的优点：由于氦气是惰性气体，因而它不能被活化，在高温下也不腐蚀设备和管道；由于石墨的热容量大，所以发生事故时不会引起温度的迅速增加，由于用混凝土做成压力壳，这样，反应堆没有突然破裂的危险，大大增加了安全性；由于热效率达到 40%以上，这样高的热效率减少了热污染。

四、快中子增殖堆核电站

快中子增殖反应堆，是指吸收快中子产生裂变的一种反应堆。

快中子增殖反应堆用的核燃料是钚–239，在堆芯周围有一层铀–238，在天然中的含量为 99.28%，它本不是裂变元素，不能作为核原料，但在快中子反应堆中，铀–238 吸收了钚–239 裂变放出的中子后，跃身一变而成为新的钚–239。钚–239 核比铀–235 核裂变放出的中子多，加上快中子反应堆不需慢化剂，减少了中子被吸收的损失。

因此，裂变产生的中子除能维持裂变反应外，多余的中子被铀–238 吸收，生成新的钚–239。这就是说，快中子反应堆在使用核燃料的同时，还将热中子堆无法使用的铀–238 变成了可利用的核燃料钚–239，而且生成的钚–239 比用掉的还多，这叫增殖核燃料。由此可见，采用增殖反应堆的核电站能发出比用热中子反应堆的核电站多得多的电。

显然，一座快中子反应堆只要连续运行 15～20 年，就可以积累起足以装备与自身功率同样大的新反应堆所需要的核燃料，人们赞誉它为核燃料生产工厂。

快中子反应堆，不仅能够大大增殖核燃料，还有干净、热效率高等优点，目前，世界上许多国家都在积极发展快中子反应堆。

图 4–6 是这种快堆核电站的原理示意图。它的简单工作过程是：堆内产生的热量由液态钠载出，送给中间热交换器，在中间热交换器中，一回路钠把热量传给中间回路钠，中间回路钠进入蒸汽发生器，将蒸汽发生器中的水变成蒸汽，蒸汽驱动汽轮发电机组。

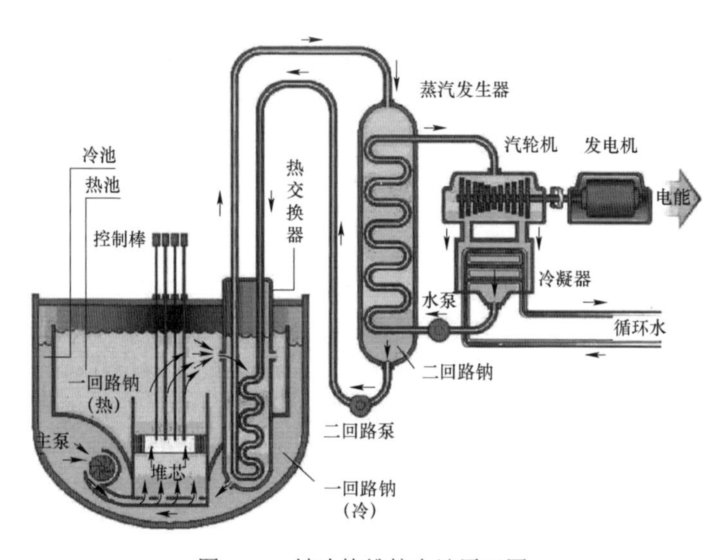

图 4–6　钠冷快堆核电站原理图

中间回路把一回路和二回路分开。这是为了防止由于钠水剧烈反应使水从蒸汽发生器漏入堆芯，与堆芯钠起激烈的化学反应，直接危及反应堆，造成反应堆破坏事故。同时，也是为了避免发生事故时，堆内受高通量快中子辐照的放射性很强的钠扩散到外部。

第三节 压水堆核电站

压水堆核电站从防辐射角度将系统分成了核岛和常规岛两大部分。图 4-7 为压水堆核电站主要系统原理流程。

一、核岛部分

核岛部分是指在高压高温和带放射性条件下工作的部分。该部分由压水堆本体和一回路系统设备组成，它的总体功能与火力发电厂的锅炉设备相同。

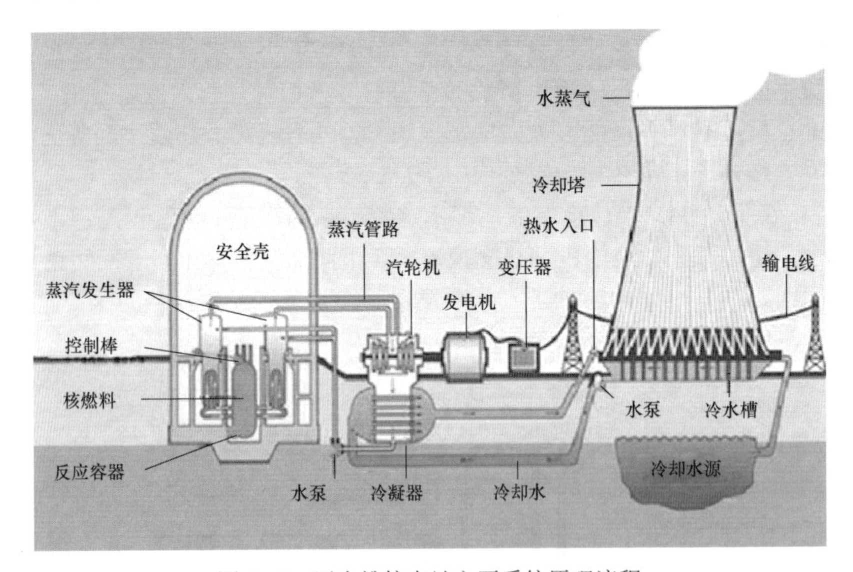

图 4-7　压水堆核电站主要系统原理流程

反应堆堆芯置于圆顶压力壳内。压力壳的顶部布置有调节控制棒元件的插入与提升组件和控制驱动机构。

核反应堆是核电站动力装置的重要设备。同时，由于反应堆内进行的是裂变反应，因此它又是放射性的发源地。一座功率为 600～900MW 的核电站。反应堆本体总高约为 15m，外径为 4～5m，壳体总重约为 250～350t。它安装在核电站主厂房的反应堆大厅内，通过环向接管段与一回路的主管道相连。反应堆的全部重量由接管支座承受，即使发生大的地震，仍能保持其稳定的位置。核反应堆内装有一定数量的核燃料，核燃料裂变过程中放出的热能，由流经反应堆内的冷却剂带出反应堆，送往蒸汽发生器。

一回路系统由核反应堆、循环泵、稳压器、蒸汽发生器和相应的管道、阀门及其他辅助设备所组成。一回路中的轻水既作为慢化剂，又作为冷却剂，而且处于高压下运行。

一回路的流程为：压力水在堆芯内吸收裂变放出的热能后，离开反应堆本体，经管路引入压力壳外的蒸汽发生器。蒸汽发生器是一个大的热交换器，在这里用压力热水将二回路来的净水加热成蒸汽。放出热量的压力水，经一回路循环泵加压后又回到反应堆本体。如此循环往复，构成一个密闭的循环回路。现代大功率的压水堆核电站一回路系统一般有 2～4 个回路对称地并联在反应堆压力壳接管上。每个回路由一台循环泵、一台蒸汽发生器和管道等组成。

一回路系统的压力由稳压器来控制。稳压器设置在反应堆本体压力水出口到蒸汽发生器入口之间。设置稳压器是因为冷却剂在反应堆内温度升高时，体积会有较大的膨胀，造成密闭的一回路系统内压力波动，影响反应堆运行工况的稳定。稳压器是一个高大的空心圆柱形容器，它的下部充满压力水，容器内用电加热器在其上部产生蒸汽，利用蒸汽可压缩的弹性特点，保持堆内冷却剂的压力稳定。稳压器的上部蒸汽空间，还布置有低温冷却剂喷淋装置，这是为防止一回路反应堆内冷却剂压力过低，出现容积沸腾现象而设置的。喷入低温冷却水消除沸腾现象，可避免堆芯局部燃料元件过热而烧毁的事故。反应堆的整个一回路系统通常共用一台稳压器。

核电站将一回路系统的所有设备（包括反应堆本体、一回路循环泵、稳压器、蒸汽发生器及全部一回路的连接管道）装置在安全壳内，称作核岛。

二、常规岛部分

常规岛部分是指核电站在无放射性条件下的工作部分。核电站正常运行中，无放射性危害的汽轮机、发电机及其附属设备，合理布置在安全壳以外的厂房里，称为常规岛部分。它主要由二回路系统的汽轮发电机组、高低压加热器、给水泵、凝结水泵和三回路系统的凝汽器、三回路循环泵、三回路冷却水循环系统等组成。

二回路系统是将蒸汽的热能转化为电能的装置。它由汽水分离器、汽轮发电机组、冷凝器、凝结水泵、给水泵、给水加热器、除氧器等设备组成。二回路给水吸收了一回路的热量后成为蒸汽，然后进入汽轮机做功，带动发电机发电。做功后的乏汽排入凝汽器内，凝结成水，然后由凝结水泵送入加热器，加热后重新返回蒸汽发生器，构成二回路的密闭循环。从图 4-6 可见，核电站的二回路系统与普通火电站的蒸汽动力循环回路相似。

核电站的汽轮机凝汽器的循环冷却水系统，习惯上称作三回路系统。与大型同容量的火力发电机组相比，由于核电机组的蒸汽流量大、热能利用率低，故三回路循环冷却水需求量大，因此核电站一般建在流量大的河流或大海边上。

核电汽轮机通常指用于压水堆、沸水堆、重水堆和石墨水冷堆核电站的饱和蒸汽汽轮机，其新蒸汽通常为压力 5～7MPa，湿度 0.4%～0.5%的饱和蒸汽或过热度为 25～30℃的微过热蒸汽。对于高温气冷堆和快中子增殖堆核电站，其新蒸汽参数与常规高压火电厂的过热蒸汽参数大致相同，可直接采用常规火力发电用汽轮机。

核电汽轮机与常规火电汽轮机的工作原理相同，但因其初参数低，所以又有如下特点：

（1）排汽容积流量大，故末级叶片更长，低压缸数目更多。同时设计背压较高，以降低余速损失。还可将汽轮机转速设计为半速即 1500r/min，这样可采用更长的末级叶片（可达 1300～1500mm），以增大流通面积。

（2）新蒸汽容积流量大，高压缸亦采用双流式。

（3）因大多数级处于湿蒸汽区工作，故除在机内设去湿装置外，还在高压缸后设汽水分离再热器作为机外去湿装置，以防止湿蒸汽中水滴对汽轮机部件的冲刷和侵蚀。

（4）尺寸与重量更大更重，增大了制造、运输和安装方面的难度。

三、核电站的厂房布置

图 4-8 表示一座压水堆核电站厂房布置情况。它由安全壳厂房、汽轮发电机厂房、燃料操作厂房、循环水泵房及其他功能的厂房等组成。

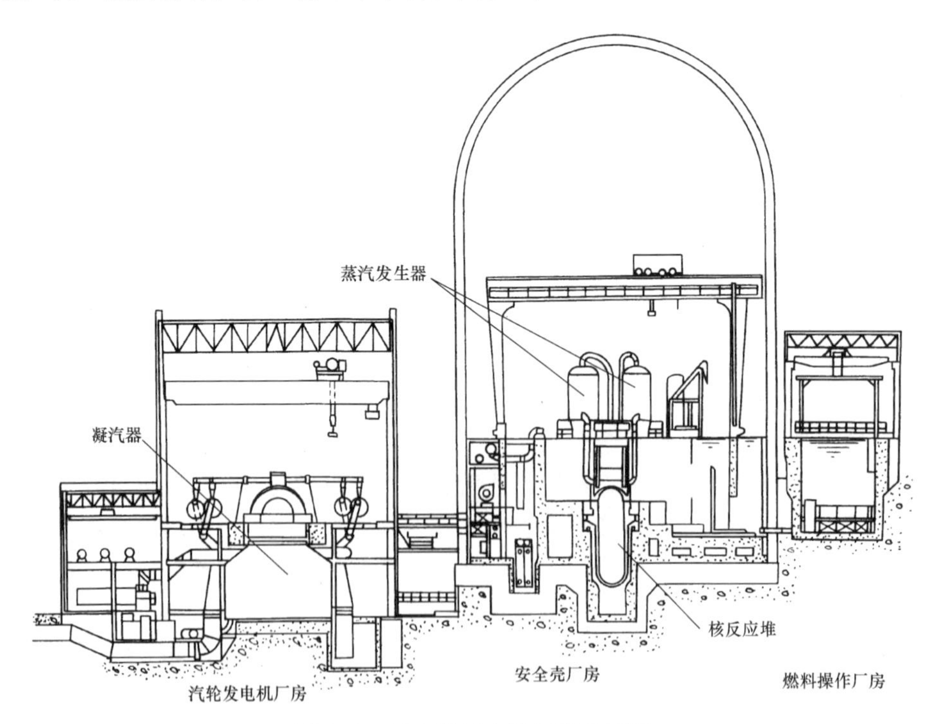

图 4-8　压水堆核电站厂房布置图

安全壳厂房是一个立式圆柱状半球形顶盖或球形的建筑物，其内布置反应堆、蒸汽发生器、主循环泵、稳压器及管道阀门等设备，这个建筑物通常称为反应堆安全壳。安全壳为内径约 30～40m、高约 60～70m 的预应力混凝土大型建筑物。它的作用是将一回路系统中带放射性物质的主要设备包围在一起，以防止放射性物质向外扩散。即使核电站发生最严重的事故，放射性物质仍能全部安全地封闭在安全壳内，不致影响到周围的环境。安全壳厂房内还设有一台旋转式大吊车，专供大型设备安装、维修和换料运输用。厂房内主要设备均应布置在吊车主钩的工作范围之内。反应堆的一侧设有换料水池和核电站燃料装换机构，供核电站更换燃料操作之用。燃料厂房用于新旧燃料的贮存，它与压力壳厂房间有通道相通供新旧燃料的运送之用。

核电站的汽轮发电机厂房与普通火电站的汽轮发电机组厂房相似。其中设置有汽轮发电机组、冷凝器、凝结水泵、低压回水加热器、高压回水加热器、除氧器、给水泵、汽水分离器、主蒸汽管道及有关的辅助设备。二回路主蒸汽管道与蒸汽发生器相连。

一回路辅助系统厂房是一个为反应堆主回路系统安全可靠运行而设置的辅助厂房。为了适应反应堆主回路系统既能安全运行又要缩小安全壳厂房容积的要求，只把一回路带放射性的主要设备集中布置在安全壳内。其他设施，如核电站的控制调节、安全保护、剂量监测及电气设备等，分别设置在安全壳厂房的周围。

核电站还设有循环水泵房、输配电厂房和放射性三废处理车间等。放射性三废处理车间是核电站特有的车间。该车间对核电站在正常运行或事故情况下排放出来的带有放射性的物质，按其相态不同及剂量水平的差异，分别进行处理。放射性剂量降低到允许标准以下的放射性物质才排放出去或贮存起来，以达到保护核电站周围环境的目的。

第四节 核电站反应堆的构造

一、压水堆本体基本结构

反应堆是以铀（或钚）作核燃料实现可控制的链式裂变反应的装置。压水堆用低浓缩铀作核燃料，并用轻水作慢化剂和冷却剂。压水堆本体由堆芯、堆内构件、压力壳及控制棒驱动机构等部件组成，如图 4-9 为典型的压水反应堆的本体结构。

反应堆的堆芯置于压力壳内的中下部位，堆芯是原子核裂变反应区，它由核燃料组件、控制棒组件和启动中子源组件等组成，通常又称为活性区。

核燃料组件是产生核裂变并释放热量的重要部件。现代压水反应堆的燃料组件是采用低浓铀（铀-235 的浓缩度约为 2%～4%）作核燃料。先将核燃料制成圆柱状小块，装入锆合金包壳管内，将两端密封构成细长的燃料元件棒；然后，

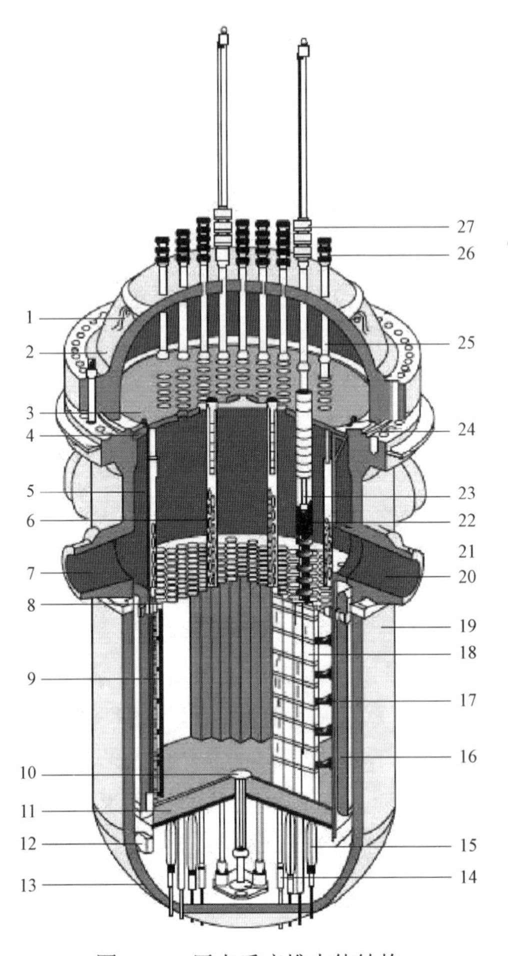

图 4-9 压水反应堆本体结构

1—吊装耳环；2—压力壳顶盖；3—导向管支承板；4—内部支承凸缘；5—堆芯吊篮；6—上支承柱；7—进口接管；8—堆芯上栅格板；9—围板；10—进出孔；11—堆芯下格栅；12—径向支承件；13—压力壳底封头；14—仪表引线管；15—堆芯支承柱；16—热屏蔽；17—围板；18—燃料组件；19—反应堆压力壳；20—出口接管；21—控制棒束；22—控制棒导向管；23—控制棒驱动杆；24—压紧弹簧；25—隔热套筒；26—仪表引线管接口；27—控制棒驱动机构

按一定形式排列成正方形或六角形的栅阵，中间用几层弹簧夹型的定位格架将元件棒夹紧，构成棒束列的燃料组件。

控制棒组件是用来控制反应堆核燃料链式裂变速率，从而实现启动反应堆，调节反应堆功率，正常停堆以及在事故情况时紧急停堆之目的。因此，它是保证反应堆安全可靠运行的重要部件。目前，压水反应堆中普遍采用束棒型控制棒组件。通常用铪或银—铟—镉等吸收中子能力较强的物质做成吸收棒，外加不锈钢包壳，用机械连接件将若干根棒组成一束，然后插入反应堆内。

二、堆芯

堆芯是反应堆的心脏，是发生链式和裂变反应的场所，在这里核能转化为热能，由冷却剂循环带出堆外。堆芯同时又是一个强放射源。

堆芯装在压力容器中间，它是燃料组件构成的。正如锅炉烧的煤块一样，燃料芯块是核电站“原子锅炉”燃烧的基本单元。这种芯块是由二氧化铀烧结而成的，含有2%～4%的铀–235，呈小圆柱形，直径为9.3mm。把这种芯块装在两端密封的锆合金包壳管中，成为一根长约4m、直径约10mm的燃料元件棒。把200多根燃料棒按正方形排列，用定位格架固定，组成燃料组件。每个堆芯一般由121～193 个组件组成。这样，一座压水堆所需燃料棒几万根，二氧化铀芯块 1千多万块。堆芯这一组成过程，如图4–10所示。此外，这种反应堆的堆芯还有控制棒和含硼的冷却水（冷却剂）。控制棒用银–铟–镉材料制成，外面套有不锈钢包壳，可以吸收反应堆中的中子，它的粗细与燃料棒差不多。把多根控制棒组成棒束型，用来控制反应堆核反应的快慢。如果反应堆发生故障，立即把足够多的控制棒插入堆芯，在很短时间内反应堆就会停止工作，这就保证了反应堆运行的安全。

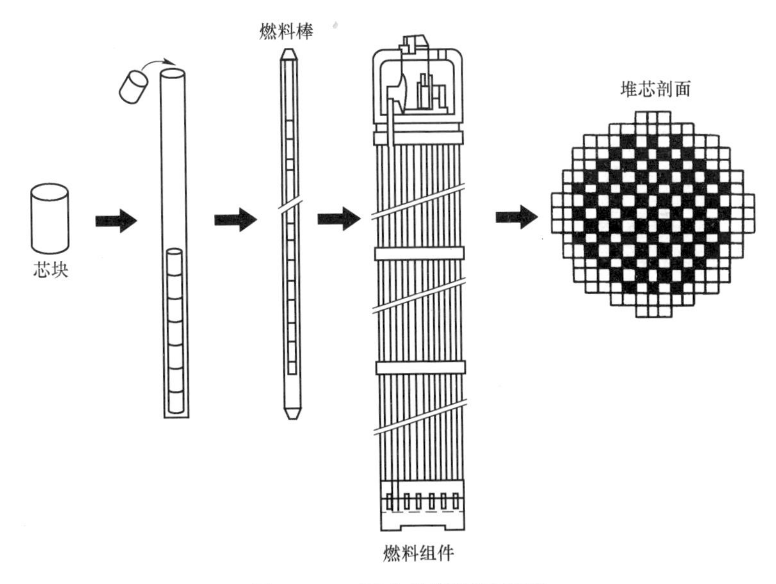

图4–10 压水堆解剖示意图

为缩短反应堆的启动时间和确保启动安全，在堆芯的邻近设置人工中子源点火组件，由它不断地放出中子，引发堆内核燃料的裂变反应。反应堆常用的初级中子源，是钋–铍源，钋放出α粒子打击铍核，铍核发生反应放出中子。

三、堆内构件

反应堆的堆内构件使堆芯在压力壳内精确定位、对中及压紧，以防止堆芯部件在运行过程中发生过大的偏移；同时，起分隔流体作用，使冷却剂在堆内按一定方向流动，有效地带出热量。

堆内构件可分为：上部组件（又称压紧组件）和下部组件（又称吊篮组件）两大主要组件。这两部分可以分开运输，现场组装，在每次反应堆换料时，拆装压紧组件，这两个组件可以准确而且顺利地配装起来。

压紧组件重约 50～70t，由压紧顶板、支承筒、控制棒导向筒和堆芯上栅板等主要部件组成。

吊篮组件重约 100～150t，由吊篮筒体、热屏蔽层、堆芯围板、幅板、堆芯下栅板、吊篮底板、中子通量测量管和防断支承等部件组成。

这些部件结构复杂、尺寸大、刚性差、精度和光洁度要求高，而且工作条件苛刻。为了保证反应堆可靠运行，在高温高压水流冲击及强辐照条件下，要求这些部件必须能够抗腐蚀，保证尺寸稳定、不变形。

四、压力壳

反应堆压力壳是放置堆芯和堆内构件及防止放射性物质外逸的高压容器。对于压水反应堆，要使一回路的冷却水在 350℃左右时不发生沸腾，冷却水的压力要保持在 13.7MPa 以上。反应堆的压力壳要在这样的温度和压力下长期工作，所用材料要有较高的机械性能、抗辐射性能及热稳定性。要求在高硼水腐蚀和强中子、γ 射线辐照条件下使用 30～40 年。目前国内外大多用高强度的低合金钢锻制焊接而成，并在其内壁上堆焊一层几毫米厚的不锈钢衬里，以防止高温含硼水对压力壳材料的腐蚀。鉴于此点，加之反应堆压力壳壳体尺寸也比较大，所以，反应堆压力壳是核电站的关键设备之一。

在反应堆压力壳的顶盖上设有控制棒驱动机构。它是反应堆的重要动作部件，通过它带动控制棒组件在堆内上下移动，以实现反应堆的启动、功率调节、停堆和事故情况下的安全控制。

对控制棒驱动机构的动作要求是：在正常运行情况下棒应缓慢移动，每秒钟的行程约为 10mm；在快速停堆或事故情况下，控制棒应快速下插，从接到信号到控制棒全部插入堆芯的时间要求一般不超过 2s，从而保证反应堆的安全。

第五节　核电站的安全防护和“三废”处理

一、核电站的安全防护系统

反应堆内核裂变是放射性的总来源。裂变反应及受中子辐照后的堆内设备材料、冷却剂带有放射性，冷却剂夹带杂质、腐蚀产物，燃料元件破损后漏入冷却剂内的裂变产物等，共同构成了核反应堆的放射性危害。

核电站的设计、建造和运行均采用纵深防御的原则，从设备、措施上提供多等级的重叠保护，以确保核电站对功率能有效控制，对燃料组件能充分冷却，对放射性物质不发生泄漏。

核电站（指我国目前使用的压水堆核电站）目前的设计在核燃料和环境（外部空气）之间设置了四道屏障，如图 4–11 所示。第一道屏障：燃料芯块，核燃料放在氧化铀陶瓷芯块中，并使得大部分裂变产物和气体产物 98%以上保存在芯块内。第二道屏障：燃料包壳，燃料芯块密封在锆合金制造的包壳中，构成核燃料芯棒，锆合金具有足够的强度，且在高温下不与水发生反应。第三道屏障：反应堆压力壳，将核燃料芯棒封闭在 20cm 以上的钢质耐高压系统中，避免放射性物质泄漏到反应堆厂房内。第四道屏障：安全壳，用预应力钢筋混凝土构筑，壁厚近 100cm，内表面加有 0.6cm 的钢衬，可以抗御来自内部或外界的飞出物，防止放射性物质进入环境。

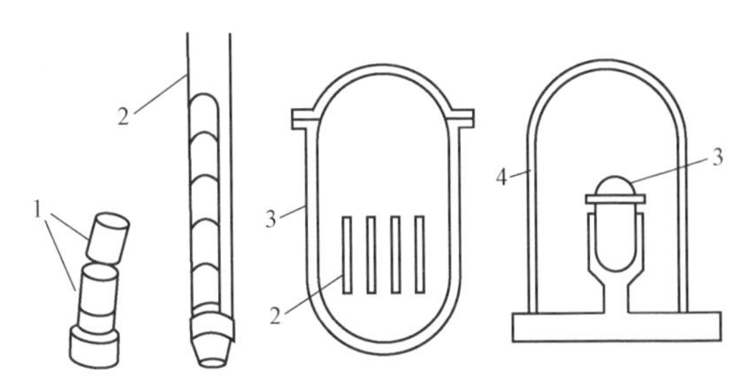

图 4–11　核电站四道屏障

1—燃料芯块；2—燃料包壳；3—反应堆压力壳；4—安全壳

核电站配置的外设安全系统包括：① 隔离系统，用来将反应堆厂房隔离开来，主要有自动关闭穿过厂房的各条运行管道的阀门，收集厂房内泄漏物质，将其过滤后再排出厂外；② 注水系统，在反应堆可能缺水时，向堆芯注水，以冷却燃料组件，避免包壳破裂，注入水中含有硼，用以制止核链式反应。注水系统使用压力氮气，在无电流和无人操作情况下，可自动注水；③ 事故冷却器和喷淋系统，用来冷却厂房以降低厂房的压力。在厂房压力上升时先启动空气冷却（风机—换热器）的事故冷却器，再进一步可以启动厂房喷淋系统以降温和降压。以上所有安全保护系统均采用独立设备和冗余布置，均备有事故电源，安全系统可以抗地震，及在恶劣环境中运行。

核电站运行人员须经严格的技术和管理培训，通过国家核安全局主持的资格考试，获得国家核安全局颁发的运行值岗操作员或高级操作员执照才能上岗，无照不得上岗。执照在规定期内有效，过期后必须申请核发机关再次审查。

万一发生了核外泄事故，应启动应急计划。应急计划的内容主要包括疏散人员，封闭核污染区（核反应堆及核电站），清除核污染，以保证人身安全和环境清洁。

二、核电站的“三废”处理

核电站在运行时，不可避免地会产生带有放射性的废水、废气和固态废料，称为核电站的“三废”。尽最大可能保证核燃料元件包壳的完整性和一回路系统的密封性，是减少核电站“三废”产生量和放射性浓度的首要、积极的根本防治办法。

核电站“三废”排放的原则是尽量回收，把排放量减至最少。核电站内固体废物完全不向环境排放，放射性活度较大的液体废物转化成固体废物也不排放。像工作人员淋浴水之类低放射性废水经过处理、检验合格后排放。气体废物经处理和检测合格后向高层排放。

低放射性和中放射性废物的下埋方法比较简单，但处理量大。多放在浅地层或地面废物库中，使之与生物界隔离 300 年。

根据国家法规，核电站的“三废”处理车间要与主要生产车间同时设计，同时施工，同时投产。核电站的废物排放，受到国家的严格控制和监督，实际排放量远远低于标准规定的允许值。

三、核电站的“乏”燃料处理

核燃料在反应堆内的“燃烧”过程的重要特点是：裂变反应消耗铀–235 的同时，还再生一部分新的核燃料，例如铀–238 吸收中子后，转化为钚–239，后者是具有良好裂变性能的核燃料。另外，裂变产物的增加和积累，其中有些成为中子的强吸收物质（称为有害毒物），从而使堆内可裂变物逐渐减少，而中子的吸收损失逐渐增大。随着时间的延续，当反应堆内再也达不到临界条件时，反应堆便“熄火”了。因此，核电站的反应堆，都要在运行一年后，按需停堆约 15 天进行换料，将乏燃料卸出堆外，重新装入新的核燃料。

一座 1000MW 的核电站，一年运行需约 30～40t 低浓缩铀核燃料（同容量的火电厂，每年需普通煤约 350 多万 t），可见，核电站的乏燃料量并不大。核电站的乏燃料并不全是废物。一般来说，压水堆卸出的乏燃料中，尚有未烧尽的铀–235，占铀含量的 0.8%～1.0%。每千克铀中还有新生成的钚–239，约 8g 左右，回收这部分燃料在经济上是值得的，这项工作要在专门的工厂进行，称作乏燃料的“后处理”。后处理分离和回收有利用价值同位素后的乏燃料，成为带放射性的废物，对其进行收集后，像对放射性固体废物一样，作永久性处理。

四、核电站的应急体系

核应急是针对核电站可能发生的核事故，进行控制、缓解、减轻核事故后果而采取的紧急行动，所有核电国家都设有核应急机构。中国是国际原子能机构成员国，同时也是核应急国际公约及核安全公约的缔约国，承担着相应的国际义务。在核电站选址的过程中，综合考虑了周边公众的安全。

在厂址确定后，针对可能受到的影响，我国核电站的周边划分有 5、10km 等不同的应急区域。在核电站建设和运营过程中，根据国家规定，必须建立完备的应急计划、应急设备和应急体系，并进行定期的应急演习，确保核电站在可能发生事故时周边群众能及时安全地得到转移。

根据 2003 年颁布的《核电厂核事故应急演习管理规定》，核电站营运单位、核电厂所在地的省、市需要定期开展核应急演习。根据演习的具体目的和所涉及的范围与内容，核应急演习分为单项演习、综合演习和联合演习三类。

核事故应急情况下，公众防护范围：核电站周围的演习应急计划区半径为10公里，分为内区（撤离区，半径为5km）和外区（隐蔽区）。公众在核电站发生事故时：

（1）保持镇定，服从指挥，不听信小道消息和谣言。

（2）收看电视或广播，了解事故情况或应急指挥部的指令。

（3）听到警报后进入室内，关闭门窗。

（4）戴上口罩或用湿毛巾捂住口鼻。

（5）接到服用碘片的命令时，遵照说明，按量服用。

（6）接到对饮用水和食物进行控制的命令时，不饮用露天水源中的水，不吃附近生产的蔬菜、水果。

（7）听到撤离命令时，带好随身贵重物品，家电、家具、家畜等不要携带；听从指挥，有组织地到指定地点集合后撤离。

（8）如果检测到身体已被放射性污染，听从专业人员的安排。

复习题

一、填空题

1. 核能发电的核心装置是________。

2. 核电厂可分为利用原子核（重核）裂变反应释放的能量发电的________和正在研究的利用轻核（主要是氢的同位素氕、氘、氚）聚变释放的能量发电的________。

3. 压水堆核电站从防辐射角度，将系统分成了两大部分，即________部分和________部分。

4. ________是将蒸汽的热能转化为电能的装置。

5. 核反应堆的起动、停堆和功率控制依靠________，它由________的材料做成。

6. 压水堆由________和________两部分组成。

7. 快中子堆可以充分利用铀-238，把它的利用率从________提高到________。

8. ________是指在高压高温和带放射性条件下工作的部分。

9. 一回路系统的压力由________来控制。

10. 常规岛部分是指核电站在________条件下的工作部分。

11. 二回路系统是将________的装置。

12. 核电厂在运行时，不可避免地会产生________、________和________，称为核电厂的“三废”。

13. 根据演习的具体目的和所涉及的范围与内容，核应急演习分为_________、_________和_________三类。

二、判断题

1. 核能发电使用的铀–235浓度约为4%。（　　）

2. 核反应堆按引起裂变的中子能量分为热中子反应堆和快中子反应堆。（　　）

3. 热中子是指裂变反应释放的中子。（　　）

4. 快中子则是热中子慢化后的中子。（　　）

5. 目前，大量运行的是热中子反应堆。（　　）

6. 为保证核反应堆安全，停堆用的安全棒也是由强吸收中子材料做成。（　　）

7. 堆芯是反应堆的心脏，装在压力容器上部。（　　）

8. 蒸汽发生器是一个大的热交换器。（　　）

9. 现代大功率的压水堆核电站一回路系统，一般有4～6个回路对称地并联在反应堆压力壳接管上。（　　）

10. 压水堆核电站比普通电站多一套动力回路。（　　）

11. 高温高压水在反应堆堆芯中起着慢化中子的作用，同时又作为带出反应堆热量的冷却剂。（　　）

12. 反应堆压力壳是放置堆芯和堆内构件及防止放射性物质外逸的高压容器。（　　）

三、选择题

1. 在压水堆核电站中蒸汽发生器属于（　　）。

A. 一回路系统；B. 二回路系统；C. 三回路系统

2. 核能发电使用（　　）当燃料。

A. 铀–238；B. 铀–235；C. 钚–235

3. 核能发电使用的铀–235浓度约为（　　）。

A. 6%；B. 8%；C. 4%

4. 核电站的（　　）与普通火电站的动力回路相似。

A. 一回路系统；B. 二回路系统；C. 三回路系统

5. 放射性“三废”处理车间是（　　）特有的车间。

A. 核电站；B. 火电站；C. 水电站

6. 从自然界中开采的铀矿石，含铀量为（　　）。

A. 0.1%～0.3%；B. 0.3%～0.5%；C. 0.5%～0.8%

四、问答题

1. 快中子堆的简单工作过程是什么？

2. 压水堆核电站的工质流程是什么？

3. 核电汽轮机与常规火电汽轮机的相比，有哪些特点？
4. 对控制棒驱动机构的动作要求是什么？
5. 核电站的“三废”处理原则是什么？
6. 什么是核电站的应急体系？

发电厂、变电站电气部分

第一节 变电站概述

一、变电站的作用和构成

为了把电力输送到远离发电厂的城镇、工矿等负荷中心，通常在发电厂或发电厂附近建立升压变电站，将发电机的电压升高，然后通过输电线路与电力系统连接。再经降压变电站的降压变压器把电压降到所需各级电压，供给用户使用。如图 5-1 所示，变电站是连接发电厂和电力用户的中间环节，起着升降电压、汇集和分配电能、控制操作等功能。变电站通常由变压器、高低压配电装置以及相应的建筑物等构成。

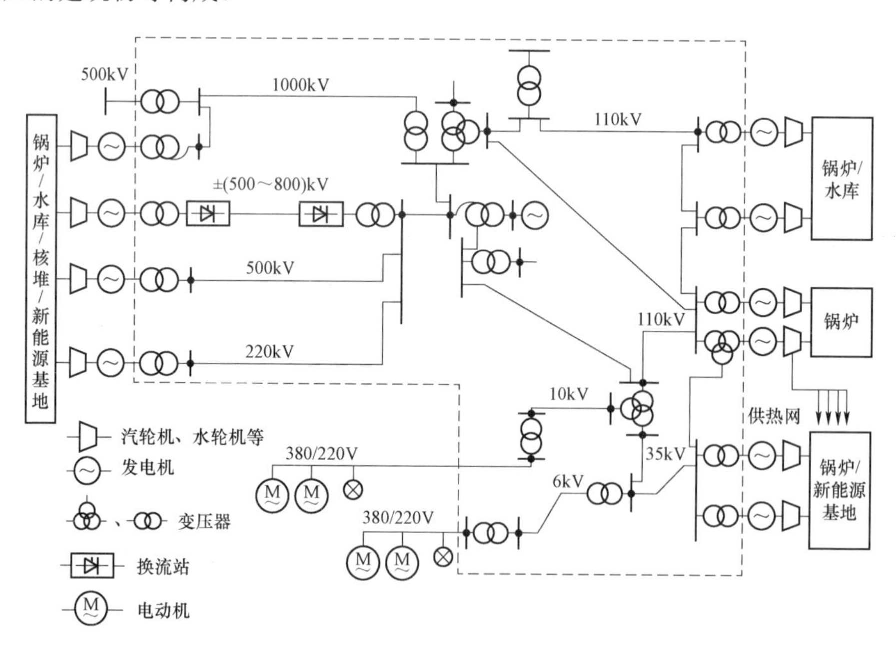

图 5-1　电力系统接线示意图

二、变电站分类

变电站可按其在电力系统中的作用和地位、管理控制方式及地理条件等进行分类。

（一）按作用和地位分类

1. 枢纽变电站

枢纽变电站就是位于电力系统枢纽点的变电站。其电压等级高（330kV 及以上）、进出线回路多、容量大，对电力系统运行的稳定性和可靠性起着重要的作用。

2. 中间变电站

中间变电站在系统中起交换功率或使高压长距离输电线路分段的作用；另外，中间变电站同时降压向所在地区用户供电。中间变电站的电压等级多为220kV，若全站停电，将引起区域网络解列。

3. 地区变电站

该类型变电站是一个地区或城市的主要变电站，其最高电压等级为110kV或220kV。

4. 终端变电站

该类型变电站处于输电线路终端，一般经降压后直接向用户供电，其高压侧电压一般不超过110kV。

（二）按结构型式分类

1. 屋外变电站

其主要电气一次设备布置在屋外，这是大多数高压变电站采用的方式。

2. 屋内变电站

这类变电站多位于城市居民密集地区或污秽严重的地区，电气设备均布置在屋内。另外，在人口和工业密集的大城市，由于受地理条件限制，在地面上建立变电站有困难时，将变电站建于地下，供电线路也采用电缆线路。水电厂受地形限制时，也将变电站建于地下或洞内，这些变电站称为地下变电站。

（三）按管理形式分类

1. 有人值班变电站

有人值班变电站在站内设有常驻值班人员，对设备运行情况进行监视、维护、操作、管理等。这类变电站容量一般较大。

2. 无人值班变电站

无人值班变电站不设常驻值班人员，而是由电网的控制中心通过远动设备进行遥控操作，在特殊情况下指派专人对变电站设备进行检查、维护，或切换运行设备及进行停、送电等操作。

（四）按自动化设备配置和控制方式分类

分为常规变电站和综合自动化变电站。

三、变电站的规模

变电站的规模一般以电压等级、容量和出线回路数来表示。

变电站的电压等级通常以变压器的高压侧额定电压表示，如35、110、220、330、500、750kV以及1000kV变电站等。

变电站的容量，通常以全站主变压器容量之和来表示。

变电站的出线回路数，根据变电站的容量、工业区用户和电压等级来确定，如某一变电站有35kV输电线路5条、110kV输电线路4条以及10kV用户配电线路 3 条，该站就共有出线 12 回。

四、数字化变电站

1. 数字化变电站的概念

数字化变电站是以变电站一、二次设备为数字化对象，依靠统一数据模型和高速网络通信平台，通过对数字化信息进行标准化，实现智能设备之间信息共享和互操作的现代化变电站。

2. 数字化变电站的基本特征

（1）一次设备的数字化和智能化。其标志性特征为电子式互感器代替传统电磁式互感器，实现了电气量的数字化输出，为变电站的网络化、信息化以及一次设备的数字化和智能化奠定了基础。

（2）二次设备的数字化和网络化。二次信号变为数字化信息，信息交换通过网络实现，设备成为整个系统中的一个节点。

（3）变电站通信网络和系统实现标准统一化。利用 IEC61850 的完整性、系统性和开放性，实现变电站信息建模标准化。

3. 数字化变电站的优势

（1）实现一、二次系统的有效隔离，安全性得到提高。电子式互感器二次侧由光纤连接，实现了与高压一次侧有效的电气隔离。

（2）测量的精度和动态范围大为提高。电子式互感器避免了电磁式互感器铁磁谐振和铁芯饱和等因素的影响，频率响应宽、动态性能好。

（3）二次回路简单，信号传送的抗干扰能力强。数字化电气量通过光缆以数字量的形式传输，增强了抗干扰能力，解决了传统二次回路复杂、信号传输环节多和电磁干扰等问题。

（4）网络化通信提高了信号传输和共享效率。利用光纤和以太网实现设备连接，提高了信息传输和共享效率。

（5）容易实现设备间的互操作。采用 IEC61850 形成了统一的通信规约平台，解决了设备间的互操作问题。

（6）信息共享与集成提高了系统的可靠性与经济性。通过数据和信息的集中采集、统一传送、信息共享，并通过信息集成和对二次系统进行功能集成，综合判断设备状态进行保护等功能的冗余配置，从而提高了整个系统的可靠性和经济性。

（7）提高了系统的可观性、可控性和自动化水平。通过站内信息平台实时查看各设备状况，实时自检，便于维护和监控，提高了变电站运行的可观性、可控性和自动化水平。

（8）大大提高了变电站的经济性。电子式互感器取代电磁式互感器，光缆取代电缆，二次回路简化，智能设备应用等，减少了变电站占地和建设调试工作量，提高了变电站建设和运行维护的经济性。

第二节　发电厂和变电站的电气一次设备

发电厂和变电站的电气设备，根据其作用通常分为一次设备和二次设备。其中直接生产、输送和分配电能的设备是一次设备。不直接生产电能，而对一次设备进行监测、控制、调节、保护的电气设备是二次设备。主要的一次设备，除前已介绍的发电机外，还有变换电能的设备（如变压器）、开关设备（如断路器）、限流限压设备（如避雷器和电抗器）、载流导体（如母线和电力电缆）及补偿装置（如调相机和并联电容器）等。

一、变压器

电力变压器是变电站的主要元件之一。它是一种静止的电气设备，具有维护简单、运行可靠的特点。目前用于电力系统的变压器主要有常规型、自耦型两种。

（一）变压器的作用

变压器的主要作用是变换电压等级，即将一种等级的电压变换成另一种等级的电压，这样有利于电能的传输和使用。电压经变压器升高后，可以减少电能输送过程中的线路损耗，提高输送能力，达到远距离送电的目的。降压变压器则把高电压再降为低电压，满足电力用户的用电要求。

（二）变压器的分类

1. 按用途分类

变压器按用途分类，有升压变压器、降压变压器、联络变压器和厂用变压器等。

2. 按容量分类

变压器按容量大小分类，有小型变压器（630kVA 及以下）、中型变压器（800～6300kVA）、大型变压器（8000～63 000kVA）和特大型变压器（90 000kVA 及以上）。

3. 按相数分类

变压器按相数分，有单相变压器和三相变压器。受制造和运输条件限制，大容量变压器可制成单相变压器，由 3 台单相变压器组成三相运行。

4. 按绕组分类

变压器按绕组结构分类，有双绕组变压器（每相有高压和低压绕组）、三绕组变压器（每相有高、中、低压三个绕组）以及自耦变压器（高、低压侧每相共用一个绕组，从高压绕组中间抽头作为低压侧）等。

5. 按绝缘介质分类

变压器按绝缘介质分类，有油浸式变压器、干式变压器和 SF_6 变压器。

（三）变压器的结构

变压器的组成部件主要有铁芯、绕组、分接开关、绝缘、油箱、冷却器以及保护装置，见图 5–2。

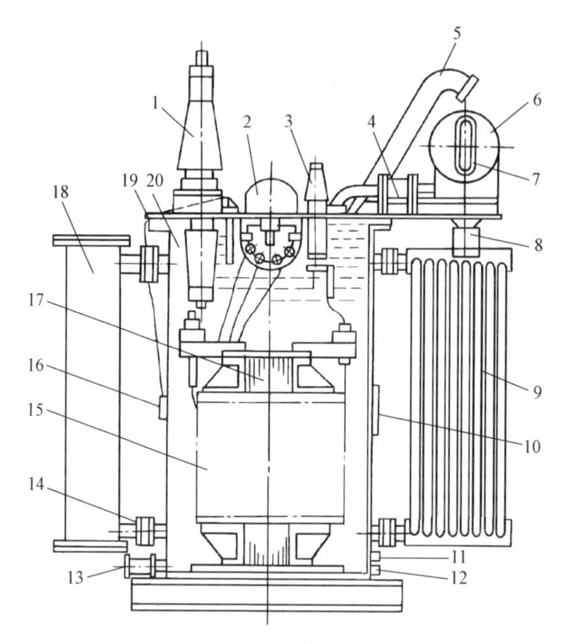

图 5–2　油浸式变压器结构示意图

1—高压套管；2—分接开关；3—低压套管；4—气体继电器；5—安全气道；6—储油柜；7—油位计；8—吸湿器；9—散热器；10—铭牌；11—接地螺栓；12—取油样阀门；13—放油阀门；14—活门；15—绕组；16—信号温度计；17—铁芯；18—净油器；19—油箱；20—变压器油

1. 铁芯

铁芯用涂有绝缘漆的硅钢片叠压而成，用以构成耦合磁通的磁路，套绕组的部分叫芯柱，芯柱的截面一般为梯形，较大直径的铁芯叠片间留有油道，以利散热，连接芯柱的部分称铁轭。

2. 绕组

绕组是变压器的导电部分，它一般用包有绝缘材料的铜线绕成圆筒形，然后将圆筒形的高、低压绕组同心地套在芯柱上，低压绕组靠近铁芯，高压绕组在外边。这样放置有利于绕组铁芯间的绝缘。

3. 绝缘

导电部分之间及导电部分对地都需要绝缘。变压器绝缘分内部绝缘和外部绝缘。内部绝缘是指油箱内的绝缘，它包括绕组、引线、分接开关的对地绝缘，相间绝缘，绕组匝间绝缘；外部绝缘指的是油箱外导线、套管及其对地的绝缘。变压器油既起冷却作用，又起绝缘作用。

4. 分接开关

变压器通常利用改变绕组匝数的方法来进行调压。为此，把绕组引出若干个抽头，叫分接头。用以切换分接头的装置称分接开关。分接开关又分为无载分接开关和有载分接开关。无载分接开关只能在变压器停电情况下才能切换；有载分接开关可以在带负荷情况下进行切换。

5. 保护装置

（1）储油柜（又叫油枕）。它的作用是调节油量，减少油与空气间的接触面，从而降低变压器油受潮和老化的速度。

（2）吸湿器（又叫呼吸器）。吸湿器内装有硅胶，用以保持油箱内的压力正常，吸收进入储油柜内空气中的水分。

（3）安全气道（又叫防爆管。）它的出口处装有玻璃，当变压器内部发生故障时，油气流冲破玻璃向外喷出，以降低油箱内压力，防止油箱爆破。

（4）气体继电器（又叫瓦斯继电器）。当变压器内部故障时，变压器油箱内产生大量气体使其动作，切断变压器电源，保护变压器。

（5）净油器（又叫热虹吸过滤器）。利用油的自然循环，使油通过吸附剂进行过滤、净化，防止油的老化。

（6）温度计。用以测量监视变压器油箱内上层油温，掌握变压器的运行状况。

（四）变压器的冷却装置

变压器运行时，绕组和铁芯产生的热量先传给油，然后通过油传给冷却介质。为了提高变压器出力，保证变压器的正常运行和使用寿命，必须加强对变压器的冷却，变压器的冷却方式，按其容量大小有如下几种类型：

1. 油浸自冷

油浸自冷是以变压器油在油箱内自然循环，将变压器绕组和铁芯产生的热量传递给油箱壁及散热管，然后依靠空气自然流动将油箱壁及散热管的热量散发到大气中。如图 5-3（a）所示，变压器运行时，由于绕组和铁芯发热使油温升高，油自然向上流动，形成了油在油箱和散热管间的自然循环流动。容量在 7500kVA 及以下的变压器一般采用油浸自冷冷却方式。

2. 油浸风冷

如图 5-3（b）所示，油浸风冷是在油浸自冷的基础上，在散热器上加装风扇，风扇将周围的空气吹向散热器，从而加速散热器中油的冷却，提高变压器的冷却效果。容量在 10 000kVA 以上的较大型变压器一般采用油浸风冷冷却方式。

3. 强迫油循环风冷

所谓强迫油循环冷却，就是利用潜油泵加快油的循环流动，使变压器器身得到较好的冷却效果。强迫油循环冷却方式广泛用于大容量变压器。根据变压器冷

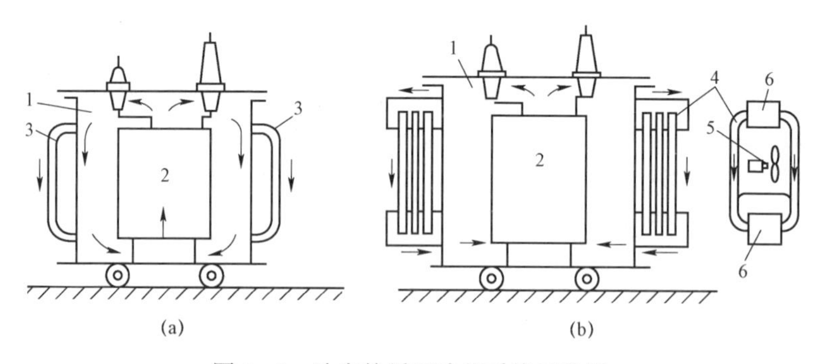

图 5-3　油自然循环冷却系统示意图

（a）油自然循环空气自然冷却系统；（b）油自然循环强迫风冷却系统

1—油箱；2—铁芯与绕组；3—散热管；4—散热器；5—冷却风扇；6—联箱

却器的不同，强迫油循环冷却分为强迫油循环风冷和强迫油循环水冷两种方式。如图 5-4 所示，强迫油循环风冷是在油浸风冷的基础上加装了潜油泵，利用潜油泵加强油在油箱和散热器之间的循环，冷却效果大大提高。

4. 强迫油循环水冷

强迫油循环水冷是采用冷却效果更好的水冷却器，使变压器热油在经过水冷却器时迅速冷却降温。如图 5-5 所示，冷却水（最高水温不超过 30℃）从冷却水管道内流过，管外流过热油，冷却水将油的热量带走，使热油得到冷却。

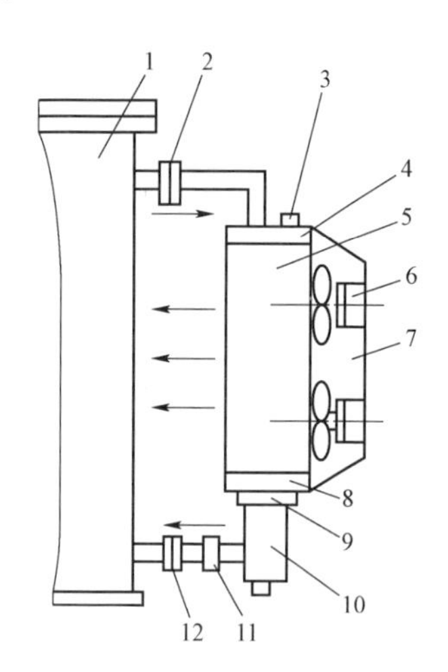

图 5-4　强迫油循环风冷装置示意图

1—油箱；2—上蝴蝶阀门；3—排气塞；4—上集油室；5—散热器；6—风扇；7—导风筒；8—下集油室；9—滤油器；10—潜油泵；11—流动继电器；12—下蝴蝶阀门

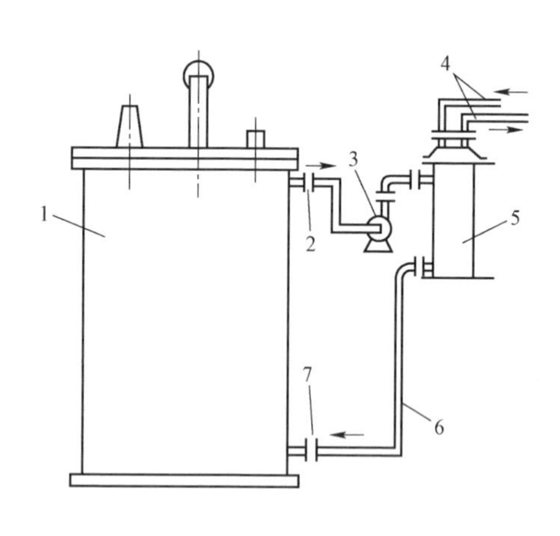

图 5-5　强迫油循环水冷装置示意图

1—油箱；2—上蝴蝶阀门；3—潜油泵；4—冷却水管道；5—冷油器；6—油管道；7—下蝴蝶阀门

5. 强迫油循环导向冷却

所谓“导向”是指经过冷却器冷却后的冷油，由潜油泵送回变压器油箱后，冷油在变压器油箱内按给定的路径（油道）流动。如图 5-6 所示，潜油泵将油送入绕组之间的油道中，冷油直接将铁芯和绕组中的热量带走，更有效地提高铁芯和绕组的冷却效果。特大型变压器常采用强迫油循环导向冷却方式。

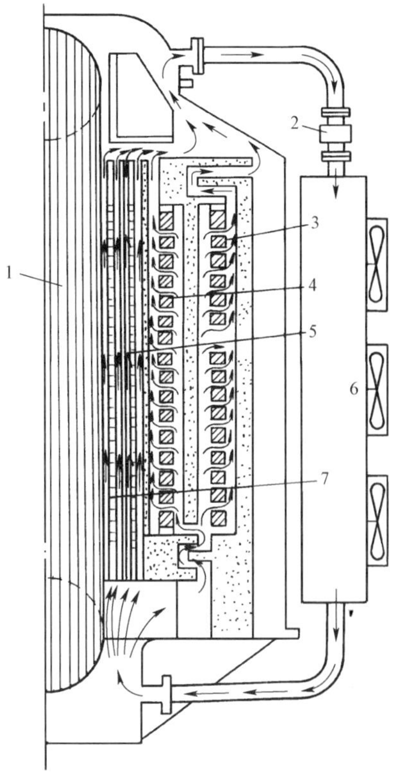

图 5-6　强迫油循环导向风冷示意图

1—铁芯；2—潜油泵；3—高压绕组；4—中压绕组；5—调压绕组；6—导风筒；7—低压绕组

二、高压断路器

（一）高压断路器的作用

在电力系统中，高压断路器的作用是在正常情况下控制各种电力线路和设备的开断和关合；在电力系统发生故障时自动切除电力系统的短路电流，以保证电力系统的正常运行。

根据高压断路器的作用，要求断路器在开断短路电流时，应有足够的开断能力和尽可能短的开断时间，并具有快速重合闸的性能；进行小电流分合时不引起超过绝缘水平的过电压；还要求断路器运行可靠、结构简单、检修维护方便、体积小、重量轻。

断路器的技术参数主要有额定电压、额定电流、额定开断电流、分闸时间、合闸时间以及动稳定电流和热稳定电流等。

（二）高压断路器的基本结构

高压断路器由通断元件、中间传动机构、操动机构、绝缘支撑件和基座五部分组成。通断元件是断路器的核心元件。电路的接通和断开，是由操动机构接到操作命令后，经中间传动机构传送到通断元件，通断元件执行命令，使电路接通或断开。通断元件包括有触头、导电部分和灭弧室等，一般安放在绝缘支撑元件上，使带电部分与地绝缘，而绝缘支撑元件则安装在基座上。这些基本组成部分随断路器类型不同，在结构和性能上有一定差异。

（三）高压断路器的类型

熄灭电弧是高压断路器开断电路的关键。所以，高压断路器主要以灭弧介质来分类。根据灭弧介质的不同，高压断路器主要可分为以下几种。

1. 油断路器

油断路器就是采用开关油作为灭弧介质的断路器。油断路器在电力工业史上发挥过应有的作用。由于它存在着易发生火灾和爆炸危险等固有的缺点，现已淘汰。

2. 真空断路器

真空断路器是利用真空的高绝缘强度灭弧的高压断路器。真空断路器具有体积小、重量轻、无噪声、无污染、维护简单和适于频繁操作等优点。目前真空断路器用于中压等级配电装置有较大优势。

3. SF_6 断路器

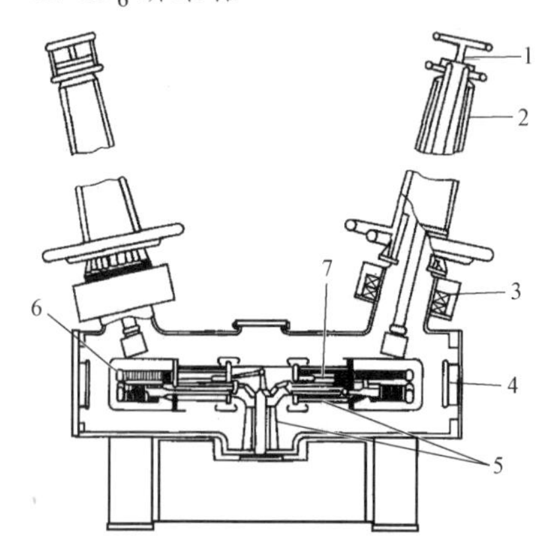

图 5-7 罐式 SF_6 断路器的典型结构示意图

1—接线端子；2—瓷套；3—套管式互感器；4—吸附剂；5—环氧支持绝缘子；6—合闸电阻；7—灭弧室

SF_6 断路器就是采用具有优良绝缘性能和灭弧性能的六氟化硫（SF_6）气体作为灭弧介质的断路器，具有开断电流大、开断性能优异、结构简单和检修周期长等优点。图 5-7 为罐式 SF_6 断路器的典型结构示意图。SF_6 断路器在电力系统中得到广泛应用，尤其是在超高压和特高压系统中，SF_6 断路器是目前唯一有发展前途的断路器，以 SF_6 断路器为主体构成的各式组合电器也得到广泛应用。

三、隔离开关

1. 隔离开关的用途

（1）隔离电源。在电气设备检修时，用隔离开关将需检修的电气设备与带电的电网隔离，以保证工作人员和设备的安全。因此要求隔离开关分开后应形成明显的断开点，易于鉴别检修设备是否与电网隔开。

（2）倒闸操作。在双母线形式的主接线中，利用母线隔离开关将电气设备或供电线路从一组母线切换到另一组母线上去。

（3）接通或断开小电流电路。如分、合电压互感器和避雷器，分、合变压器的中性点，分、合规程规定的空载线路和空载变压器。

2. 隔离开关的类型

（1）按安装地点可分为户内式和户外式。

（2）按绝缘支柱的数目可分为单柱式、双柱式和三柱式。

（3）按极数可分为单极和三极。

（4）按有无接地开关可分为带接地开关和不带接地开关。

（5）按用途可分为一般用、快速跳闸用和变压器中性点接地用等。

（6）按配用的操动机构可分为手动、电动和气动等类型。

3. 隔离开关的结构

隔离开关的结构形式随使用地点和电压等级的不同有所不同。图 5-8 所示为 GW4-35 型户外隔离开关，主要由底座、支柱绝缘子、接线座、导电杆和接地开关等几部分组成，具有重量轻、占用空间小等特点。

隔离开关结构简单，没有专门的灭弧装置，不能用来接通或断开负荷电流和短路电流，否则会在隔离开关的触头间产生电弧，对设备和人身造成重大危害。只有在断路器已将电路断开的情况下隔离开关才能接通或断开电路。因此在隔离开关和断路器之间装有防止误操作的闭锁装置。

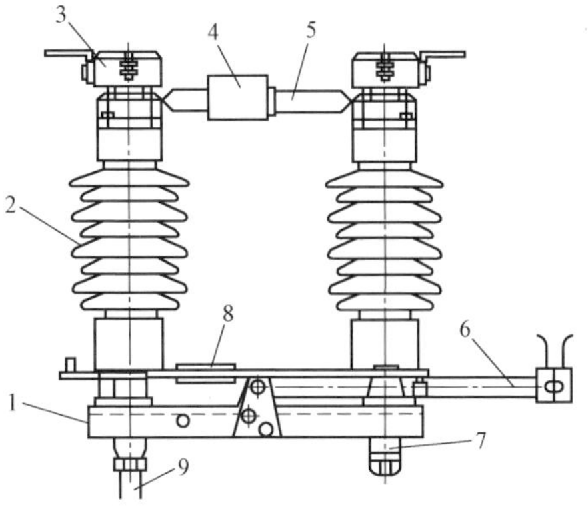

图 5－8　GW4－35 型隔离开关外形图

1—底座；2—支柱绝缘子；3—接线座；4—防雨罩；5—导电杆；6—接地开关；7—轴承座；8—连接杆；9—机构连接轴

四、互感器

互感器包括电流互感器和电压互感器。

1. 互感器的作用

互感器把高电压和大电流变换成低电压（如 100V）和小电流（如 5、1A），以满足监视、控制仪表和保护等装置的使用。

（1）互感器与测量仪表配合，对设备和线路的电压、电流、功率等进行测量。

（2）互感器与保护装置配合，对电气设备、电力系统设备进行保护。

（3）互感器能使测量仪表、继电保护装置与电气设备的高电压隔离，保证运行值班人员的人身安全和二次设备的安全。

（4）将电路的电压、电流变换成统一的标准值，使测量仪表、继电保护装置等二次设备标准化。

2. 电压互感器

电压互感器按工作原理不同，有电磁式、电容式和光电式电压互感器等类型。

（1）电磁式电压互感器。电磁式电压互感器有干式（包括浇注式、充气式）、油浸式和充气式等。其中干式电压互感器结构简单、防火防爆，多用于 10kV 及以下电压等级；油浸式又有单相油浸式及串级油浸式，绝缘性能较好，多用于室外装置；充气式一般用于 SF_6 全封闭组合电器。

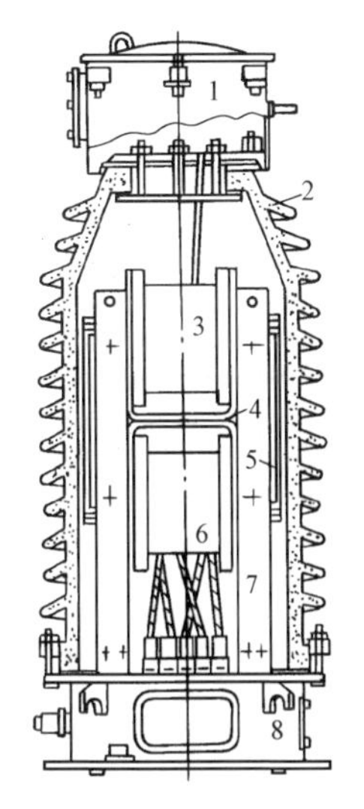

图 5－9　110kV 串级式电压互感器

1—贮油柜；2—瓷套；3—上柱绕组；4—隔板；5—铁芯；6—下柱绕组；7—支持绝缘板；8—底座

图 5－9 所示为 110kV 串级式电压互感器。其结构特点是铁芯和绕组分级绝缘，每一级处在装置的一部分电压之下，简化了绝缘结构，减小了重量和体积。

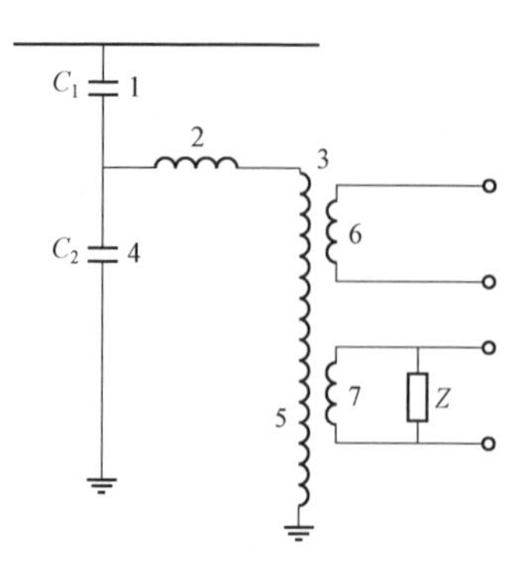

图 5-10　电容式电压互感器原理接线

1—耦合电容器；2—谐振电抗器；3—中间变压器；4—电容分压器；5—一次侧绕组；6—二次侧绕组；7—辅助二次侧绕组

（2）电容式电压互感器。电容式电压互感器由电容分压器和电磁单元两部分组成。电容分压器由高压侧和地之间若干相同的电容器串联组成，如图 5-10 所示，最末一个电容器的电容为 C_2，其他电容器的等效电容为 C_1，在电容器 C_2 上的分压比为 $K=C_1/(C_1+C_2)$，从 C_2 上取得与一次电压成正比例的电压，经电磁单元的中间变压器输出二次电压。电磁单元由中间变压器、谐振电抗器和阻尼电抗组成，中间变压器的作用是减小测量误差，谐振电抗器使一次电压和二次电压之间获得正确的相位和变比，阻尼电抗可抑制铁磁谐振。

电容式电压互感器多用于 220kV 及以上系统，与电磁式电压互感器相比，具有体积小、重量轻、制造简单、运行维护方便等优点。

（3）光电式电压互感器。光电式互感器是电子式互感器的一种，是利用光电子技术和电光调制原理，用玻璃光纤来传递电流或电压信息的新型互感器。与传统电磁式互感器采用电磁耦合原理不同，光电式互感器具有绝缘结构简单、抗电磁干扰性能好、体积小、质量轻等优点。光电式电压互感器分为有源型和无源型两种。图 5-11 为无源型光电式电压互感器结构框图。

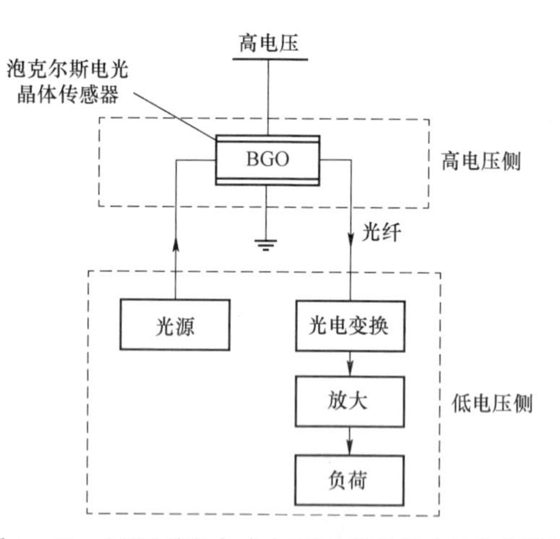

图 5-11　无源型光电式电压互感器基本结构框图

3. 电流互感器

（1）按安装地点可分为户内式、户外式和装入式。装入式又称为套管式，通常装在 35kV 及以上变压器或断路器的套管中。

（2）按绝缘可分为干式、浇注式、油浸式和气体绝缘型。干式电流互感器适用于低压户内，浇注式适用于 35kV 及以下电压，油浸式一般为户外型，气体绝缘型一般用于 SF_6 全封闭组合电器。图 5-12 为 220kV 油浸瓷箱式“U”字形结构电流互感器，其原绕组线芯是 U 形，主绝缘全部包扎在原绕组上，为了提高主绝缘强度，在绝缘中放置一定数量的同心圆筒形电容屏，形成电容器串，改善了电场分布，互感器帽顶端有吸湿器，帽内设橡皮隔膜，用来保护绝缘油。

（3）按电流变换原理分为电磁式和光电式。光电式电流互感器分为有源型、无源型和全光纤型。图 5－13 为无源型光电式电流互感器结构框图。

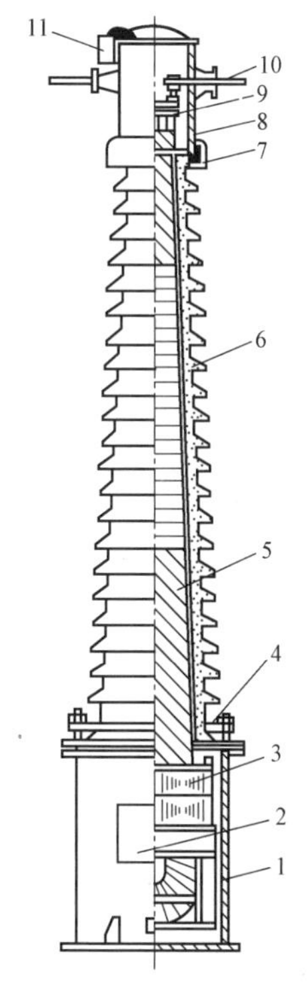

图 5－12　220kV 瓷箱式“U”字形结构电流互感器

1—油箱；2—二次接线盒；3—环形铁芯及二次绕组；4—压圈式卡接装置；5—U 字型一次绕组；6—瓷套；7—均压护罩；8—贮油柜；9—一次绕组换接装置；10—一次绕组端子；11—呼吸器

五、消弧线圈

消弧线圈用于中性点不直接接地的电力系统中，当发生单相接地故障时，补偿接地电容电流，使其值在允许的范围内。

消弧线圈是一个带有铁芯的电感线圈，铁芯具有间隙，以便得到较大的电感电流。线圈的接地侧有若干个抽头，可在一定的范围内分级调节电感的大小。消弧线圈一般接于变压器或发电机的中性点。

六、补偿装置

补偿装置可分为串联补偿装置和并联补偿装置两大类。其作用是补偿电网中的电容、电感参数，或向电网提供容性或感性无功功率，以达到提高电能质量和安全、经济运行的目的。

1. 串联补偿装置

将电容器串联于输电线路中，就是串联补偿装置。

在 110kV 及以下线路中，采用串联补偿的目的，主要是为了减小线路压降，降低线路受端电压的波动，以提高供电电压质量。在 110kV 及以下的闭式电网中，还可以改善潮流分布，减少有功损耗。

在 220kV 及以上的线路中，采用串联补偿的目的是为了增加电力系统的稳定性，提高输送能力。

2. 并联补偿装置

并联补偿装置是指并联于电网中的同期调相机、电抗器或电容器。

（1）同期调相机。实际上是一个空载运行的同步电动机。可连续地、无级地向电网提供容性或感性无功功率，维持电网电压，并可以强励补偿无功功率，提高电网稳定性。

（2）并联电容器。只能分级地向电网提供容性无功功率，以补偿电网的感性无功，减少电网的有功损耗和提高电网电压。如果在并联电容器中串入匹配的电抗器，就构成了兼有无功补偿和交流滤波两种功能的交流滤波装置，以滤除某些频率的谐波电流，削弱母线电压的波形畸变。

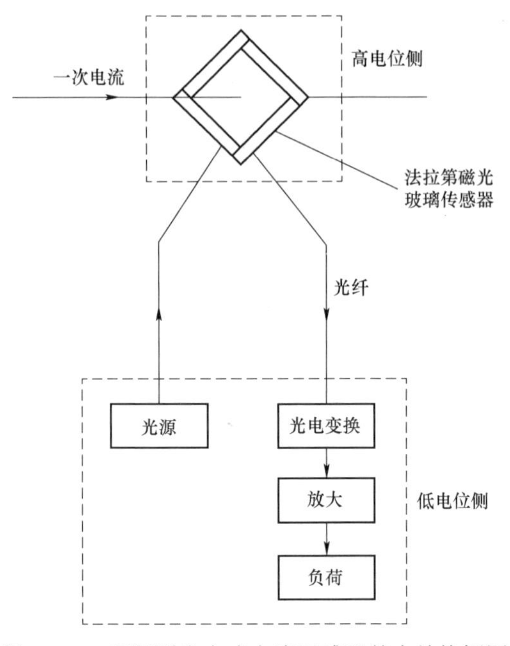

图 5－13　无源型光电式电流互感器基本结构框图

（3）静止补偿装置。是由并联电容器补偿装置（一般是交流滤波装置）和可以连续无极调节的感性无功设备（并联电抗器）联合组成的一种装置。可以向电网提供容性和感性无功，在某些情况下可以代替调相机。

（4）并联电抗器。能向电网提供分级可调的感性无功功率，补偿电网中过多的容性无功功率，改善线路电压分布。

七、母线、绝缘子和电缆

（一）母线

1. 母线的作用

在发电厂和变电站中，将发电机、变压器与各种电器连接的导线统称为母线。母线是电气主接线和各级电压配电装置中的重要环节。它的作用是汇集、分配和传输电能。

2. 母线的分类和应用

（1）按所使用的材料可分为：① 铜母线；② 铝母线；③ 钢母线。

母线一般采用铝材，在持续电流较大，而且位置又狭窄的变压器出线端以及环境对铝有腐蚀时，可选用铜材。钢母线仅用在小电流回路（如电压互感器）及接地装置中。

（2）按截面形状可分为：① 矩形母线；② 圆形及管形母线；③ 槽形

母线。

35kV 及以下的户内配电装置多采用矩形母线，如果单条矩形母线的截面不能达到要求时，可采用多条矩形母线组合起来。在 35kV 及以上的户外配电装置中，为了防止电晕，采用圆形或管形母线。电压为 110kV 及更高电压的配电装置中，多采用管形母线或钢芯铝绞线。当工作电流很大，每相需三条以上矩形母线才能满足要求时，一般采用槽形母线。

3. 母线的固结和着色

（1）母线在绝缘子上的固结。矩形母线和槽形母线是用母线金具固定在支柱绝缘子上的，如图 5-14 所示。

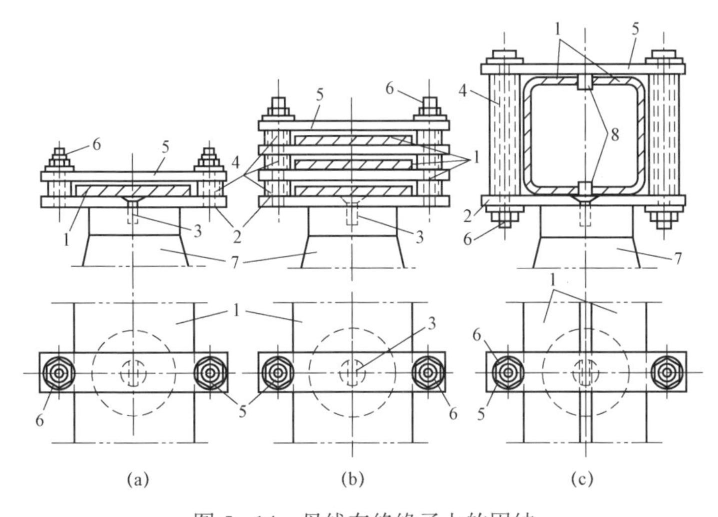

图 5-14　母线在绝缘子上的固结

（a）单条矩形母线；（b）三条矩形母线；（c）槽形母线

1—母线；2—钢板；3—螺钉；4—间隔钢管；5—铝板；6—拧入钢板 2 的螺栓；7—绝缘子；8—撑杆

母线固结在支柱绝缘子上时，应能沿纵向自由伸缩，以避免母线因温度变化而在支柱绝缘子上受到很大的弯曲力。为此，在螺栓 6 上套上间隔钢管 4，以使母线与上夹板之间保持 1.5～2mm 的间隔。

（2）母线的着色。母线着色可以增加母线的散热能力，便于工作人员识别交流相序和直流极性，并能防止钢母线生锈。直流正极涂红色，负极涂蓝色。交流 U、V、W 三级分别涂黄、绿、红色，不接地的中性线涂白色，接地的中性线涂紫色。

（二）绝缘子

1. 绝缘子的用途

在发电厂、变电站的配电装置中，绝缘子用来支持、固定载流导体，并使载流导体对地绝缘。因此，要求绝缘子要有足够的绝缘强度和机械强度。

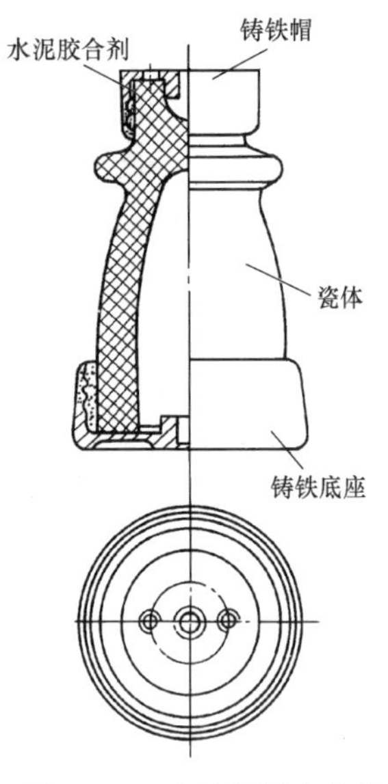

图 5－15 电站用屋内支柱绝缘子外形图

2. 绝缘子的分类

（1）按用途分，有高压绝缘子和低压绝缘子。高压绝缘子又分为电站、电器绝缘子和线路绝缘子。图 5－15 为电站用屋内支柱绝缘子外形图。低压绝缘子用于低压架空线路、低压布线和通信线路等。

（2）按其采用的主绝缘材料分为瓷绝缘子、玻璃绝缘子、有机材料绝缘子和复合绝缘子。

（3）按结构分有 A 型、B 型和高压套管。高压套管一般供导线穿过墙壁、箱壳等，使导体与墙壁、箱壳等绝缘。图 5－16 为电站用屋外绝缘子外形图。

（三）电缆

电缆分为电力电缆和控制电缆两大类。

1. 电力电缆

电力电缆是传输和分配电能的一种特殊电线，其结构主要由电缆线芯、绝缘层和保护层三部分组成。电缆线芯由多根铜或铝线绞合而成，截面有圆形、扇形、腰圆形和中空圆形等。绝缘层作为相间及对地的绝缘，材料有油浸纸、塑料、橡胶等。保护层的作用是避免电缆受到机械损伤、受潮和油渗漏。一般 6kV 及以上电缆为了改变电场的分布情况，避免尖端放电，还加了屏蔽层。图 5－17 为单芯交联聚乙烯电力电缆结构图。

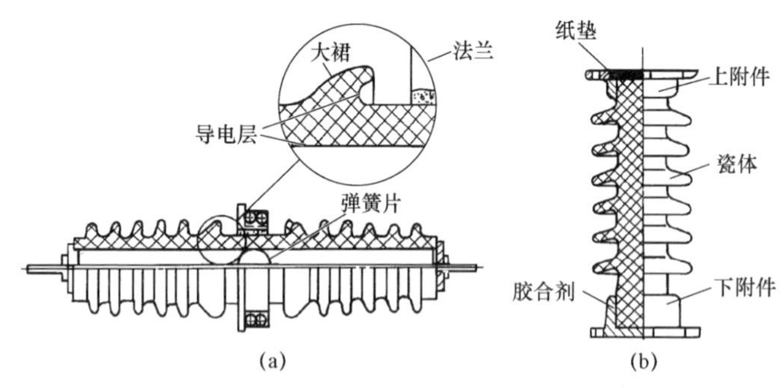

图 5－16 电站用屋外绝缘子外形图

（a）35kV 户外穿墙套管；（b）户外实心棒式支柱绝缘子

电力电缆的种类有油浸纸绝缘电缆、挤包绝缘电缆（塑料、橡胶等热塑性或热固性材料挤包形成）和压力电缆（充油或气体）等类型。

电缆通常敷设在电缆隧道或电缆沟中，或者电缆桥架上。

常见的电缆头有干包电缆头和环氧树脂电缆头两大类。

2. 控制电缆

控制电缆用于交流 500V 及以下、直流 1000V 及以下的二次回路中，其线芯材料有铜和铝两种。控制电缆属于低压电缆，其绝缘形式有橡胶绝缘、塑料绝缘以及油浸纸绝缘等类型。

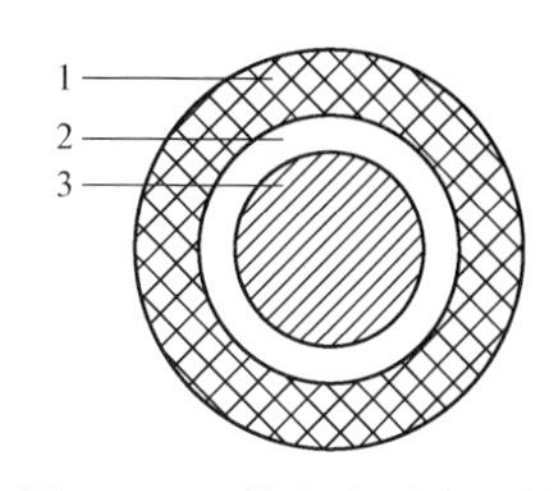

图 5－17　单芯交联聚乙烯电力电缆结构图

1—聚氯乙烯护套；2—交联聚乙烯绝缘层；3—导线线芯

八、防雷及接地装置

（一）防雷装置

发电厂、变电站是电力系统的中心环节，如果发生雷击事故，可造成大面积停电。发电厂、变电站遭受的雷害主要来自于两个方面：① 直击于厂、站；② 雷击线路形成入侵厂、站的雷电波。为防止以上两方面雷害造成的雷击事故，在发电厂和变电站中都装有防雷保护装置。常用的防雷装置有避雷针、避雷线和避雷器。各种防雷装置的具体作用是：

1. 避雷针

避雷针和避雷线实际上就是接闪器，是接受雷电流的金属导体。避雷针一般明显高于被保护物，当雷云放电临近地面时首先击中避雷针，通过引下线和接地装置将雷电波引入大地，从而使被保护设备免受直接雷击。

一套完整的防雷装置包括接闪器、引下线和接地装置。

2. 避雷线

避雷线又称架空地线，其作用是：① 防止雷直击导线；② 对塔顶雷击起分流作用，从而减轻塔顶电位；③ 对导线有耦合作用，从而降低绝缘子串上的电压；④ 对导线有屏蔽作用，从而降低导线上的感应过电压。

3. 避雷器

在发电厂和变电站中，装设相应电压等级的避雷器，与进线段保护（由架空地线构成）配合，以防止入侵雷电波对电气设备的侵害。避雷器安装在被保护设备附近，与被保护设备并联并接地，正常情况下避雷器不导通，当作用在避雷器上的过电压达到避雷器的动作电压时，避雷器导通，通过大地释放过电压能量并将残压限制在一定水平，以保护设备绝缘。在释放过电压能量后，避雷器恢复正常状态。

（二）接地装置

接地装置由接地体和接地线组成。埋入地中并与大地直接接触的金属导体，叫做接地体；连接接地体与设备应接地部分的金属导体，叫做接地线。接地体和接地线的总和，称为接地装置。

电力系统接地分为工作接地和保护接地。工作接地是为了保证在正常情况和事故情况下能够可靠工作，将电力系统中某点进行接地，如变压器中性点接地，避雷器和避雷针接地等；保护接地是为了保护个人身安全，防止触电，将金属结构或电气设备外壳进行接地，如变压器外壳的接地。无论哪种接地，接地装置的敷设和接地电阻值都应满足相应要求，为更好地保证设备工作和人身及设备安全，发电厂和变电站除充分利用自然接地体外，通常都敷设接地性能良好的接地网。

第三节　发电厂和变电站的电气主接线

电气主接线是发电厂和变电站电气一次设备通过导线连接成的接受和分配电能的电路。具体说，它把发电机、变压器、断路器等各种电器通过导线按要求连接在一起，并配置避雷器、互感器以及保护电器等。

典型的电气主接线形式，大致可分为有母线和无母线两类。

一、具有母线的接线形式

1. 单母线接线

图 5-18 为单母线接线方式。这种接线方式，电源和送出线路都连接在一条公共母线上。它的优点是接线简单、操作方便、投资少。但由于电源与送出线路连接在一条母线上，当电源断路器或母线故障时，将会造成全厂（站）及用户停电，因此，它只适用于小型发电厂或变电站。

当出线回路较多时，为了提高供电可靠性，可用断路器将母线分段，成为单母线分段接线。

2. 双母线接线

双母线接线方式，一般是指单断路器双母线。这种接线方式具有两组母线，一组工作另一组备用，或两组母线同时工作。两组母线通过母联断路器连接。每回路装有一个断路器，两组隔离开关，分别接于两组母线上。图 5-19 为单断路器双母线的接线方式。

这种接线方式具有的特点是：

（1）在检修母线或母联断路器时，可不中断对用户供电。

（2）当一组母线发生故障时，另一组母线可继续供电，缩小了母线故障后的停电范围和停电时间。

（3）当任一台断路器故障时，可倒换运行方式，由母联断路器代替故障断路器。

（4）运行方式灵活，且便于扩建。

这种接线方式较为复杂，投资和占地面积较大。在倒换运行方式时，有发生误操作的可能性。一般适用于引出线和电源较多、输送功率较大、可靠性要求较高的大中型火电厂和变电站，也有少数超高压变电站采用。

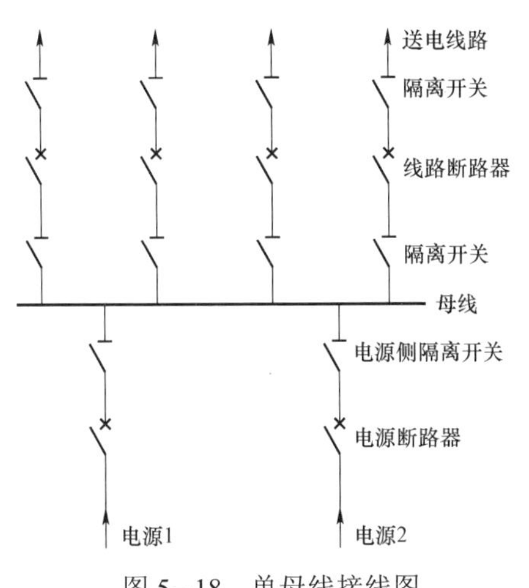

图 5-18　单母线接线图

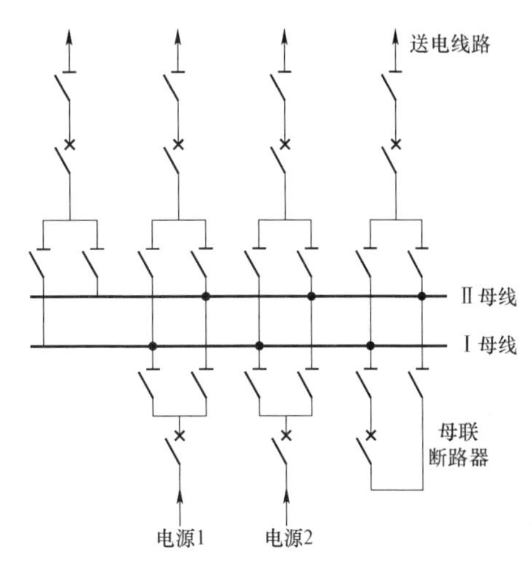

图 5-19　单断路器双母线接线图

3. 带旁路母线的单断路器双母线接线

图 5-20 为带旁路母线的单断路器双母线接线方式。这种接线方式的旁路断路器可代替出线断路器工作，使出线断路器检修时，线路供电不受影响。大型火电厂、变电站广泛采用这种接线方式；另外，有的大型火电厂或特大型火电厂，也有采用工作母线分段的双母线带旁路母线接线方式。这样更进一步提高了运行的灵活性和供电的安全性、可靠性、连续性，但是这种接线方式较为复杂且投资更大。

4. 一台半断路器接线

这种接线方式有两组母线，每一回路经一台断路器接至一组母线，两个回路间有一台断路器联络。由于两个回路使用了三台断路器，故而得名一台半断路器接线或二分之三断路器接线，如图 5-21 所示。正常运行时，所有断路器全部接通，两组母线同时工作，任一组母线或任一台断路器检修或故障时，均不会造成停电。此种接线方式一般适用于电压在 330～500kV、出线在 6 回以上的特大型变电站或发电厂。

二、无母线的接线方式

1. 桥形接线

桥形接线方式实质上是单母线分段的变形接线。如图 5-22 所示，桥形接线又分为内桥接线和外桥接线。内桥接线通常适用于线路较长和变压器不需要经常切换的运行方式；外桥接线适用于线路较短和变压器按经济运行需要经常切换的情况。

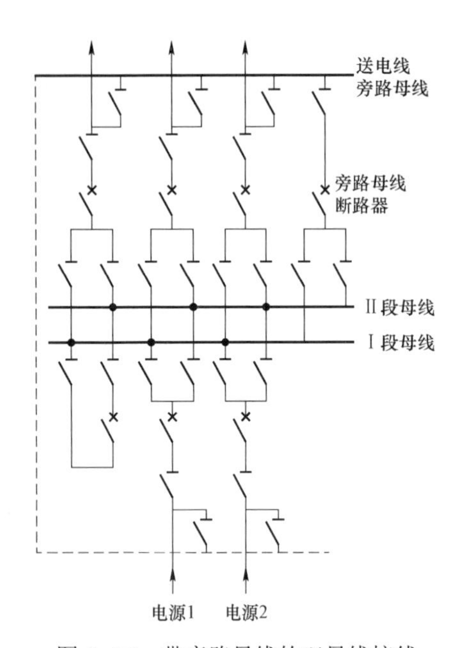

图 5-20　带旁路母线的双母线接线

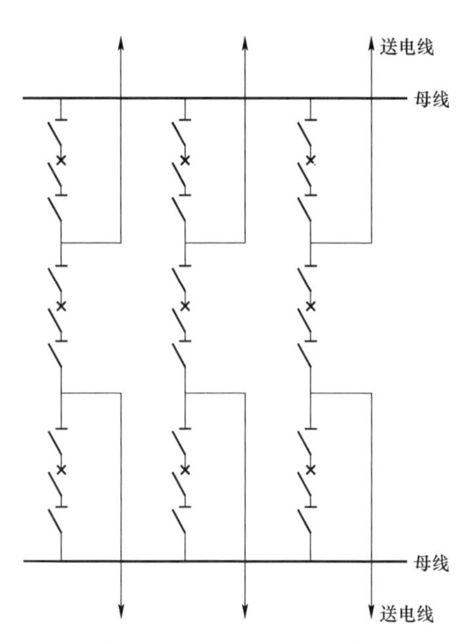

图 5-21　一台半断路器接线

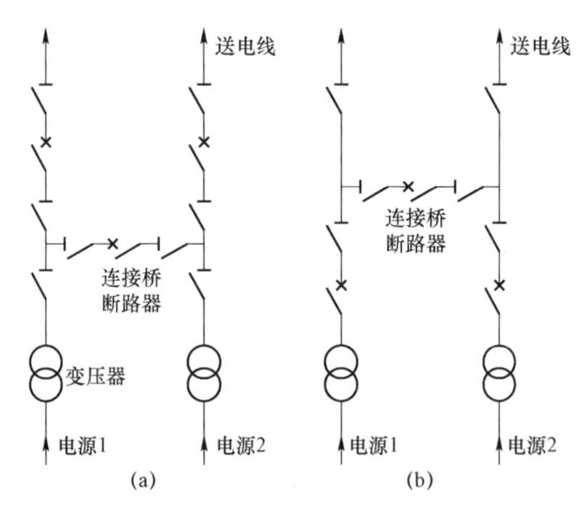

图 5-22　桥形接线

（a）内桥接线；（b）外桥接线

桥形接线的优点是工作可靠、灵活，使用的电气设备少，装置简单、清晰，建设投资省，并可以扩建为单母线分段接线或双母线接线，但桥形接线操作较麻烦。

2. 多角形接线

多角形接线一般为三角形或四角形接线，偶有五、六角形接线。图 5-23 为三角形接线，图 5-24 为四角形接线。

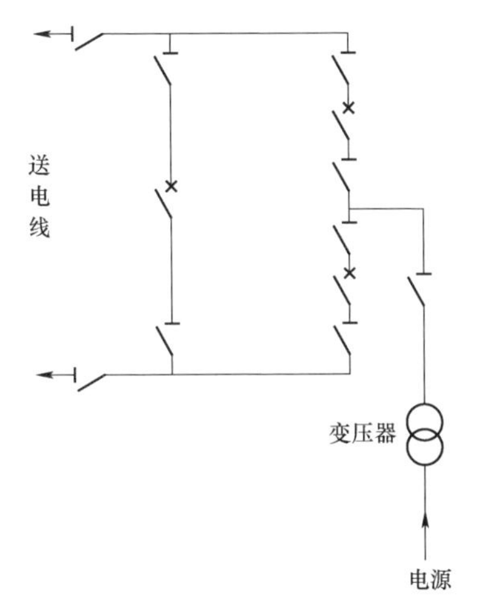

图 5-23　三角形接线

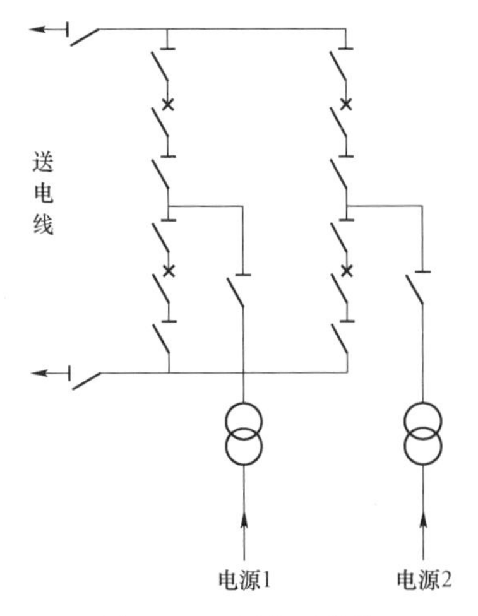

图 5-24　四角形接线

3. 单元接线

所谓单元接线是指几个元件直接单独相连，中间没有任何横向联系的接线。

（1）发电机-变压器组单元接线。发电机-变压器组单元接线如图 5-25 所示。图 5-25（a）为发电机与双绕组变压器连接成为一个单元的接线。采用这种接线方式，发电机、变压器不能单独工作，而且不论发电机还是变压器，故障或检修时二者必须全部停止运行。

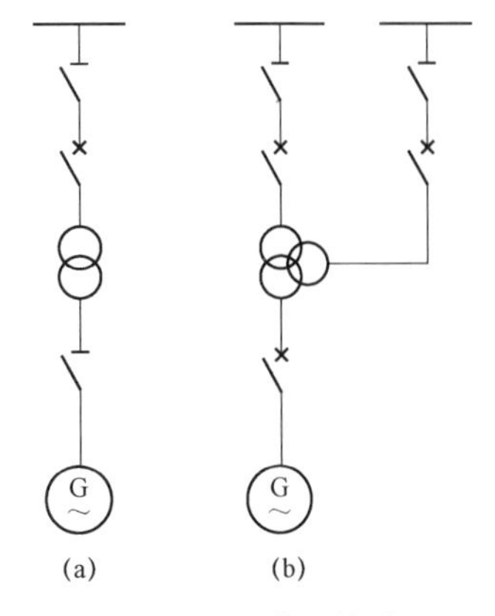

图 5-25　单元接线

（a）发电机-双绕组变压器单元接线；

（b）发电机-三绕组变压器单元接线

图 5-25（b）为发电机与三绕组变压器连接成一个单元的接线，这种接线方式在发电机与三绕组变压器之间装设断路器。当发电机停止工作时，变压器的高压侧、中压侧仍保持联系，起联络变压器的作用。

（2）扩大单元接线。为了节省投资，减少变压器台数和高压断路器的台数，采用扩大单元接线方式。如图 5-26 所示，这种接线方式采用两台发电机与一台变压器相连接。每台发电机均装有断路器，当一台发电机检修或故障时，另一台发电机仍可继续运行。

扩大单元接线的优点是减少了主变压器和高压侧断路器的台数，减少了建设投资。但当变压器检修或故障时，两台发电机都被迫停止运行；另外，当一台发电机运转时，增加了变压器的损耗。

（3）线路-变压器组单元接线。这种接线方式如图 5-27 所示，它适用于终端变电站。

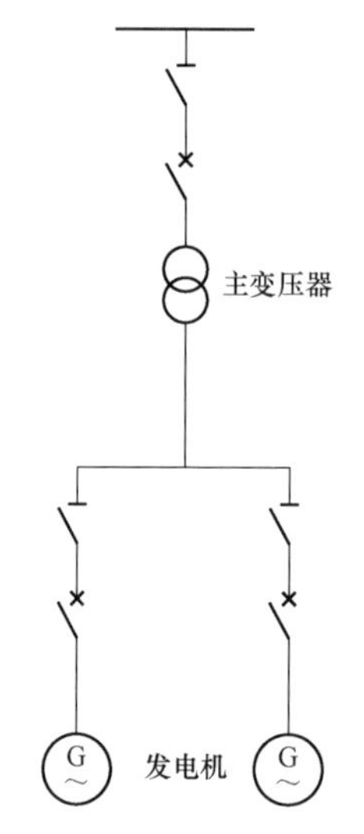

图 5-26　扩大单元接线

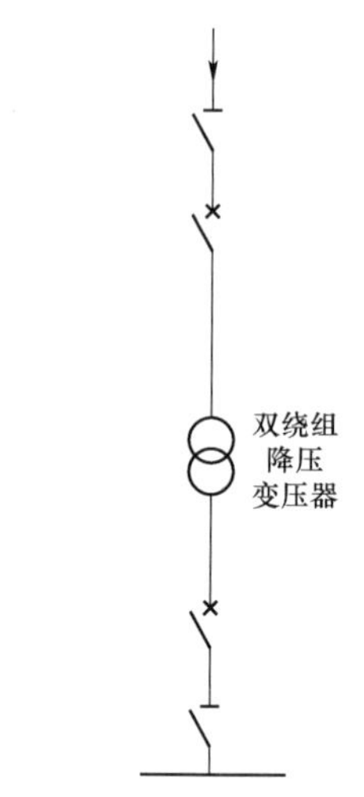

图 5-27　线路-变压器组单元接线

第四节　二次回路和继电保护及自动装置

一、电力系统二次回路

（一）二次回路的概念

电力系统中的二次设备是对一次设备进行监测、控制、调节和保护的低压设备，包括测量仪表，一次设备运行方式、运行情况监视以及自动化监控系统，继电保护和安全自动装置，通信设备等。二次设备之间相互连接的回路称为二次回路，是电力系统不可缺少的重要组成部分。

二次回路通常包括：用以采集一次系统电压、电流信号的交流电压回路、交流电流回路；对断路器及隔离开关等设备进行操作的控制回路；对发电机励磁回路、主变压器分接头进行控制的调节回路；用以反映一、二次设备运行状态、异常及故障情况的信号回路；供二次设备工作的电源系统等。

随着计算机、通信技术的发展，电力系统的自动化水平迅速提高，集成度越来越高，如变电站综合自动化系统、电网安全稳定实时监控系统（EACCS）等，将测量、保护、控制等功能，甚至整个或局部电网控制系统连接为一个整体，配置在同一硬件设备之中，使得二次回路大大简化，传统的二次回路间的分界点越来越模糊。

（二）二次回路的接线图

1. 二次回路图纸的分类

电力系统的二次回路是个非常复杂的系统。为了便于设计、制造、安装、调试及运行维护，通常使用规定的图形和文字符号对二次回路的连接关系进行描述，这类图纸称为二次回路接线图。

二次回路的图纸按其作用分为原理图和安装图。原理图是体现二次回路工作原理的图纸，又分为总归式原理图和展开式原理图；安装图又分为屏面布置图和安装接线图。

2. 总归式原理图

总归式原理图将二次回路的工作原理和连接关系以整体的形式表现出来。因此其优点是能够使读者对二次回路的构成有一个明确的整体概念，缺点是对二次回路的细节表示不够，同时对较复杂的二次回路读图比较困难。图 5–28 为简单过电流保护的总归式原理图。

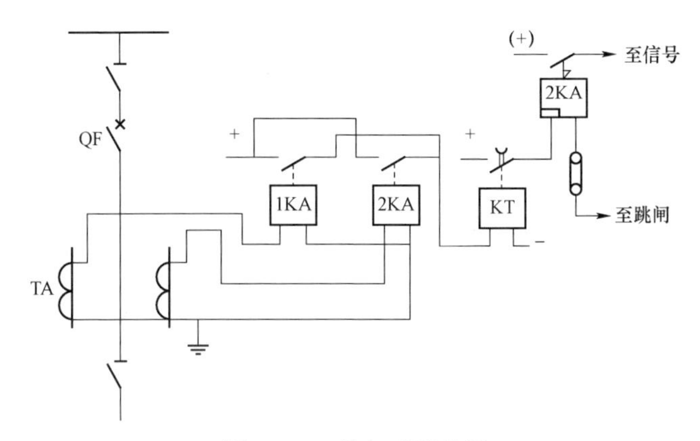

图 5–28　总归式原理图

3. 展开式原理图

展开式原理图将属于同一元件的不同部分分别画在不同的回路中。其优点是接线清晰、便于阅读，特别是在复杂的继电保护装置的二次回路中其优点更加突出，因此在实际中得到广泛使用。图 5–29 为展开式原理图。

4. 屏面布置图

屏面布置图是加工制造屏柜和安装屏柜上设备的依据。上面的每个元件根据其实际位置按比例绘制，以便于施工和运行维护。

5. 安装接线图

安装接线图是以屏面布置图和原理图为基础绘制的接线图，是进行屏柜配线的依据。

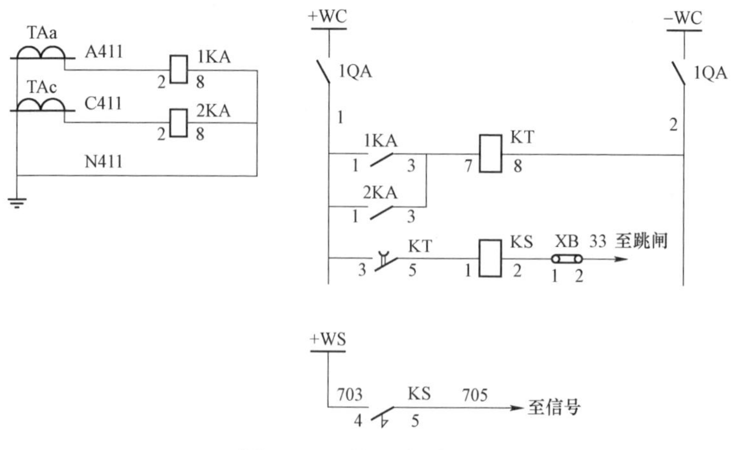

图 5−29　展开式原理图

（三）电流及电压的二次回路

二次回路中的交流电流、交流电压回路的作用在于：以在线方式获取电力系统各运行设备的电流、电压值，并同期得到电力系统的频率、有功功率、无功功率等运行参数，从而实时地反映电力系统的运行情况。继电保护、安全自动装置等二次设备根据所得到的电力系统运行参数进行分析，并依据其对系统的运行状况进行控制与处理。

（四）控制及信号的二次回路

1. 控制回路

电力系统的控制对象主要包括断路器和隔离开关等，其中断路器的控制回路尤为重要。由于断路器的种类和型号很多，故其控制回路的接线方式也很多，但其基本原理与要求是相似的。断路器的控制回路按其操作方式可分为按对象操作和选线操作；按控制地点可分为集中控制和就地控制；按跳合闸回路监视方式可分为灯光监视和音响监视；按操作电源种类可分为直流操作与交流操作等等。

2. 信号回路

电力系统中正常的操作和事故处理，均由运行人员根据调度指令及对设备动作情况的分析判断来进行控制操作。其中信号装置的作用是把电气设备和电力系统的运行状况变换成运行人员可以察觉的声光信号。所以，虽然信号装置不直接作用并改变设备的运行状态，但对电力系统的安全运行同样重要。信号装置按其告警的性质一般可分为以下几种。

（1）事故信号：表示设备或系统发生故障，造成断路器事故跳闸的信号。

（2）预告信号：表示系统或一、二次设备偏离正常运行状态的信号。

（3）位置信号：表示断路器、隔离开关、变压器的有载分接开关等开关设备触头位置的信号。

（4）继电保护及自动装置的启动、动作、呼唤等信号。

为了方便运行人员分析判断，不同的信号一般有不同的表示方式，如事故信号一般用电笛声表示并伴有断路器变位的绿灯闪光信号；预告信号、继电保护及自动装置的启动、动作、呼唤等信号常发光字信号并伴有警铃声；断路器位置常以红绿灯，隔离开关位置常以自动、手动变位的十字灯或机械位置变化等来表示；主变压器的有载分接开关等开关位置则常以数字显示。随着计算机监控系统的应用，信号系统变得越来越完善，它的分类更细，信息量更全，可以语言预警，并记录报警时间，这样对事故的追忆、分析更为方便。

（五）直流电源系统

目前，发电厂及中、大型变电站的控制回路、继电保护装置及其出口回路、信号回路，都采用直流电源供电。重要发电厂及变电站的事故照明也采用直流供电方式。完成对上述回路、装置及设备供电的系统称为直流系统。直流系统主要由直流电源、直流母线及直流馈线等组成。直流电源包括蓄电池及充电设备，直流馈线由主干线及支馈线构成。

1. 蓄电池

发电厂及变电站常用的蓄电池主要有酸性和碱性两大类。常用的酸性蓄电池是铅酸蓄电池，常用的碱性蓄电池是镉—镍蓄电池。直流系统的额定电压通常有48、110V及220V三种，为取得上述各种电压，需要将多个蓄电池串联起来。为使直流电源能输出较大的电流，需将几个蓄电池并联使用。

2. 充电设备

充电设备通常采用将三相交流进行整流、滤波及稳压的交—直流变换装置。正常运行时，充电装置的直流输出端始终并接着蓄电池和负载，以恒压方式工作，充电装置在承担经常性负荷的同时向蓄电池补充充电，以补偿蓄电池的自放电，使蓄电池组以满容量的状态处于备用，这种充电方式叫做浮充电运行方式。

新的蓄电池在交付使用前，为了提高蓄电池的放电性能，并且为完全达到荷电状态所进行的第一次充电叫初充电。对已放过电的蓄电池充电称之为正常充电。为补偿蓄电池在使用过程中产生的电压不均匀现象，使其恢复到规定的范围内而进行的充电称之为均衡充电。

3. 直流母线及输出馈线

直流母线汇集直流电源输出的电能，并通过各直流馈线输送到各直流回路和各种直流负载。在中、大型发电厂及变电站，直流母线的接线方式多为单母线分段或双母线方式。根据需要，从每段或每条直流母线上引出多路直流馈线，将直流电源引至全厂或全站的配电室及控制室的直流小母线上，或引至直流动力设备的输入母线上。

4. 直流监控装置

为测量、监视和调整直流系统运行状况及异常时发出报警信号，对直流系统设置监控装置。直流监控装置包括测量表计、参数越限和回路异常报警系统等。

二、电力系统继电保护及自动装置

（一）电力系统继电保护

1. 继电保护的作用

（1）当电力系统中的电气设备或电力线路发生故障时，将故障部分从电力系统中切除，使故障元件免于继续遭到破坏，保证无故障部分迅速恢复正常运行。

（2）对电力系统的不正常运行及某些设备的不正常状态能及时发出警报信号，以便迅速处理，使之恢复正常状态。

2. 继电保护装置的组成

继电保护装置是通过采集分析被保护对象的物理量，主要是电压、电流等电气量，也包括非电气量来判断是否存在故障或不正常运行状态并采取相应措施，因而整套继电保护装置，一般由测量比较部分、逻辑部分和执行输出部分三部分组成。

（1）测量比较部分通过测量被保护对象的物理量，并与给定的值进行比较，根据比较的结果，判断保护装置是否应该启动。

（2）逻辑部分按一定的逻辑关系判定故障的类型和范围，最后确定是应该使断路器跳闸还是发出信号，或是否动作及是否延时等，并将对应的指令传给执行输出部分。

（3）执行输出部分根据逻辑部分传过来的指令，最后完成保护装置所承担的任务。如在故障时动作于跳闸，不正常运行时发出信号，而在正常运行时不动作等。

3. 继电保护的类型

（1）根据保护对象的不同分为母线保护、线路保护、发电机保护、变压器保护、电容器保护、电抗器保护和断路器保护等。

（2）按保护原理分为差动保护、距离保护、电压保护以及电流保护等。

（3）按保护装置实现的技术分为电磁型保护、感应型保护、整流型保护、晶体管保护、集成电路保护以及微机保护。

（4）按保护所起的作用分为主保护、后备保护和辅助保护等。

4. 对继电保护的基本要求

（1）选择性，电力系统某一部分发生故障时，继电保护能有选择地仅断开有故障的部分，无故障部分继续运行，使停电范围尽可能小，从而提高供电可靠性。

（2）灵敏性，继电保护对于其保护范围内发生故障或不正常运行状态的反应能力，一般以灵敏系数来衡量。

（3）速动性，保护装置应能尽快地切除短路故障，减轻故障设备和线路的损坏程度，缩小故障波及范围，提高系统稳定性。

（4）可靠性，保护该动作时应动作，不该动作时不动作，即不误动、不拒动。

对继电保护的四个基本要求，即选择性、灵敏性、速动性和可靠性，简称“四性”。在制订保护方案时常常很难同时满足四个基本要求，应当对“四性”进行统一协调，如首先尽量满足选择性，在满足选择性的前提下，应尽可能加快保护动作时间；而在对速动性要求不高的地方，牺牲快速性则可换取选择性和灵敏性。

（二）安全自动装置

电力系统发生故障时，继电保护装置动作切除故障之后可能引起电力系统无功和有功的不平衡或电力设备的超载运行，有可能导致系统的稳定性破坏或设备的损坏。安全自动装置通过采集相关间隔的电压、电流及位置信息，分析电力系统是否存在影响安全稳定的隐患，并执行预先设置好的策略，如切除机组、切除负载等，以达到防止电力系统失去稳定性和避免发生大面积停电的目的。安全自动装置的基本工作原理和继电保护装置是相同的。

1. 自动按频率减负荷装置

电力系统稳定运行时，系统中所有发电机输出的有功功率的总和，等于各种用电设备所需的有功功率和传输损失的有功功率的总和，系统的频率维持在额定值附近运行。当电力系统出现功率缺额时，其频率随之降低，功率缺额越大，频率降低越多。当频率下降到 47～48Hz 时，火电厂原动机出力将显著降低，致使功率缺额更为严重，于是系统频率进一步降低，这样恶性反馈将使发电厂运行受到破坏，从而造成所谓“频率崩溃”现象。频率崩溃的过程延续时间为几十秒，甚至更短。在这样短的时间内，要运行人员做出正确的处理往往是很困难的。虽然由于负荷的调节效应和采取迅速启动备用容量等措施，在一定程度上可以缓解频率的下降，但在系统频率急剧下降时，往往来不及有效制止频率的下降。所以电力系统中常常设置自动按频率减负荷装置，或称低频减载装置，根据频率下降的程度自动切除部分负荷，以阻止频率的进一步下降，使系统频率在不低于某一允许值的情况下，达到有功功率的平衡，以确保电力系统的安全运行，防止事故扩大。

低频减载装置根据负载的重要程度分级，在不同低频、低压的情况下，分别切除不同等级的负荷，凡是重要性低的负荷首先切除，而后逐级上升，直到系统频率、电压恢复正常为止。

2. 安全稳定控制装置

在电力系统发生短路等事故时，继电保护首先动作切除故障，是电力系统安全稳定运行的第一道防线，一般情况下故障切除后系统可继续运行。如果事故严重或事故处理不当，则可能造成事故扩大而导致严重后果。为此，电力系统还须配备必要的紧急控制装置。

安全稳定控制装置作为电力系统安全稳定的第二道防线，是在电力系统发生扰动或负荷较大变化情况下用以保证系统同步稳定，防止破坏性事故而采取切机或切负荷等紧急控制措施的安全自动装置。它具有以下功能：① 电力系统遭遇大干扰时，防止暂态稳定破坏；② 电力系统有小扰动或慢负荷增长时，防止线路过负荷、静态或动态稳定破坏。

在安全稳定控制装置中，往往采用离线计算方式，针对系统不同的扰动类型或过负荷程度预先设定相应的控制措施，即控制策略。当稳定装置根据采集的电力系统运行参数，计算后满足相应措施的触发条件，执行相应的控制措施。

3. 备用电源自动投入装置

备用电源自动投入装置是当电力系统故障或其他原因使工作电源被断开后，能迅速将备用电源自动投入工作，或将被停电的设备自动投入到其他正常工作的电源，使用户能迅速恢复供电的一种自动装置。备用电源自动投入装置是保证供电可靠性的重要设备，备用电源自动投入装置采集断路器位置、电压、电流等信息，如判断出配电装置已失去主电源，将自动合上备用电源。

4. 故障录波装置

故障录波装置是在电力系统发生故障及振荡时，自动记录重要电力设备电气量以及继电保护及安全自动装置的动作触点变化过程，提供录波数据分析功能的自动装置。故障录波装置一般由录波单元和录波管理机组成。

故障录波装置按功能一般分为线路故障录波器、主变压器故障录波器和发电机—变压器组故障录波器三种类型。在主要发电厂、220kV及以上变电站和110kV重要变电站装设线路故障录波器和主变故障录波器，单机容量为200MW及以上发电机—变压器组装设发电机—变压器组故障录波器。

复习题

一、填空题

1. 变电站是连接________和________的中间环节，起着________、________和________电能、控制操作等功能。

2. 变电站的规模一般以________、________和________来表示。

3. 变压器是一种静止的电气设备，有________、________的特点。

4. 变压器的冷却方式有________、________、________、________和________几种。

5. 高压断路器的作用是在正常情况下，控制各种电力线路和设备的________和________；在电力系统发生故障时，自动切除电力系统的________，以保证电力系统的正常运行。

6. 断路器种类很多，其结构都是由________、________、________、________以及________组成。

7. 断路器按其灭弧和绝缘的不同，主要有________、________及________等类型。

8. SF_6 断路器就是采用具有优良绝缘性能和灭弧性能的________作为灭弧

介质的断路器，是________和________系统唯一有发展前途的断路器。

9. 隔离开关的用途是________、________及________。

10. 互感器包括________和________两种。

11. 互感器与________配合，对电气设备、电力系统进行保护。

12. 电压互感器按工作原理可分为________、________和________。

13. 电流互感器按电流变换原理可分为________和________。

14. 电力系统的补偿装置可分为________和________两大类。

15. 补偿装置通过向电网提供容性或感性________，以达到提高电能质量和安全、经济运行的目的。

16. 并联补偿装置包括________、________、________及________。

17. 在发电厂和变电站中，将________、________与各种电器连接的导线统称为母线。它的作用是________、________和传输电能。

18. 绝缘子的作用是________、________载流导体，并使载流导体对地________。因此，要求绝缘子要有足够的________和________。

19. 电缆分为________和________两大类。

20. 电力电缆的结构主要由________、________和________三部分组成。

21. 主接线是发电厂和变电站的________设备通过导线连接成的________和________电能的电路。主接线基本形式分为________和________两类。

22. 具有母线的主接线方式主要有________、________。一个半断路器接线也称________。桥型接线方式又分为________和________接线。

23. 发电厂和变电站的电气二次回路通常由________、________、________、________、________等组成。

24. 信号回路有________、________、________和________几种。

25. 直流电源系统主要由________、________、________和________几部分组成。

26. 对继电保护的基本要求为________、________、________、________。

二、判断题

1. 枢纽变电站位于电力系统的枢纽点,对电力系统运行的稳定性和可靠性起着重要的作用。（　　）

2. 变压器绕组是变压器的导电部分，它一般用包有绝缘的铜线或铝线绕制，然后将高压绕组先套在铁芯上，最后把低压绕组套在高压绕组外边，这样有利于绕组和铁芯的绝缘。（　　）

3. 变压器油既起冷却作用，又起绝缘作用。（　　）

4. 变压器调压通常采用改变绕组的匝数的方法来进行。（　　）

5. SF_6 断路器的灭弧是用 SF_6 气体来进行的。（　　）

6. 互感器将电路的电压、电流变换成非标准值，供给仪表、继电器使用。

(　　)

7. 消弧线圈是一个带有铁芯的电感线圈，铁芯具有间隙，以便得到较大的电感电流。(　　)

8. 常用的防雷装置有避雷针、避雷线和避雷器。(　　)

9. 双母线接线方式的特点是在检修母线和母线断路器时，必须中断对用户的供电。(　　)

10. 继电保护装置按保护所起的作用分为主保护、后备保护和辅助保护。(　　)

三、选择题

1. 隔离开关的结构特点决定了它________。

A. 可以用来切断负荷电流；B. 可以开断故障电流；C. 不能用来切断负荷电流。

2. 发电厂和变电站 35kV 以上的屋外配电装置采用圆形母线是因为________。

A. 无电场集中的现象，不会引起电晕；B. 有电场集中的现象，会引起电晕。

3. 桥形接线的优点是________。

A. 工作可靠、灵活、使用的设备少、建设投资省；B. 安全性差、操作方便、投资高、接线复杂。

四、问答题

1. 变电站在电力系统中按其作用和地位有哪些分类？其作用如何？

2. 变电站按其管理形式分有哪些类型？如何管理？

3. 变电站按结构型式分为哪些类型？

4. 为什么有的变电站建于地下？

5. 什么是数字化变电站？数字化变电站有哪些特征？

6. 变压器的作用是什么？有哪些主要部件？

7. 变压器有哪些保护（附件）装置？

8. 变压器的气体继电器起什么作用，在什么情况下动作？

9. 变压器净油器起什么作用？

10. 变压器的吸湿器起什么作用？

11. 变压器有哪些冷却方式？

12. 断路器的作用是什么？

13. 对断路器在运行中的基本要求是什么？

14. 隔离开关起什么作用？

15. 隔离开关有哪些类型？

16. 对隔离开关的基本要求是什么？

17. 发电厂和变电站互感器的作用是什么？
18. 电压互感器有哪些类型？电流互感器有哪些类型？
19. 消弧线圈在电力系统中起什么作用？结构如何？
20. 变电站内装有哪些补偿设备？各起什么作用？
21. 绝缘子按其主绝缘材料分为哪几种？
22. 什么是电气主接线？
23. 单母线接线有什么优缺点？
24. 单断路器双母线的接线方式有什么特点？
25. 发电厂和变电站为什么要架设旁路母线？
26. 单元接线有什么特点？
27. 扩大单元接线方式有何应用？如何接线？
28. 二次回路的图纸有哪几种？
29. 电力系统继电保护的作用是什么？继电保护装置由哪几部分组成？
30. 什么是备用电源自动投入装置？
31. 故障录波装置按功能分类哪几种类型？

电　力　线　路

第一节　架空交流输电线路

电力线路按用途分为输电线路和配电线路。按其架设方式分为架空电力线路和地下电缆线路。按其传输电流方式分为交流输电线路和直流输电线路。本节主要介绍架空交流输电线路。

一、输配电线路

发电厂生产的电能，除了厂用电和直配线用户用电外，其余部分经变压器升压后，由高压输电线路输送到负荷中心。由于输送容量与电压的平方成正比，与线路的阻抗成反比，在导线截面一定时，输电电压越高，输送容量越大。在输送容量一定的情况下，电压越高，电流越小，线路损耗越小。故广泛采用高压输电。我国交流输电有高压 110、220kV 和超高压 330、500、750kV 以及特高压 1000kV。但用电设备的电压一般都较低。这就需由降压变压器将输送到负荷中心的高电压降为配电电压后送到用户附近，再经配电变压器将配电电压降为用电电压后供给用户，如图 6-1 所示。

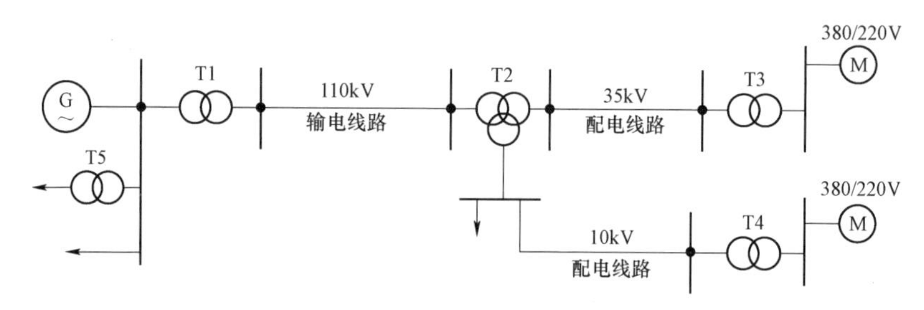

图 6-1　电力系统示意图

T1—升压变压器；T2—降压变压器；T3、T4～配电变压器；T5—厂用变压器

虽然采用高压输电可减少线路损失，增大输送容量，但投资大幅度增加。因此，要根据不同的输送功率和输送距离，采用不同等级的电压。根据经济技术比较及多年的运行经验，总结出了各级额定电压与输送功率及输送距离的关系，如表 6-1 所示。

表 6-1　　标准电压等级、输送容量、输送距离的关系

标准电压等级（kV）	输送容量（MVA）	输送距离（km）
10	0.2～2	6～20

续表

标准电压等级（kV）	输送容量（MVA）	输送距离（km）
35	2～15	20～50
110	10～50	50～150
220	100～500	100～300
330	200～800	200～600
500	1000～1500	150～850
750	2000～2500	500 以上

二、架空电力线路的构成

架空电力线路主要由导线、避雷线、绝缘子、金具、杆塔及基础、接地装置等构成，如图 6–2 所示。

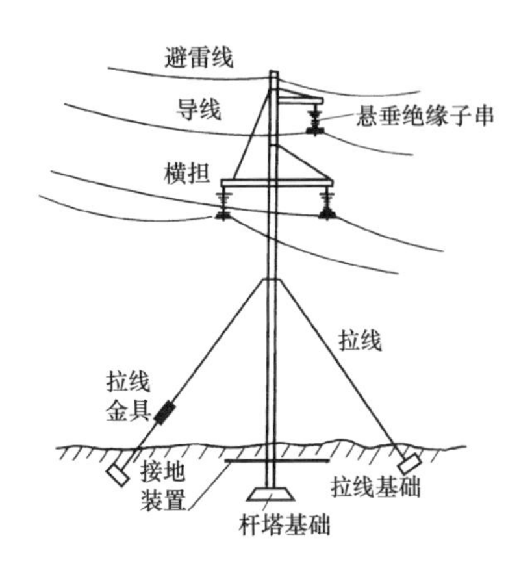

图 6–2　电力线路结构图

（一）导线及避雷线

（1）导线的作用是传输电力，它是线路的基本部分。架空线路处于露天运行，要经受风、雨、冰雪等环境气候的袭击，且跨距较大，故制造导线的材料除了应有良好的导电性能外，还应具备足够的力学强度，并具有适应气候条件的能力及耐化学腐蚀的性能。

输电线路的导线一般采用钢芯铝绞线。采用绞线是由于其具有柔性，易弯曲，便于施工，力学强度较独股导线大，但由于铝的耐拉力差，而钢的耐拉力强，钢芯铝绞线就是利用了钢材强度高和铝材导电性能好的特点而制成的。钢芯铝绞线如图 6–3 所示。

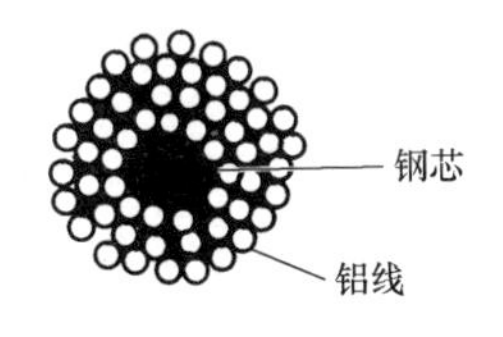

图 6–3　钢芯铝绞线

为了工程上的需要，制造钢芯铝绞线时，按钢、铝截面比不同，分为钢芯铝绞线（LGJ）、轻型钢芯铝绞线（LGJQ）和加强型钢芯铝绞线（LGJJ）。加强型钢芯铝绞线适用在重冰区、大跨越等气候条件恶劣或要求高的线段上。330kV 及以上超高压线路，为了提高临界电晕电压和增加线路的输送能力，常采用分裂导线。所谓分裂导线，就是每相导线由多根（一般由 2～8 根）组成，线距一般约 400mm。

（2）避雷线的主要作用是防御雷电直击导线。避雷线通常采用镀锌钢绞线，且逐基杆接地。兼作通信通道的避雷线通过火花间隙接地。为了减少信号衰减，有时选用钢芯铝线或铝包钢线。

35kV 及以下的电力线路，一般只在变电站 1～2km 范围内进出线路上架设避雷线；110～220kV 的线路，沿全线架设避雷线（山区和雷电活动较强的地段，宜架设双避雷线）；电压在 330kV 及以上的线路，则沿全线架设双避雷线。

（二）线路绝缘子

线路绝缘子的作用是使导线与杆塔绝缘并承受机械荷载。目前广泛采用瓷或钢化玻璃绝缘子。尤其是钢化玻璃绝缘子，因其具有维护方便、强度高、尺寸小、重量轻、耐击穿、老化慢、寿命长、价格低等优点，在 110kV 及以上的交、直流架空电力线路上得到广泛应用。

输电线路所用的绝缘子有针式、悬式和瓷横担三种。针式绝缘子（俗称立瓶），一般用在 35kV 及以下的线路上；悬式绝缘子按其金属部件连接方式分球型和槽型两种，按防污性能可分为普通型和防污型。悬式绝缘子可按需要悬挂不同的片数，并能承受较大的拉力，因此广泛使用在高压电力线路上；瓷横担是棒式绝缘子的一种型式。使用瓷横担，可以代替部分或全部横担，并可以充分利用杆塔高度。其缺点是力学强度和抗弯强度较差；此外，还有蝴蝶式绝缘子和拉线绝缘子等。各类绝缘子如图 6–4 所示。

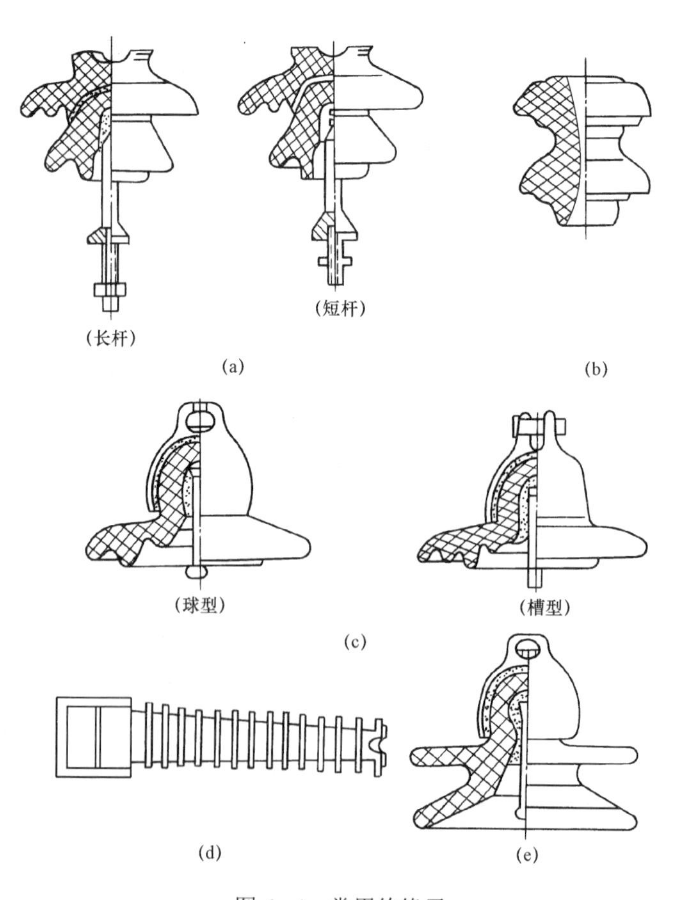

图 6–4　常用绝缘子

（a）针式绝缘子；（b）蝴蝶式绝缘子；（c）悬式绝缘子；（d）瓷横担；（e）防污绝缘子

（三）金具

按照输电线路设计要求，将杆塔、绝缘子、导线及其他电气设备，连接组装成完整的送电体系所采用的零件统称为金具。金具一般用镀锌钢材、铝材、铝合金等制成。金具按用途大致可分为表 6–2 所示几种类型。

表 6–2　　线路金具分类表

按性能用途分类	金具名称	型式	用途
支持金具	悬垂线夹	固定型——U 型螺丝式	支持电线，使其固定在绝缘子串上，用于直线杆塔，跳线绝缘子串上
紧固金具	耐张线夹	螺栓型——倒装式、爆炸型、压接型	紧固导线的终端，并使其固定于耐张绝缘子串上，用于非直线杆塔
接线金具	并沟线夹	螺接式	接续不受拉力的导线
	钳接管	钳压式	接续承受拉力的导线
	压接管	压接式，爆压对接式、爆压搭接式	接续承受拉力的导线或做导线破损补修用
连接金具	专用连接金具	球头挂环、碗头挂板	与球型绝缘子连接起来
	通用连接金具	U 型挂、U 型挂板、直角挂板、平行挂板、二联板、延长环、其他	绝缘子串相互间的连接，绝缘子串与杆塔及绝缘子串与其他金具间之连接
接续金具	拉线紧固线夹	模型	紧固杆塔拉线上端可用作避雷线耐张线夹
		UT 型可调式 UT 型不可调式	紧固杆塔拉线下端并可调整拉线松紧，不可调式用于杆塔拉线上端
保护金具	拉线连接金具	拉线二联板	双根组合拉线用
保护金具	防振金具	防振锤、护线条、铝端夹	对导线或透雷线进行防振保护用代替护线条对导线进行防操或作补修用
	保护金具	均压环、保护角	保护绝缘子串
		重锤、其他	解决塔头间隙不足或导地线上拨

（四）杆塔

杆塔是线路极为重要的部件，其作用是支持导线和避雷线，在各种气象条件下，使导线对地和其他建筑物有一定的安全距离，保证线路安全运行。

杆塔的种类很多，按所用材料分，有木杆、混凝土杆和铁塔。目前 35～110kV 线路上广泛使用混凝土杆。220kV 及以上线路广泛使用铁塔。

杆塔按用途可分为直线、耐张、转角、终端和特殊杆塔等。部分常用杆塔如图 6–5 所示。

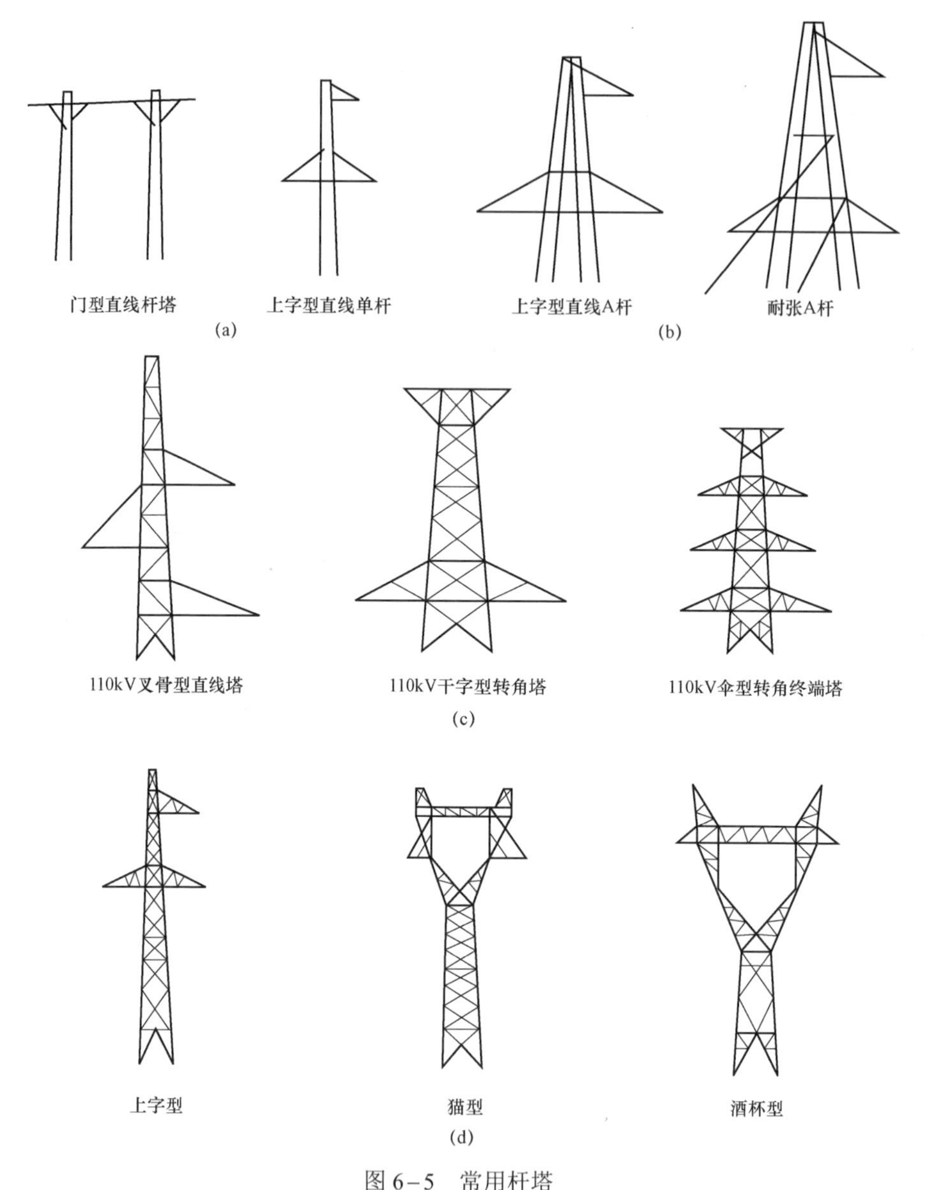

图 6-5　常用杆塔

（a）35kV 混凝土直线杆；（b）110kV 混凝土杆；（c）110kV 铁塔；（d）220kV 单回路直线杆

1. 直线杆塔

直线杆塔用于线路直线段中，约占线路杆塔总数的 70%～80%。正常情况下，直线杆塔只承受导线、避雷线的自重、冰重和风压。

2. 耐张杆塔

耐张杆塔的主要作用是在正常情况下承受导线和避雷线的不平衡张力；在断线故障情况下，承受断线张力，并将线路的故障（如倒杆、断线）限制在一个耐张段内。耐张段的长度一般为3～5km。

3. 转角杆塔

转角杆塔用于线路转角处。它不仅承受导线的垂直荷重和风压，还承受转角合力。

4. 终端杆塔

终端杆塔位于线路的首、末端，承受单侧导线、避雷线的张力。

5. 特殊杆塔

特殊杆塔有跨越、换位、分歧杆塔等几种。

（五）基础

杆塔埋入地下的部分称为基础。基础的作用是保证杆塔稳定，不因杆塔的垂直荷重、水平荷重、事故断线张力和外力作用而上拔、下沉或倾倒。

1. 电杆基础

钢筋混凝土杆的基础是由埋入地下一定深度的电杆及底盘、卡盘构成，如图6-6所示。

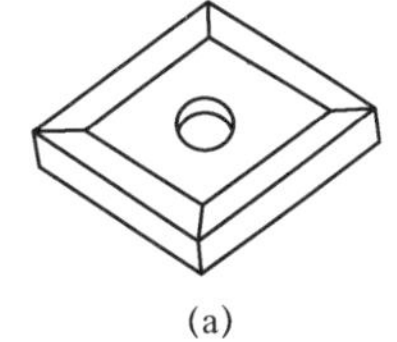
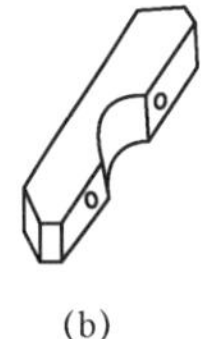

(a) (b)

图6-6 电杆基础

（a）底盘；（b）卡盘

2. 铁塔基础

铁塔基础根据铁塔类型、地形、地质及施工条件等实际情况而定，常用的有以下几种：① 钢筋混凝土现场浇制基础，如图6-7所示；② 预制钢筋混凝土基础。适用于砂、石、水的来源距塔位较远，或者因需在冬季施工，而不宜在现场浇制时采用，如图6-8所示。

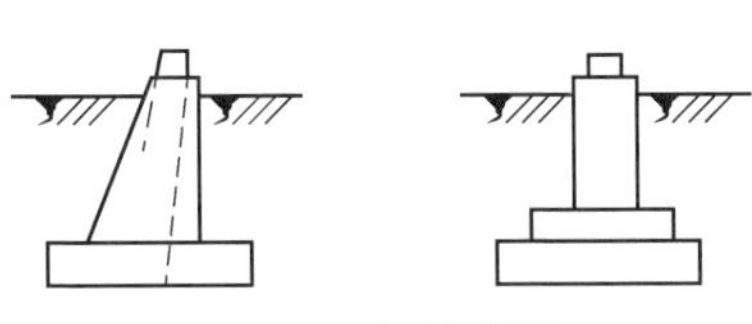

图6-7 现场浇制基础

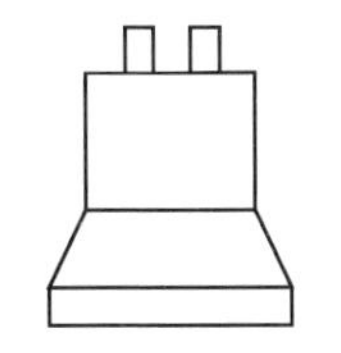

图6-8 预制基础

3. 金属基础

这种基础适合于高山地区交通运输困难的塔位。常用的型式如图6-9所示。

4. 灌注桩式基础

这种基础可分为等径灌注桩和扩底短桩两种。当塔位处于河滩时，考虑到河床冲刷及漂浮物对铁塔的影响，常采用等径灌注桩深埋基础，如图6-10（a）所示。扩底短桩基础最适于黏性土或其他坚实土壤的塔位，如图6-10（b）所示。

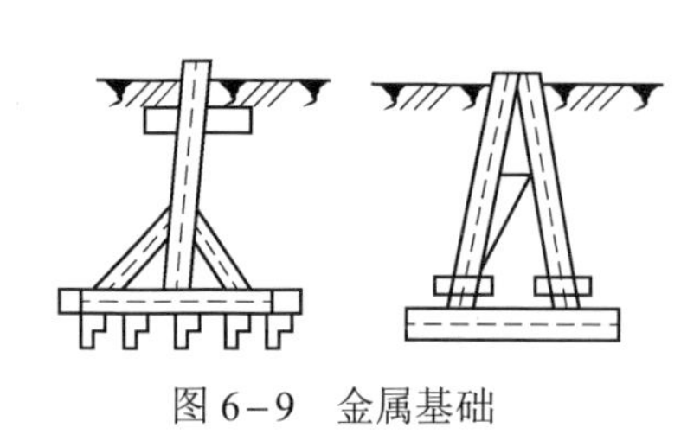

图 6－9　金属基础

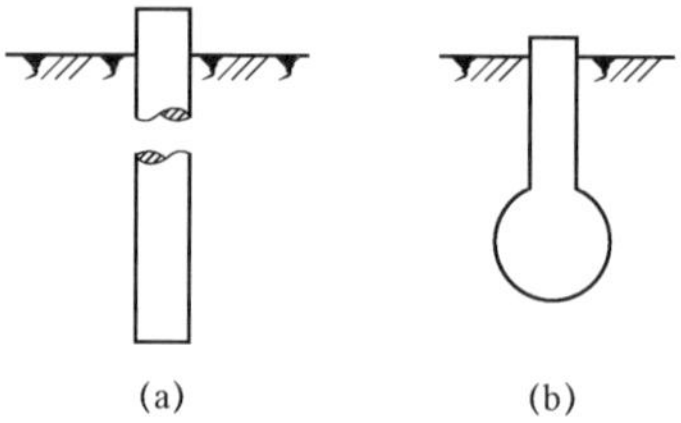

(a)　(b)

图 6－10　灌注桩式基础

（a）等径；（b）扩底

5. 岩石基础

这种基础应用在山区岩石地带，利用岩石的整体性和紧固性代替混凝土基础。根据岩石分化程度不同，一般采用图 6－11 的型式。

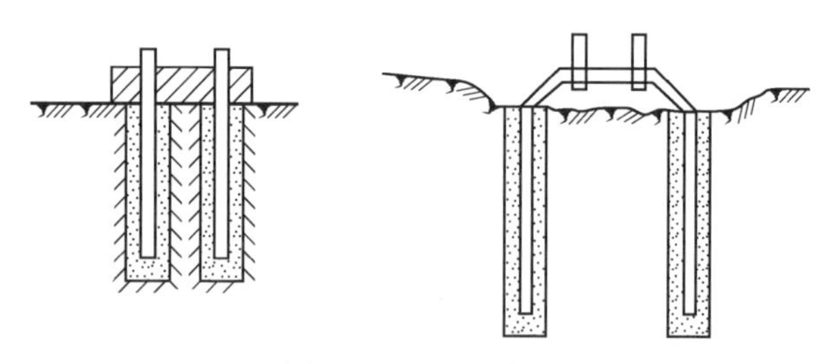

图 6－11　岩石基础

（六）接地装置

输电线路杆塔接地有两个目的：装有避雷线（针）或避雷器等防雷设施的杆塔，接地是为了保护线路绝缘；无避雷线中性点非直接接地系统位于居民区的杆塔，接地是为了保护人身安全。

接地体是埋入地下、直接与大地接触的导体。将接地体与避雷线（避雷针、避雷器）或杆塔接地螺栓相连接的导线称为接地线。接地体与接地线统称为接地装置。

第二节　直　流　输　电

目前，电力系统绝大多数采用三相交流输电，随着交流输电容量的增大、线路距离的增长以及电网的复杂化，使系统稳定性问题日益突出。另外，高电压、远距离输电线路感抗、容抗所引起的电压变化，需要装设大量的补偿设备，以解决无功补偿、稳定性、操作过电压等一系列问题。相比于交流输电，直流输电虽然所占的输电容量份额较少，但由于直流输电独特的优点，使直流输电成为电网的重要组成部分，与交流输电相辅相成，构成了交、直流互相支撑的坚强电网。

我国已有直流超高压±500（±400）、±660kV 和特高压±800、±1100kV 输电线路在运行。

一、直流输电的基本原理

采用直流输电必须进行交、直流电的相互转换，即在送电端将交流电转换成直流电（称为整流），而在受电端又将直流电转换为交流电（称为逆变），才能将电能从电源端送到负荷端。送电端进行整流的场所称为整流站，受电端进行逆变的场所称为逆变站。实现整流和逆变的装置分别称为整流器和逆变器，统称为换流器。

1. 6 脉动换流器

高压和特高压直流输电使用的换流器，通常是由以晶闸管器件为基础构成的换流阀和提供换相电压的换流变压器组成。晶闸管是能承受高电压、通流能力强且技术成熟的电力电子器件。晶闸管的导通和关断性能是晶闸管换流器实现电流转换的关键。晶闸管具有单向导电性，只能从阳极向阴极导电。导通条件是阳极对阴极为正电压，即必须提供换相电压，同时控制极对阴极施加足够能量的正向触发脉冲，两个条件缺一不可。

（1）整流器。图 6–12 为 6 脉动整流器原理接线图。6 脉动整流器是通过换流阀三相桥式连接的 6 个桥臂（阀）V1～V6 按序导通，将交流电变为直流电。通常每个阀由多个晶闸管元件串联而成，以满足直流电压的设计要求。规定换相电压由负变正的过零点为阀触发脉冲α的计时起点，换相电压为正半波（α= 0°～180°）的区间是阀具备正向导通条件的区域，所加触发脉冲的时刻（α角）即为阀的导通时刻。对整流器而言，α的范围为 0°～90°（不含 90°）时，换流器输出的直流电压为正。在一个工频周期内，共阳极（V2、V4、V6）和共阴极（V1、V3、V5）中各有一个非同相的阀导通，将流入整流器的交流电流送入直流回路形成直流电流。

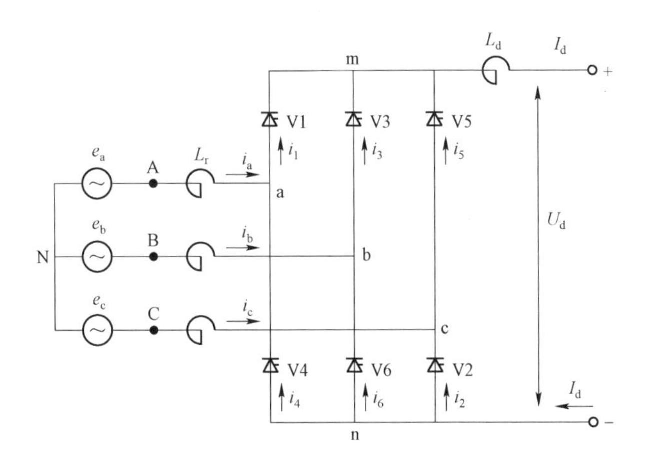

图 6–12　6 脉动整流器原理接线图

（2）逆变器。图 6－13 为 6 脉动逆变器原理接线图。与整流器相同，6 脉动逆变器也是由三相桥式接线的 6 个阀及提供换相电压的换流变压器所组成。在 0° ＜α＜180° 的范围内，α＜90º 时直流输出电压为正，换流器为整流工况；α= 90° 时，直流输出电压为零；α＞90° 时，直流输出电压为负，换流器工作在逆变工况。在逆变工况下，逆变器的 6 个阀 V1～V6 也按同整流器一样的顺序通断。在一个工频周期内，分别有共阳极组和共阴极组中各一个非同相的阀导通，将直流电流分别送入换流变压器的三相绕组，使直流电流变为交流电流。

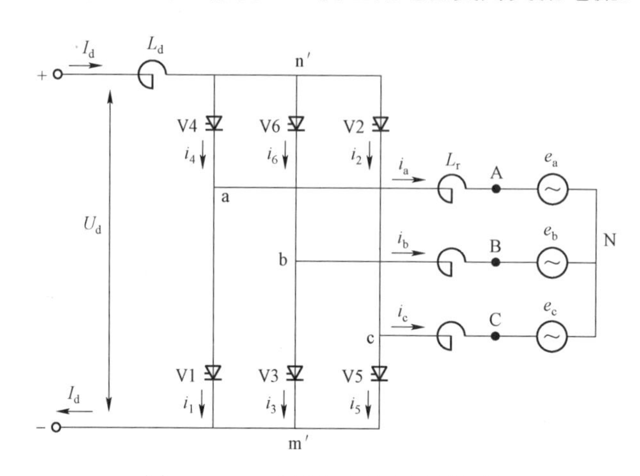

图 6－13　6 脉动逆变器原理接线图

2. 12 脉动换流器

12 脉动换流器由两个 6 脉动换流器在直流侧串联而成，其交流侧为一台三绕组换流变压器或两台并联运行的双绕组换流变压器。如图 6－14 所示，12 脉动换流阀由 V1～V12 共 12 个阀组成，具有直流电压谐波和交流电流谐波成分少的优点，有效地改善了直流侧和交流侧的谐波性能，简化了滤波装置，缩小了占地面积，降低了换流站造价，因而绝大多数直流输电系统选择 12 脉动换流器作为基本换流单元。

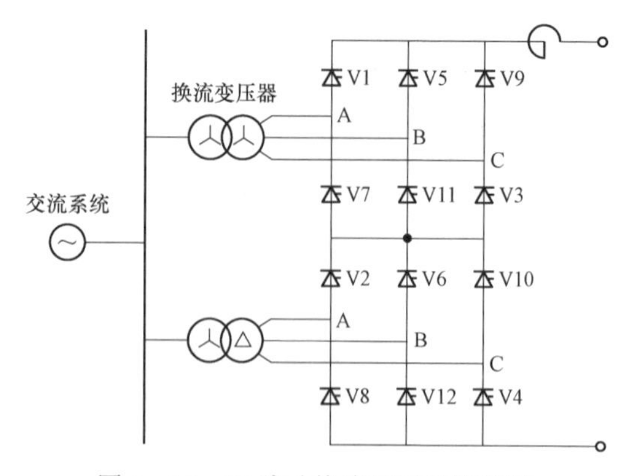

图 6－14　12 脉动换流器原理接线图

二、直流输电系统的构成

直流输电系统结构可分为两端直流系统和多端直流系统两大类。两端直流系统通常由不同地理位置的一个整流站和一个逆变站、连接两端的直流输电线路，以及接地极和接地线路等部分组成。图 6–15 为典型的两端直流输电系统构成示意图。

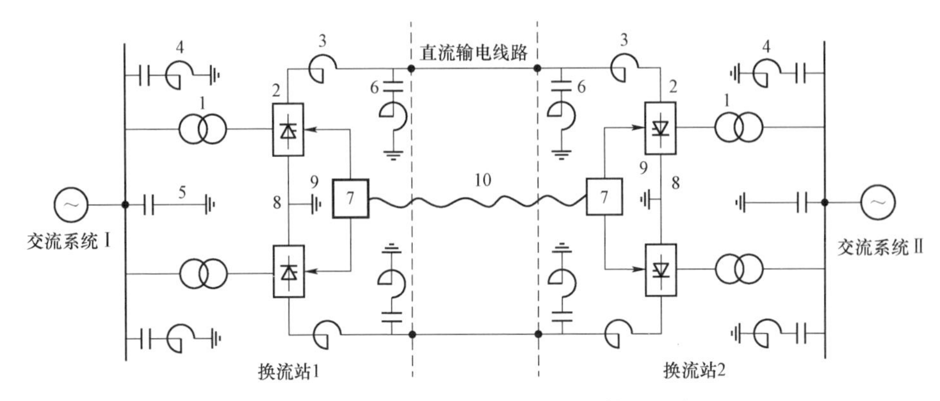

图 6–15　典型的两端直流输电系统构成示意图

1—换流变压器；2—换流阀；3—平波电抗器；4—交流滤波器；5—电容器组；6—直流滤波器；
7—控制保护系统；8—中性母线；9—接地极线路/接地极；10—远动通信系统

图 6–15 中所示的直流系统是在不同交流母线之间相连的直流系统。在换流站内的直流系统部分包括多个换流器、直流场设备和交流场设备。换流器主要包括换流阀及阀控系统、换流变压器；直流场设备主要包括平波电抗器、直流滤波器及各种直流开关设备；交流场设备主要包括交流滤波器、电容器组等滤波及无功补偿装置。另外还有由直流控制保护系统和相关通信系统等组成的直流二次系统。其主要设备的功能简述如下：

（1）换流阀是直流输电实现交直流换流的核心部件。晶闸管换流阀包括电触发晶闸管（ETT）和光触发晶闸管（LTT）两种。中国率先研制成功的特高压直流输电系统用大容量 6 英寸晶闸管阀，居世界领先水平。

（2）换流变压器用于连接交流系统和换流阀，实现交、直流侧的电压匹配和电气隔离。

（3）平波电抗器与直流滤波器共同承担直流侧滤波的任务。

（4）交流滤波器和直流滤波器主要用于滤除换流器运行时在交流侧和直流侧产生的特征谐波。

（5）作为无功补偿装置的电容器组用于补偿换流站所需无功。

（6）直流控制保护系统用于实现直流系统的正常起停、自动调节、故障处理和设备保护等功能。

（7）接地极和接地极线路与大地（或海水）形成直流回路。

如图 6–15 所示，双极系统大多采用两端中性母线接地方式。正常双极平衡运行时，大地中仅流过小于额定电流 1%的两极不平衡电流。当一极故障停运时，双极系统可自动转为单极大地回路方式运行，提高了输电的可靠性。

三、直流输电的优点及其应用

（1）直流架空输电线路只需正负两极导线，杆塔结构简单，线路走廊窄，造价低。直流系统还可利用大地（或海水）为回路，省去回路导线。直流线路无电容电流，不需装设并联电抗器。

（2）直流架空线路输电主要是电阻损耗，损耗小，沿线电压分布均匀，通过提高输电电压，更适合长距离输电。

（3）直流电缆耐受电压高、输送容量大、输电密度高、损耗小、寿命长，输送距离不受电容电流限制。远距离跨海输电和地下电缆输电大多采用直流电缆输电。

（4）由于直流的隔离，所联交流电网可以具有不同的频率，各交流电网可保持各自的频率和电压独立运行，无需同步运行，作为大区电网间的联络线，能提高互联系统的稳定性、可靠性和灵活性。

复习题

一、填空题

1. 输电线路的电压越高，输送________越大。输送容量与________的平方成正比，与线路的________成反比。

2. 我国目前采用的输电电压等级分类为________、________、________。

3. 架空电力线路主要由________、________、________、________、________、________及________等构成。

4. 制造导线的材料除了应有良好的________外，还应具备足够的________，其密度尽可能________，并具有适应________的能力及耐________腐蚀的性能。

5. 制造钢芯铝绞线时，按钢、铝________不同，分为________、________和________。

6. 330kV 及以上超高压线路，为了提高线路________的需要，常采用________导线。

7. 金具一般用________、________、________等制成。

8. 高压远距离输电线路感抗、容抗所引起的电压变化，需要装设________，以解决________、________、________等一系列问题。

二、判断题

1. 避雷线是防止雷击杆塔的。（　　）

2. 输电线路杆塔的作用是支持导线和避雷线，使导线对地和其他建筑物有一定的安全距离，保证线路安全运行。（　　）

3. 高压直流输电不适用于远距离大功率输电，又不适用海底电缆输电，更不能进行不同额定频率或相同频率非同步运行的交流系统的联络。（　　）

三、选择题

1. 发电厂生产的电能，除了厂用电和直配线用户用电外，其余部分由升压变压器变压后，经高压输电线路________。

A. 直接向用户供电；B. 向负荷中心输电，并经降压变电站向用户供电。

2. 在输电线路中输送功率一定时，其电压越高________。

A. 电流越大，线损越大；B. 电流越小，线损越小。

3. 高压远距离输电线路装设补偿设备，是为了减小感抗、容抗所引起的________变化。

A. 电压；B. 电流；C. 功率。

4. 功率相同时，直流输电与交流输电相比，其线路________。

A. 线损较小；B. 线损较大。

四、问答题

1. 为什么要采用高电压输电？

2. 避雷线通常采用什么型号导线？它的作用是什么？

3. 绝缘子的作用是什么？

4. 杆塔按其用途可分为哪几种？耐张杆塔的作用是什么？

5. 杆塔基础有哪几种？各在什么情况下使用？

6. 输电线路常用的绝缘子有哪几种？

7. 输电线路金具按其用途、性能分有哪些种类？

8. 什么是直流输电系统中的整流站和逆变站？

9. 简述直流输电系统的构成。

10. 直流输电有什么优点？

电 力 系 统

第一节 电力系统的组成

一、电力系统概述

发电厂一般是建在能源丰富的地区，如水电站建在江河流域水位落差较大的地方，火电厂建设在煤炭能源中心。而大的电力负荷中心，则多集中在工、农业生产基地及大城市等地。发电厂和电力负荷之间，往往相距甚远。因而，发电厂生产的电能需经变压器升压后输送到负荷中心，再经过逐级降压配电等环节后，才能供电力用户使用。实现电能的生产、输送、分配和使用，就要建立完善的电力系统。电力系统是由发电厂、电力网和电力用户在电气上组成的统一整体，如图 5–1 所示。

（一）发电厂

发电厂根据其动力资源的不同，分为火力发电厂、水力发电厂（水电站）、原子能发电厂（核电站）、太阳能发电站、风力发电场和地热电站等。

（二）电网

电网是电力系统的重要组成部分，是发电厂和电力用户之间必不可少的中间环节。它由各种电压等级的输配电线路及变电站组成，图 5–1 电力系统示意图中虚框内为电网示意图。电力网的分类如下：

1. 按结构分

（1）开式电网，用户只能从单方向得到电能的电网。

（2）闭式电网，用户可以从两个及两个以上方向得到电能的电网。

2. 按电压等级分

（1）低压电网，1kV 及以下电网。

（2）中压电网，1kV 以上至 35kV 电网。

（3）高压电网，35kV 以上至 220kV 电网。

（4）超高压电网，330kV 至 1000kV 以下电网。

（5）特高压电网，1000kV 及以上电网。

3. 按供电范围分

电力网按供电范围分为地方电网、区域电网和超高压远距离电网。

4. 按作用分

电力网按作用可分为输电网和配电网两部分。

各级电压电网的划分不是绝对不变的，随着电网的发展，各级电压的划分也在改变，其间并没有严格的界限。

（三）电力负荷

电力负荷是指用户用电设备所消耗的功率，分为有功负荷和无功负荷两种。

有功负荷是指用电设备在能量转换过程中所消耗的有功功率。

无功负荷是指电动机、变压器运行时，在电磁能量转换过程中，建立磁场所需要的无功功率。因此，无功功率与有功功率同样重要。没有无功功率，电动机就不会转动，变压器也不能进行电压的变换。

将工业、农业、市政生活等各用电部门消耗的功率综合所得的负荷，称为电力系统综合负荷。综合负荷加上网损（线路、变压器上的损耗）称为电力系统供电负荷。供电负荷加上发电厂厂用电称为电力系统发电负荷。系统中的发电负荷主要由同步发电机供给，发电机既发有功功率，也发无功功率。同步调相机或并联电容器等是系统的无功电源，一般装设在大型变电站内，以补充无功功率的不足。

为了更好地满足用电需要，按照负荷的重要程度，把综合负荷分为三类。

一类负荷，若突然停电，将造成人身伤亡和重大设备损坏，给国民经济带来巨大损失和造成重大政治影响的负荷。对于一类负荷，应由两个独立电源供电，以保证供电的连续性。

二类负荷，若突然停电，将产生大量废品或造成大量减产的负荷。

三类负荷，所有不属于一、二类负荷的用户。

当系统发生事故或电源不足时，根据预定的负荷等级进行合理的拉闸限电，以维持电力系统正常运行，保证重要用户的用电。

二、大电网的优越性

电力工业的发展必然要发展大电网，因为大电网具有十分显著的优越性，大电网的发展在技术和经济上都产生了巨大的效益。其优越性主要体现在以下几个方面：

（1）合理利用资源，有利于资源开发。发展大电网可以合理利用能源，有利于水力资源的开发和坑口电站的建设。

（2）安装大容量、高效率发电机组，降低造价、提高效益。大电网可以安装大容量火电机组、水电机组和核电机组，降低了单位千瓦的设备投资，降低机组运行损耗和节约能源，提高生产效率。

（3）利用时间差错峰，减少备用容量，节省全网总装机容量。大电网可以利用时间差错开用电高峰，各地区用电的不同时性削减了尖峰负荷，因而可以降低用电高峰负荷，减少系统备用容量。

（4）互供电力互为备用，增强抵抗事故能力，提高电网安全水平，提高供电可靠性。

（5）有利于改善电能质量。当系统出现较大的负荷波动时，若系统容量较小，有可能引起电网电压或频率的波动。大电网则可以承受较大的冲击负荷，有利于稳定电压、频率，改善电能质量。

（6）有利于电力系统经济运行，实现水火电联合经济调度。在电力系统中还可以通过在各发电厂之间合理分配负荷，使得整个系统的电能生产成本降低，提高了系统运行的经济性。另外，水电还可以跨流域调节，并在更大范围内进行水火电联合经济调度。

第二节 电力系统的运行

电力工业有两个最基本的特点：① 重要性，电力已成为现代化生产的主要动力，在国民经济中日益显示出举足轻重的作用；② 电力生产的连续性，目前电力尚不能大量储存，电力的生产、传输、分配和使用是在同一时间内完成的。即系统中所有发电机在任一时刻发出的功率和用户需要的功率必须保持平衡，若其中任一环节发生故障，会破坏这种平衡，使电能质量下降，甚至造成供电中断等严重后果。因此，保证电力系统安全可靠地运行具有十分重要的意义。

但是，由于设备制造上的缺陷、检修质量不高、运行维护不当、设备绝缘老化以及风雨雷电、鸟害等人为原因和自然原因，致使运行中的电力系统发生各种形式的故障，甚至造成系统事故。提高设备制造质量，科学规划电力系统，加强生产管理，提高运行水平和工作质量，是使事故大幅度下降的有力措施。在目前条件下，完全杜绝事故是不可能的。作为电业工作者，一方面要加强科学管理，改进工作，将事故防患于未然；另一方面，则应采取有效应急措施，一旦发生故障，准确而迅速地将故障设备切除，保证系统无故障部分继续正常运行，把故障的影响限制在最小范围之内，将经济损失减小到最少。

一、发电机和变压器的并联运行

电力系统的并联运行是通过发电机和变压器并联运行实现的。

（一）发电机的并联运行

现代发电厂中，一般均为多台同步发电机并联运行。而一个电力系统又有许多发电厂并联运行。这样可以更合理地利用动力资源和发电设备，增加供电的经济性和可靠性，提高电能质量。

将发电机与电力系统并列所进行的操作称为同步并列操作，也叫“并车”。图 7-1 为准同步并列的原理接线图。

将发电机并入电力系统，必须满足以下几个条件，否则会产生很大的冲击电流而造成严重的后果。

（1）待并发电机的电压 $\dot{U}_{\mathrm{II}}$ 应和电力系统电压 $\dot{U}_{\mathrm{I}}$ 大小相等，相位相同，即 $\dot{U}_{\mathrm{II}}=\dot{U}_{\mathrm{I}}$。

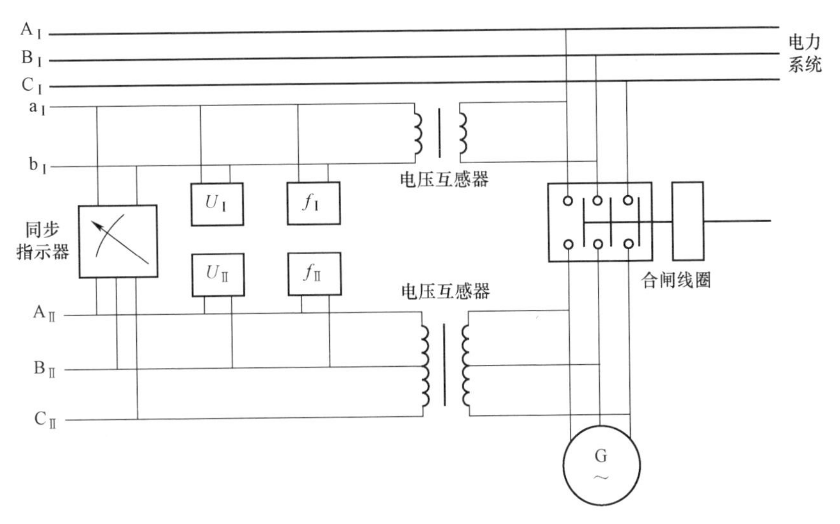

图 7-1　准同步并列原理接线图

（2）待并发电机的频率 f_{II} 应和电力系统频率 f_{I} 相同，即 $f_{\mathrm{II}}=f_{\mathrm{I}}$。

（3）待并发电机的相序应和电力系统相序一致。

上述三个条件中，前两个条件允许稍有偏差，最后一个条件则必须满足。

两个电力系统的并列，同样也要满足上述三个条件。

（二）变压器的并联运行

在发电厂和变电站中，常有多台变压器并联运行。图 7-2 所示为两台变压器的一次绕组和二次绕组分别接在各自的公用母线上，并联向用户供电。

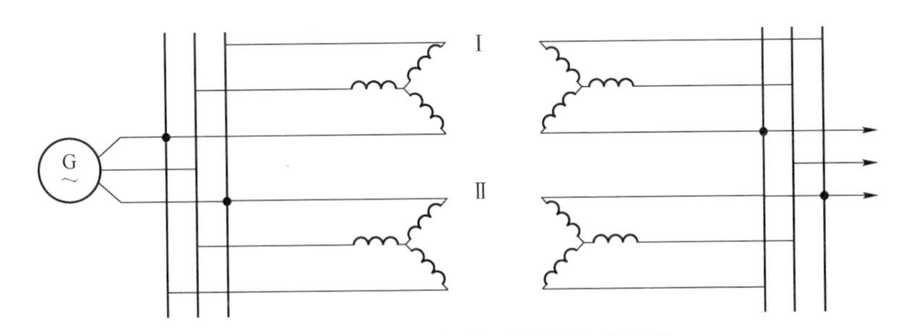

图 7-2　两台三相变压器的并联运行

1. 并联运行的优点

并联运行主要优点有：① 提高对用户供电的可靠性，若某台变压器发生故障，可把它从电力系统中切除，电力系统仍能继续供电；② 提高运行效率，根据负荷的变化，可调整投入运行的变压器台数，以减少电能损耗；③ 随用电量的逐步增长，逐步增加变压器台数，分期安装新增变压器，可减少初次投资，并可减少备用容量。

2. 并联运行的理想条件

主要有：① 各变压器一、二次绕组的额定电压分别相等，即变压器的变比相等；② 各变压器的接线组别必须相同；③ 各变压器的短路电压（阻抗百分数）应相等，短路阻抗角也应相同。

二、电力系统的故障及不正常运行状态

（一）短路故障的分类

电力系统最常见、同时也是最危险的故障是各种类型的短路。所谓短路，是指正常运行以外的一切相与相之间或相与地之间的短接。在中性点直接接地系统中，一相对地短路最为常见，据统计约占故障总数的90%左右。在中性点不直接接地系统中，短路故障主要是各种相间短路，因为在这种系统中的单相接地，虽然构成了回路，但由于消弧线圈的作用，故障电流也很小。在发电机或变压器内部，还可能出现单相匝间短路等故障。另外，在输电线路上还可能发生断线故障。有时断线和短路同时发生，称为复合故障。

一般说来，架空线路的故障率在整个电力系统中是最高的，但这些故障大部分属于暂时性故障。所谓暂时性故障，是指故障线路断开电源电压后，故障点的绝缘强度能够自行恢复。如由雷电引起的绝缘子表面闪络、大风引起树枝碰线等，均属于此类故障。此外，也存在永久性故障，例如，由于绝缘子的击穿或损坏、线路倒杆等原因引起的故障。发生永久性故障后断开电源电压，故障仍然存在。因此，对于永久性故障，故障排除之前是不可能恢复正常运行的。表 7–1 列出了常见的短路故障类型、示意图以及故障率的统计。

表 7–1　　电力系统短路的基本类型

故障类型	示意图	符号	故障率
三相短路		$K^{(3)}$	2.0%
两相短路		$K^{(2)}$	1.6%
两相接地短路		$K^{(1.1)}$	6.1%
单相短路		$K^{(1)}$	87.0%
其他（包括断线等）			3.3%

（二）短路对电力系统的危害

（1）短路电流可达额定电流的几倍至几十倍，短路电流产生的热效应和电动力使故障支路内的电气设备遭受破坏或缩短使用寿命。

（2）短路电流引起的强烈电弧，可能烧毁故障元件及其周围设备。

（3）短路时系统电压大幅度下降，使用户的正常工作遭到破坏，严重时可能引起电压崩溃，造成大面积停电。

（4）短路故障可能破坏发电机并联运行的稳定性，使系统产生振荡，甚至造成整个系统的瓦解。

（5）发生不对称短路时的负序电流在发电机气隙中产生反向旋转磁场，在发电机转子回路内引起两倍额定频率的额外电流，可能造成转子的局部烧伤，影响发电机的正常运行。

（6）发生接地短路时的零序电流还会对邻近的通信线路及铁路自动信号系统产生干扰。

（三）不正常工作状态

电力系统在运行中，可能出现各种不正常工作状态。所谓不正常工作状态，通常是指由于各种原因，使电气设备或系统运行参数偏离规定容许值，正常运行状态遭破坏的情况。如发电机及变压器的过负荷、水轮发电机突然甩负荷引起的过电压，以及当电力系统中发生有功功率缺额时所引起的频率下降等。显然，就其性质、后果及危害而言，不正常工作状态不同于故障，但如不及时发现和处理，就可能发展成故障。

所以，为了保证电力系统安全可靠运行，要经常监视各种电气设备的工作状态，一旦发现异常现象，应及时处理，尽量避免事故的发生。

三、电力系统运行的稳定性

（一）稳定性的概念

电力系统的稳定性分静态稳定性和暂态稳定性两种。

（1）静态稳定性是指正常运行的电力系统受到小扰动后，不至于发生自发振荡和非同期失步，并能自动恢复到原来运行状态的能力。

扰动是多种多样的。例如，架空电力线路因风吹摆动引起线间距离的变化，发电机组的输入功率发生瞬时的增大或减小等，均使电力系统受到一种瞬时的小扰动，若扰动消失后，系统能回到原来的运行状态，称系统为静态稳定的，否则就是静态不稳定的。

（2）暂态稳定性是指正常运行的电力系统受到相当大的扰动时，各同步发电机能否保持同步运行，并过渡到新的或恢复到原来稳定运行状态的能力。

电力系统内运行的发电机遭受大干扰的原因很多，归纳起来大致有以下几种：① 负荷突然变化，例如切除或投入大容量的用电设备；② 切除或投入电力系统的某些元件，如发电机组、变压器、输电线路等；③ 电力系统发生短路故障。

系统受到大的扰动，若经过几次减幅振荡后，各同步发电机能保持同步运行，并过渡到新的或恢复原来稳定运行状态，则属于暂态稳定；若振荡是非衰减的，系统就不可能恢复同步运行，即系统丧失了暂态稳定性，就会引起个别发电厂与系统之间，或一部分系统与另一部分系统之间失去同步，进入异步运行状态。

（二）提高稳定运行的措施

1. 提高静态稳定的措施

主要措施有：① 减少系统各元件的感抗，主要是减小发电机、变压器和输电线路的感抗，即缩短“电气距离”；② 采用快速自动励磁装置，以提高发电机的电动势；③ 采用按频率自动减负荷装置，防止导致频率崩溃。

2. 提高暂态稳定性的措施

提高系统暂态稳定性的措施很多，提高静态稳定性的措施基本上都可以提高暂态稳定性。但是，在大扰动下采取措施克服系统功率或能量平衡失调，是提高暂态稳定的首要问题。

（1）快速切除短路故障。

（2）采用自动重合闸装置。在故障发生后由保护装置发出指令将故障线路的断路器跳闸，待故障消失后，又自动将这一线路投入运行，以提高供电的可靠性。

（3）采用电气制动和机械制动。所谓电气制动，就是当系统发生故障，发电机组因功率过剩而加速时，迅速投入制动电阻，额外消耗发电机的有功功率，以抑制发电机加速，提高电力系统暂态稳定。

机械制动则是直接在发电机组的转轴上施加制动力矩，抵消机组的机械功率，以提高系统暂态稳定。

（4）设置开关站和采用强行串联电容补偿。当输电线路相当长，而沿途又没有大功率的用户需要设置变电站时，可以在输电线路中间设置开关站。设置开关站后，当输电线路上发生永久性故障而必须切除线路时，可以不切除整个线路，而只切除其故障段。这样，不仅提高了发生故障时的暂态稳定性，而且提高了故障后的静态稳定性。

（5）采用自动切机或快速控制调速汽门。所谓自动切机，就是在输电线路发生事故跳闸时或重合闸不成功时，自动切除线路送电端发电厂的部分发电机组。

采用快速控制调速汽门能够方便地做到快速调节汽轮机对发电机的输入功率，以适应系统发生故障时发电机输出功率的降低，从而减少发电机转子在故障期间的加速，达到提高暂态稳定性的目的。

四、电能质量

所谓电能质量，主要是指电力系统中交流电的频率和电压均应保持在允许变动范围之内。频率和电压的偏差过大，不仅严重影响电力用户的正常工作，而且对发电厂和电力系统本身的运行也有严重危害。

（一）频率

1. 频率质量要求

频率是衡量电能质量的重要指标之一。我国电力系统的额定频率是 50Hz，其允许偏差一般不得超过±0.2Hz，更不允许电力系统长时间低于 49.5Hz 运行。

系统的频率主要决定于系统内有功功率的平衡情况。当负荷大于或小于发电厂的出力时，系统的频率就要降低或升高。为此要相应调节发电机的输入功率，保持系统功率平衡，如装机容量满足不了负荷增长需要或发生事故造成电源出力不足时，应采取措施，包括切除部分负荷，以便尽量保持频率在规定范围运行。

2. 低频率运行的危害

电力系统低频率运行的危害有：① 汽轮机低压级叶片将由于振动加大而产生裂纹，甚至发生断裂事故；② 使发电厂内的给水泵、风机、磨煤机等辅助设备的出力降低，影响发电机的出力，严重时可能造成发电厂停机；③ 用户的交流电动机的转速降低，因而使许多工农业的产品质量和产量都有不同程度的降低。

（二）电压

电压是衡量电能质量的另一重要指标。用电设备最理想的工作电压就是它的额定电压。由于电网中存在电压损耗。通常是线路首端电压高，末端电压低，所以同一电压等级的电网中，各用户不可能均处在额定电压下运行。因此，应根据不同情况规定电压容许偏差值。只要在规定的偏差范围内，就认为电压是合格的。

1. 额定电压及允许电压偏差

35kV 及以上电压的用户和对电压质量有特殊要求的用户，允许电压偏差为额定电压的±5%。20、10kV 三相供电电压允许偏差为额定电压的±7%。低压照明用户为+5%、−10%。

为了保证所有用电设备的运行电压不超过上述偏差标准值，对电力线路、发电机、变压器的额定电压有如下规定。

（1）线路和用电设备的额定电压。由于线路的电压损耗一般不大于 10%，所以线路首端电压最好比额定电压高 5%，线路末端电压不低于额定电压的 95%。取线路首端和末端电压的平均值为线路的额定电压，这一额定电压值即为电网（电力系统）的额定电压，如 6、10kV 等。用电设备的端电压一般允许在额定电压的±5%范围内变化，作为接于电力线路上的设备，其额定电压应为线路（电网）的额定电压。

（2）发电机的额定电压。作为电力系统中的电源设备，发电机可能直接接在线路首端，其额定电压要比线路的额定电压高 5%；当发电机直接与升压变压器连接时，其额定电压与升压变压器一次绕组额定电压相等。

（3）变压器的额定电压。变压器的一次绕组是接受电能的，相当于用电设备，因此，它的额定电压应等于电网的额定电压。但是直接与发电机相连的变压器，其一次绕组的额定电压应与发电机的额定电压相等。变压器的二次绕组相当于电源，其额定电压应比线路额定电压高 5%。对于阻抗大的变压器，考虑其自身约5%的电压损耗，其二次绕组的额定电压应比线路额定电压高 10%。部分电气设备额定电压如表 7-2 所示。

表 7-2　　　　部分电气设备的额定电压　　　　单位：kV

线路（用电设备）电压	发电机电压①	变压器电压	
		一次绕组	二次绕组
0.22	0.23	0.22	0.23
0.38	0.40	0.38	0.40
3	3.15	3～3.15	3.15～3.3
6	6.3	6～6.3	6.3～6.6
10	10.5	10～10.5	10.5～11
35		35	38.5
110		110	121
220		220	242
330		330	363
500		500	550

① 发电机电压尚有 13.8、15.75、18.0kV。

2. 低电压运行的危害

低电压运行的主要危害有：

（1）烧坏电动机。异步电动机的转矩与端电压的平方成正比。若电压降低10%，则转矩降低 19%。当电动机拖动机械负载时，外加电压越低，电流就越大，使电动机绕组的温度升高，加速绝缘老化。当端电压降低到使异步电动机拖不动机械负载时。其转速大幅度降低，直至停转和烧坏电动机。

（2）电灯不亮。白炽灯对电压变动的敏感性较大，当电压降低 5%时，其光通量减少 18%；电压降低 10%时，光通量约减少 1/3。电压降低 20%时，日光灯不能启动。

（3）增大线损。在输送功率一定时，电压越低，输送电流越大，线损越大。

（4）降低系统的稳定性。电压降低，线路输送的容量就降低，因而也就降低了系统的稳定性。对于无功功率严重不足，电压水平较低的系统，很可能出现电压“崩溃”现象；同时系统运行在较低电压水平时，会降低发电机并联运行稳定性。

（5）降低输、变电设备出力。因容量与电压成正比，电压降低，输变电设备的负载能力相应会降低。

3. 提高电压的措施

（1）装设必要的无功补偿设备。为了保持无功电源与无功负荷之间的功率平衡，从而维持系统电压正常，可在电力系统中合理地配置足够的无功补偿设备，如调相机、电容器和静止补偿设备等。

（2）提高用户功率因数。用户无功负荷应采取就地补偿，以提高功率因数。为此，高电压用户必须保证功率因数在 0.9 以上，其他用户应保持在 0.85 以上。

（3）采用有载（带负荷）调压变压器。根据电力系统各级电压电网的需要，适当地装设有载调压变压器，以保证二次侧电网的电压符合要求。

（4）监视中枢点电压。为了保证电压质量合格，要监视、调整中枢点电压，如主要发电厂和枢纽变电站母线电压。

五、经济运行

电力系统经济运行是指满足负荷要求的条件下，使整个电力系统的原动力消耗量最小，以降低电能成本。

1. 发电厂经济负荷分配

电力系统中各种类型发电厂的效率是不同的，因此效率高的发电厂应多带负荷，如新型大容量机组电厂效率高，应优先投入并担任基本负荷，而效率低、设备陈旧的电厂，通常只在高峰负荷期间用来调峰。

另外，在有水电站的系统中，应尽量利用水电来进行调峰。因为当负荷波动时、水轮发电机组在自动装置的控制下，只要控制水轮发电机组的进水量即能调节出力。在紧急情况下，静止的水轮发电机组，能在 1min 内启动并接带负荷。因此，可调节的水电站担负系统的调峰是极为有利的。

2. 降低线损

线损是线路（和变压器）的功率损耗，线损率就是全系统的线损电量占供电量的百分数。降低线损率是提高经济运行的重要措施。

第三节 电力系统自动化

电力系统的监控与调度需要电力系统自动化的技术支撑，那么电力系统自动化是以什么方式将变电站、发电厂的信息采集回调度主站的，自动化系统又是怎样处理数据并送给调控人员进行调度的呢？下面就来介绍调度自动化的原理和结构。

一、电力系统调度自动化的基本概念

1. 自动化的基本概念

如图 7-3 所示，电力系统是由发电、输电、变电、配电、用电设备及相应的辅助系统组成的，集电能生产、输送、分配、使用于一体的系统。发电系统由原动机、发电机及升压系统构成，它是将水力、煤炭、石油、天然气、风力、生物质能、太阳能及核能等能量转变成电能的工厂。电力网是由输电、变电、配电设备及相应的辅助系统组成的联系发电与用电的统一整体。这样，电力系统的运行有以下特点：① 电能的生产和使用同时完成；② 过渡过程十分短暂；③ 与国民经济关系密切。其中任意一个环节出现故障，都会影响到整个电力系统的安全、经济运行。为了保证其运行的绝对可靠性和安全性，就需要一套能对其进行监视和控制的系统，即能实现对电能的发、输、供进行在线控制、监视、自动调节、风险评估等功能，从而保证电网安全、经济、高效、环保运行。所以电力系统调度自动化就是利用计算机、远动、通信等技术实现电力系统调度功能的综合系统。

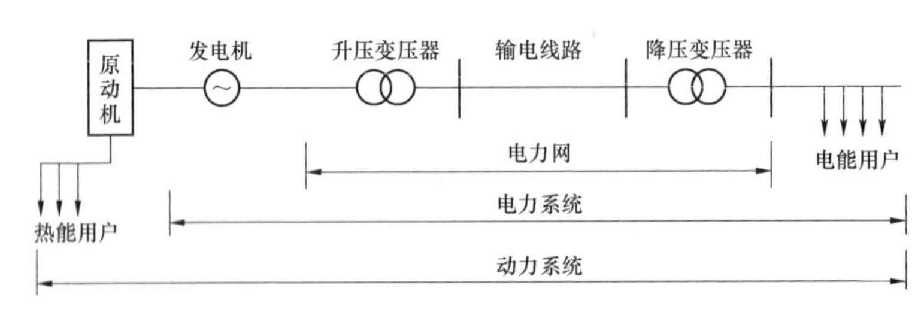

图 7-3　电力系统示意图

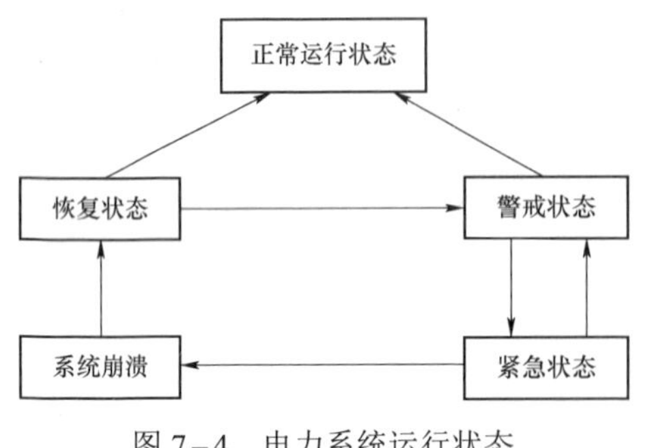

图 7-4　电力系统运行状态

2. 电力系统自动化控制的运行状态

电力系统的运行状态如图 7-4 所示，包括正常状态、警戒状态、紧急状态、崩溃状态和恢复状态五种状态。

（1）正常运行状态。

电力系统向用户连续提供质量合格的电能，电力系统各发电机发出的有功和无功功率应随时随刻与随机变化的电力系统负荷消耗的有功功率和无功功率（包括系统损耗）相等，同时，发电机发出的有功功率和无功功率、线路上的功率潮流（视在功率）和系统各级电压应在安全运行的允许范围之内。要保证电力系统这种正常运行状态，必须满足两点基本要求：① 电力系统中所有电气设备处于正常状态，能满足各种工况的需要；② 电力系统中所有发电机以同一频率保持同步运行。

在正常运行状态下，电力系统有足够的旋转备用和紧急备用以及必要的调节手段，使系统能承受正常的干扰（如电力系统负荷的随机变化、正常的设备操作等），而不会产生系统中各设备的过载，或电压和频率偏差超出允许范围。电力系统对不大的负荷变化可通过调节手段，从一个正常运行状态连续变化到另一个正常运行状态。正常运行状态下的电力系统是安全的，可以实施经济运行调度。

电力系统实际运行中，由于自然灾害的作用、设备缺陷和人为因素都会造成设备故障和运行条件发生变化，因而电力系统还会出现其他非正常运行的状态。

（2）警戒状态。

当负荷增加过多，或发电机组因出现故障不能继续运行而计划外停运，或者因发电机、变压器、输电线路等电力设备的运行环境变化，使电力系统中的某些电力设备的备用容量减少到使电力系统的安全水平不能承受正常干扰的程度时，电力系统就进入了警戒状态。警戒状态下，电力系统仍能向用户供应合格的电能。从用户的角度来看，电力系统仍处于正常状态。但从电力系统调度控制来看，警戒状态是一种不安全状态，与正常状态是有区别的。两者的区别在于：警戒状态下的电能质量指标虽仍合格，但与正常状态相比与不合格更接近了；电力设备的运行参数虽然在允许的上、下限值之内，但与正常状态相比更接近上限值或下限值了。在这种情况下，电力系统受正常干扰，特别是在电力系统发生故障时，可能使系统进入到不正常状态。例如，使某些变压器或线路过载，使某些母线电压低于下限值等。警戒状态下的电力系统是不安全的，调度控制需采取预防性控制措施，使系统恢复到正常状态。例如，调整发电机出力和负荷配置、切换线路等。这时经济调度就放到次要地位了。

（3）紧急状态。

一个处于正常状态或警戒状态的电力系统，如果受到严重干扰，比如短路或大容量发电机组的非正常退出工作等，系统则有可能进入紧急状态。

电力系统的严重故障主要有线路、母线、变压器和发电机短路。短路有单相接地、两相和三相短路。短路又分瞬间短路和永久性短路。在实际运行中，单相短路出现的可能性比三相短路多，而三相短路对电力系统影响最严重。当然尤其严重的是三相永久性短路，这是极其稀少的。在雷击等情况下，有可能在电力系统中若干点同时发生短路，形成多重故障。

突然跳开大容量发电机或大的负荷引起电力系统的有功功率和无功功率严重不平衡。发电机失步，即不能保持同步运行。

电力系统出现紧急状态将危及其安全运行，主要事故有以下几个方面：

1）频率下降。在紧急状态下，发电机和负荷间的功率严重不平衡，会引起电力系统频率突然大幅度下降，如不采取措施，使频率迅速恢复，将使整个电厂解列，其恶性循环将会产生频率崩溃，导致全电力系统瓦解。

2）电压下降。在紧急状态下，无功电源可能被突然切除，引起电压大幅度下降，甚至发生电压崩溃现象。这时，电力系统中大量电动机停止转动，大量发电机甩掉负荷，导致电力系统解列，甚至使电力系统的一部分或全部瓦解。

3）线路和变压器过负荷。在紧急状态下，线路过负荷，如不采取相应技术措施，会连锁反应，出现新的故障，导致电力系统运行进一步恶化。

4）出现不稳定问题。在紧急状态下，如不及时采取相应的控制措施或措施不够有效，则电力系统将失去稳定。所谓电力系统稳定，就是要求保持电力系统中所有同步发电机并列同步运行。电力系统失去稳定就是各发电机不再以同一频率保持固定功角运行，电压和功率大幅度来回摇动。电力系统稳定的破坏会对电力系统安全运行产生最严重后果，将可能导致全系统崩溃，造成大面积停电事故。

紧急状态下的电力系统是危险的。电力系统进入紧急状态后，应及时依靠继电保护和安全自动装置有选择地快速切除故障，采取提高安全稳定性措施。争取使系统恢复到警戒状态或正常状态。避免发生连锁性的故障，导致事故扩大和系统的瓦解。

（4）系统崩溃。

在紧急状态下，如果不能及时消除故障和采用适当的控制措施，或者措施不能奏效，电力系统可能失去稳定。在这种情况下为了不使事故进一步扩大并保证对部分重要负荷供电。自动解列装置可能动作，调度人员也可以进行调度控制。将一个并联运行的电力系统解列成几部分。这时电力系统就进入了崩溃状态。系统崩溃时，在一般情况下，解列成的各个子系统中，等式和不等式的约束条件均不能成立。一些子系统由于电源功率不足，不得不大量切除负荷；而另一些子系统可能由于电源功率大大超过负荷而不得不让部分发电机组解列。

系统崩溃时，电力系统调度控制应尽量挽救解列后的各个子系统，使其能部分供电，避免系统瓦解。电力系统瓦解是由于不可控制的解列而造成的大面积停电状态。

（5）恢复状态。

通过继电保护、自动装置和调度人员的调度控制，使故障隔离，事故不扩大。在崩溃系统大体上稳定下来以后，可使系统进入恢复状态。这时调度控制应重新并列已解列的机组，增加并联运行机组的出力，恢复对用户供电，将已解列的系统重新并列。根据实际情况将系统恢复到警戒状态或正常状态。

3. 电力系统的运行控制

电力系统自动化运行控制的目的是采取各种措施使系统尽可能运行在正常运行状态。

在正常运行状态下，调度人员通过制定运行计划和运用计算机监控系统（SCADA 或 EMS）实时进行电力系统运行信息的收集和处理，在线安全监视和安全分析等，使系统处于最优的正常运行状态。同时，在正常运行时，确定各项预防性控制，以对可能出现的紧急状态提高处理能力。这些控制内容包括：系统以额定工况运行调整发电机出力、切换网络和负荷、调整潮流、改变保护整定值、切换变压器分接头等，使系统运行在最佳状态。

在系统发生事故时有较高的安全水平，当电力系统一旦出现故障进入紧急状态后，则靠紧急控制来处理。这些控制措施包括继电保护装置正确快速动作和各种稳定控制装置等切除故障，防止事故扩大，平衡有功和无功功率，将系统恢复到正常运行状态或重新进入正常运行状态。

电力系统运行控制的目标可以概括为安全、优质、经济、环保。

二、电力系统自动化的功能

1. 电力系统自动化的基本功能

（1）电力系统数据采集与监控（SCADA 系统），电力系统数据采集与监控以及数据通信技术是实现调度自动化的基础和前提；

（2）电力系统经济运行与调度、电力市场化运营与可靠性、发电厂运营决策支持等；

（3）变电站综合自动化。

调度自动化系统一般又分为厂站端和主站端。主站端主要安装于调度侧；厂站端，顾名思义，安装于各发电厂及变电站，安装于变电站的又称为变电站综合自动化系统。调度自动化系统一般含有 SCADA（数据采集与监控系统）、AGC（自动发电控制）、PAS（高级软件应用）、DTS（调度仿真）等。

2. 电力系统自动化的组成

如图 7-5 所示，调度自动化系统由主站端系统、信息传输子系统、厂站端系统三部分组成。

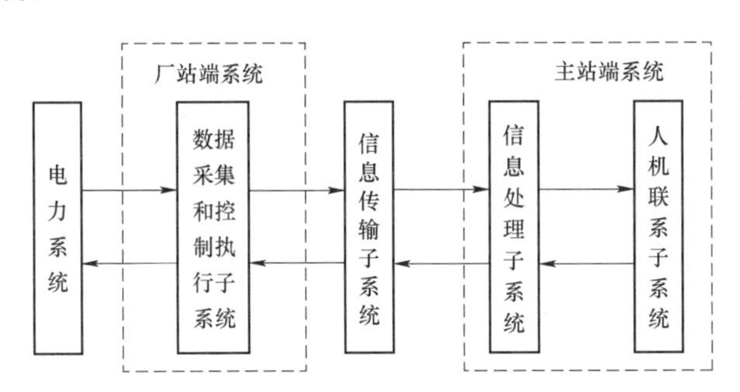

图 7-5 电力系统自动化结构示意图

（1）数据采集与命令执行子系统。该子系统是指设置在发电厂和变电站中的子站设备、遥控执行屏等。子站设备可以实现“四遥”功能，包括采集并发送电力系统运行的实时参数及事故追忆报告；采集并发送电力系统继电保护的动作信息、断路器的状态信息及事故顺序报告（SOE）；接受并执行调度员从主站发送的命令，完成对断路器的分闸或合闸操作；接受并执行调度员或主站计算机发送的遥调命令，调整发电机功率。另外还有其他功能，如系统统一对时、当地监控等。

（2）信息传输子系统。该子系统完成主站和子站设备之间的信息交换及各个调度中心之间的信息交换。信息传输子系统是一个重要的子系统，信号传输质量往往影响整个调度自动化系统的质量。

（3）信息的采集、处理与控制子系统。信息的采集、处理与控制子系统由发电厂和变电站内的监控系统两部分组成，收集分散的面向对象的发电厂和变电站远动终端单元（Remote Terminal Unit，RTU）的信息，完成管辖范围内的控制，同时将经过处理的信息发往调度中心，或接受控制命令并下发给 RTU 执行。调度中心收集分散在各个发电厂和变电站的实时信息，对这些信息进行分析和处理，结果显示给调度员或产生输出命令的对象进行控制。

（4）人机联系子系统。从电力系统收集到的信息，经过计算机加工处理后，通过各种显示装置反馈给运行人员。运行人员根据这些信息，作出各类决策后，再通过键盘、鼠标等操作手段，对电力系统进行控制。

3. 变电站及电厂自动化

变电站及电厂二次设备按功能分为四大模块：① 继电保护及自动装置；② 仪器仪表及测量控制；③ 远动；④ 当地监控。

变电站及电厂自动化是将变电站及电厂的二次设备经过功能的组合和优化设计，利用先进的计算机技术、通信技术、信号处理技术，实现对全变电站的主要设备和输、配电线路的自动监视、测量、控制、保护，并与上级调度通信的综合性自动化功能。一次设备的运行信息，通过数据采集处理等技术后上传给主站系统。上传的信息主要是“四遥”信息，即遥信、遥测、遥控、遥调。

遥测是利用电子技术远方测量并显示诸如电流、电压、功率、压力、温度等模拟量的系统技术。

遥信是远方监视电气开关和设备、机械设备的工作状态和运转情况状态等。

遥控是远方控制或保护电气设备及电气机械化的分合启停等工作状态等。

遥调是远方设定及调整所控设备的工作参数、标准参数等。

4. 自动化主站系统的高级功能

自动化主站系统的高级功能主要有网络拓扑、状态估计、调度员潮流、负荷预报、无功电压自动控制（AVC）、调度员培训模拟系统（DTS）、自动发电控制（AGC）、经济调度控制（EDC）、安全分析（SA）和对策。

应用状态估计首先要进行网络建模。网络建模的主要工作是生成电网的拓扑结构和录入设备的电气参数。网络建模模块提供了模型生成、转换和验证等辅助工具。网络拓扑可以将每个设备当前的带电状况通过颜色直观地显示在厂站接线图上。其中，主电气岛内正常状态的设备显示电压等级色，非正常状态的设备显示非正常状态色（在色彩配置器中预先设定），电气子岛显示该子岛的色彩（预设），停电岛显示停电岛的色彩（预设）。从而，用户可以直观地从图形显示上了解整个电网的运行状态。状态估计必须保证系统内部是可观测的，系统的量测要有一定的冗余度。在缺少量测的情况下作出的状态估计是不可用的；状态估计根据 SCADA 实时遥信、遥测数据进行分析计算，得到一个相对准确并且完整的运行方式；同时对 SCADA 遥信、遥测进行校验，提出可能不正常的遥测点。状态估计的计算结果可以被其他应用软件作为实时方式使用，如调度员潮流可在状态估计计算结果基础上进行模拟操作计算等。

调度员潮流软件的主要功能：方便地获取实时和历史方式，作为潮流计算的初始方式；多种灵活手段模拟预想的潮流运行方式；对潮流的计算结果进行分析，包括各种重载监视、限值检查、网损分析等；提供完善的实用化功能，包括误差统计，历史信息的保存、查询等；支持多用户功能，各用户可以同时进行计算而互不影响；提供与其他模块的接口，为其他模块提供潮流方式，还可以调用母线负荷预测结果和发电计划，计算预想方式的潮流。

电力系统负荷预报是电力建设、调度的依据，对电力系统控制、运行和计划都十分重要。准确的负荷预报既能增强电力系统运行的安全性，又能改善电力系统运行的经济性。

系统负荷预报按周期有超短期、短期和中长期之分。

超短期负荷预报用于预防控制和紧急状态处理需10～60min负荷值，使用对象是调度员；短期负荷预报主要用于火电分配、水火电协调、机组经济组合和交换功率计划，需要1～7天的负荷值，使用对象是编制调度计划的工程师。

自动电压控制系统（AVC）是利用电网实时运行的数据，从整个电网的角度科学决策出最佳的无功电压调整方案，实现无功电压的安全性（电压稳定性）、经济性（网损）和电能质量（电压上下界约束）等多目标协调，实现全网无功的分层分区协调控制，以提升电网电压品质和整个系统经济运行水平，提高无功电压管理水平。

AVC的作用：

（1）保证电网安全稳定运行；

（2）保证电压和电网关口功率因数合格；

（3）优化网损，即尽可能减少线路无功传输、降低电网因无功潮流不合理引起的有功损耗。

调度员培训模拟系统（DTS）是一套数字仿真系统，它运用计算机技术，通过建立实际电力系统的数学模型，再现各种调度操作和故障后的系统工况，并将这些信息送到电力系统控制中心的模型内，为调度员提供一个逼真的培训环境，以达到既不影响实际电力系统的运行而又使调度员得到实战演练的目的。作用是为在电网正常、事故、恢复控制下对系统调度员进行培训，训练他们的正常调度能力和事故时的快速决策能力，提高调度员的运行水平和分析处理故障的技能；也可以用于各种运行方式的分析，协助运方人员制定安全的系统运行方式。

自动发电控制（AGC），按电网调度中心的控制目标将指令发送给有关发电厂或机组，通过电厂或机组的自动控制调节装置，实现对发电机功率的自动控制。

经济调度控制（EDC），用以确定最经济的发电调度以满足给定的负荷水平。AGC和EDC是在线闭环控制功能，在考虑电网频率调整的同时，进行经济调度控制，直接控制到各个调频电厂，其他非调频厂按日负荷曲线进行，并考虑线损修正，对互联电网实现联络净功率偏移控制，对有条件的电厂实现自动电压和无功功率控制。

安全分析（SA）和对策，是在实现网络结构分析和状态估计的基础上进行实时潮流计算和安全分析，目前只能进行静态的安全分析。根据 $N-1$ 原则（$N-1$ 就是当某一设备或局部系统发生故障时，保证电力系统安全、稳定运行）进行事故预想，并提出对策，使调度人员提高处理事故的应变能力，通过约束和紧急控制等手段，解除线路过负荷，使电网保持正常运行状态。其中 $N-1$ 是判定电力系统安全性的一种准则，又称单一故障安全准则。按照这一准则，电力系统的 N 个元件中的任一独立元件（发电机、输电线路、变压器等）发生故障而被切除后，应不造成因其他线路过负荷跳闸而导致用户停电，不破坏系统的稳定性，不出现电压崩溃等事故。

第四节　电力系统调度

现代的电力系统，往往由几个到几十个发电厂、变电站以及成百上千千米的高压输电线路组成。为了使电力系统或联合电力系统安全、优质、经济、环保运行，需建立各级调度管理机构，还需建立统一的调度指挥中枢，来统一指挥全电力系统正常运行和事故处理等项工作。

一、电力系统调度的概念

电力系统调度是指电力系统调度机构为保证电网的安全、优质、经济、环保运行，对电力系统运行进行的组织、指挥、指导和协调。电力系统调度管理一般包括调度运行管理、调度计划管理、继电保护和安全自动装置管理、电网调度自动化管理、电力通信管理、水电厂水库调度管理、调度人员培训管理等。

电力系统调度的任务主要包括五个方面：

（1）尽设备最大能力满足负荷的需要。随着经济建设的发展和人民生活水平的不断提高，全社会的用电需求日益增长，在客观上要求有充足的发、输电设备和足够的可用的动力资源。如何尽现有设备的最大能力，最大限度地满足负荷的需要，成为调度的一项重要任务。

（2）使整个电网安全可靠运行和连续供电。电能不能大量储存，电网停止供电将造成损失。电网要对电力用户连续不断地供电，首先就必须保证整个电网安全可靠运行。由于历史的原因，我国电网结构薄弱，加之自然力的破坏和设备潜在的缺陷，都可能造成电网中断供电。这时，调度机构就应采取措施：首先，要不影响供电；其次，若影响了供电，影响面不要扩大；第三，即使不可避免地要扩大影响面，要把影响范围缩得尽量小，并尽量恢复供电。

（3）保证电能质量。电能质量不完全由电网内某个环节，如发电厂决定，而依赖于全电网所有发电、供电、用电单位的协同运行，这就要求调度统一指挥，全网协调运行。

（4）经济合理利用能源。经济合理利用能源，就是使整个电网在最大经济效益的方式下运行，以降低每千瓦时电能的燃料消耗和电能输送过程中的损耗，使供电成本最低。电网调度的任务之一，就是综合考虑发电机组的经济性、自然资源的分布性以及电网输电方式等因素，合理安排发电机组的出力和开、停等，以获得电网最大经济效益。

（5）按照有关合同或协议，保证发电、供电、用电等各有关方面的合法权益。电网调度机构应遵循国家法律法规。在满足电力系统安全、稳定、经济运行的前提下，按照公平、透明的原则，在调度运行管理、信息披露等方面，平等对待各市场主体，维护各有关方面的合法权益。

电力调度的主要作用是：保证系统运行的安全水平；保证供电质量；保证系统运行的经济性；保证提供有效的事故后恢复措施。

二、调度方式

我国的电力调度设五级：① 国家电网调度通信中心，简称国调；② 区域电网调度通信中心，简称网调；③ 省网调度通信中心，简称省调；④ 地区电力调度所，简称地调；⑤ 县级电力调度，简称县调。

在跨省区的区域电网中，网调只调管该电力系统的主力发电厂、重要的输电设备以及对整个电力系统安全经济运行有较大影响的其他电气设备，如调相机、大容量的电抗器、长输电线路的串联补偿装置等。

在分级调度中，国调、网调、省调、地调、县调在调度业务上属上下级关系。下一级调度除了完成上一级调度分配给它的任务外，还要受上级调度的指导和制约。

三、电网调度管理的基本原则

（1）统一调度、分级管理原则。

1）统一调度，其内容一般是指：

a）由电网调度机构统一组织全电网调度计划的编制和执行，其中包括统一平衡和实施全网发电、供电调度计划，统一平衡和安排全网主要发电、供电设备的检修进度，统一安排全网的主接线方式，统一布置和落实全网安全稳定措施等。

b）统一指挥全网的运行操作和事故处理。

c）统一布置和指挥全网的调峰、调频和调压。

d）统一协调和规定全网继电保护、安全自动装置、调度自动化系统和调度通信系统的运行。

e）统一协调水电厂水库的合理运用。

f）按照规章制度统一协调有关电网运行的各种关系。

2）分级管理。是指根据电网分层的特点，为了明确各级调度机构的责任和权限，有效地实施统一调度，由各级电网调度机构在其调度管理范围内具体实施电网调度管理的分工。

（2）按照调度计划发电、用电的原则。按照计划用电是我国在电力使用上的一项重要政策，它是根据我国的具体情况，在社会主义建设过程中逐步认识，并不断总结正反两方面的经验而提出的，对电力的合理使用和保障国民经济的发展起到了促进作用。

（3）维护电网整体利益，保护有关单位和电力用户合法权益相结合的原则。维护电网的整体利益是指确保电网安全、优质和经济运行，因为这是电网内各单位包括电力用户的共同利益所在，也是国家利益所在。

（4）值班调度员履行职责受法律保护原则。值班调度员履行职责受法律保护，任何单位和个人不得非法干预调度系统值班人员发布或执行调度指令，调度值班人员依法执行公务，有权拒绝各种非法干预。

（5）调度指令具有强制力原则。调度指令具有强制力，这样才能保证调度指挥的畅通和有效，才能及时处理电网事故，保证电网安全、优质和经济运行。

（6）电网调度应当符合社会主义市场经济的要求和电网运行客观规律的原则。

（7）电能商品具有生产、销售、消费同时完成的特点，必须通过电网进行交换和流通，所以电网调度工作要依据国家法律和法规进行。

四、调度管理的主要工作

（1）组织编制和执行电网的调度计划；

（2）负责负荷预测及负荷分析；

（3）指挥调度管辖范围内的设备操作；

（4）指挥电网的频率调整和电压调整；

（5）指挥电网事故处理，负责电网事故分析，制定并组织实施提高电网安全运行水平的措施；

（6）编制调度管辖范围内设备的检修进度表，根据情况批准其计划进行检修；

（7）负责本调度机构管辖的继电保护、安全自动装置、电力通信和电网调度自动化设备的运行管理，负责对下级调度机构管辖的上述设备、装置的配置和运行技术指导；

（8）组织电力通信和电网调度自动化规划的编制工作，组织继电保护及安全自动装置规划的编制工作；

（9）参与电网规划和工程设计审查工作；

（10）参加编制发、供电计划，严格控制按计划指标发电、用电；

（11）负责指挥电网经济运行；

（12）组织调度系统有关人员的业务培训；

（13）统一协调水电厂水库的合理运用；

（14）协调有关所辖电网运行的其他关系。

复 习 题

一、填空题

1. 电力系统是由________、________和________在电气上组成的统一整体。

2. 发电厂是电力系统的________环节，是将________换成________的工厂。

3. 我国电力系统的额定频率是________，容许偏差为________。

4. 线损是________的功率损耗，线损率就是________占供电量的百分数。

二、判断题

1. 无功负荷是指电动机、变压器运行时，在电磁能量转换过程中，所消耗的无功功率。（　　）

2. 电力生产和其他工业生产相似，其产品可以储存，它的生产、传输、分配可不在同一时间内完成。（　　）

3. 短路故障不可能破坏发电机并联运行的稳定性，不会使电力系统产生振荡或瓦解。（　　）

4. 变压器并联运行的条件和同步发电机相同。（　　）

三、选择题

1. 中性点不直接接地的电力系统，发生单相接地________。

A. 是最危险的故障；B. 造成相与相之间的连接；C. 构成了回路，但故障电流很小；D. 并不构成回路，没有故障电流。

2. 发电机可能直接接在线路的首端，所以它的额定电压要比线路额定电压________。

A. 高5%；B. 低5%；C. 高10%。

四、问答题

1. 什么叫电网？电网按其供电范围分为哪几种？

2. 什么是有功负荷、无功负荷、供电负荷、发电负荷？

3. 大电网有哪些优越性？

4. 发电机并入电力系统，必须满足哪些条件？

5. 变压器并联运行的理想条件有哪些？

6. 提高电力系统中枢点电压可采取哪些措施？

7. 什么是电力负荷？

8. 电力系统最常见的故障有哪些类型？

9. 短路故障对电力系统有什么危害？

10. 电力系统内影响发电机稳定运行的大干扰有哪几种？

11. 提高电力系统静态稳定性的措施有哪些?
12. 提高电力系统暂态稳定性的措施有哪些?
13. 什么是电能质量，质量标准是怎样规定的?
14. 电力系统低频率运行的危害有哪些?
15. 电力系统低电压运行的危害有哪些?
16. 什么是静态稳定性?
17. 什么是电力系统?
18. 电力系统有什么特点?
19. 简述电力系统的几种运行状态。各有什么功能?
20. 电网调度自动化系统的作用是什么?
21. 电网调度自动化系统按功能可分为哪几个子系统?
22. “四遥”指什么?
23. 列举电力系统自动化几种高级应用软件。
24. 我国电网调度管理实行的原则是什么?
25. 调度的主要作用是什么?
26. 什么是大干扰?
27. 正常运行的电力系统的平衡状态的三个主要特征是什么?
28. 什么是电力系统调度?

电力生产指标

电力生产既是大量耗用一次能源的企业，又是消耗二次能源的大户。电力生产能源消耗和节约，对国家能源的有效利用和平衡有较大影响。因此，电力生产除了安全可靠地发、供电，提供质量合格的电能外，还必须尽量提高运行的经济性，节约一次和二次能源，节能降耗要成为企业经营的主要目标，这对降低成本、增加收益有重要的现实意义。据统计，2018 年全国供电标准煤耗 308g/kWh，与 2008 年的 345g/kWh 相比，全国供电标准煤耗累计下降了 37g/kWh，呈现明显下降趋势；全国线损率 6.21%，十年累计降低 0.58 个百分点，在全社会用电量超过 6.8 万亿 kWh 的情况下，相当于每年节电约 390 亿 kWh。

电力生产企业的生产状况、管理水平、经济效益是通过各种生产指标来反映的。生产指标的统计管理既反映该企业的管理水平，又可作为管理人员及运行值班人员分析问题、改进生产、工作的依据。

电力生产指标有设备管理指标、技术经济指标、经营管理指标等，下面介绍部分指标。

一、发电设备管理指标

1. 发电设备容量

发电设备容量即电力生产能力，也称装机容量，以发电机组的铭牌容量为计算标准，单位为“MW”。

2. 设备分类

（1）一类设备：经过运行考验、技术状况良好，能保证安全、经济、满负荷运行的设备。

（2）二类设备：基本完好的设备，虽个别部件有一般性缺陷，但能经常安全满负荷运行，效率也能保持在一般水平。

（3）三类设备：有重大缺陷的设备，不能保证安全运行，出力降低，效率很差或七漏严重。

3. 大、中、小型发、供电企业划分标准

（1）发电企业：

1）特大型：装机容量 1200MW 及上；生产用固定资产原值 6 亿元及以上。

2）大一型：装机容量 600MW 以上。

3）大二型：装机容量 300MW 以上，600MW 以下。

4）中一型：装机容量 150MW 以上，300MW 以下。

5）中二型：装机容量 50MW 以上，150MW 以下。

6）小型：装机容量 50MW 以下。

（2）供电企业（以下指标必须同时满足）：

1）特大型：售电量 100 亿 kWh 及以上；送电线路 2000km 及以上；生产用固定资产原值 5 亿元以上。

2）大一型：售电量 40 亿 kWh 及以上；送电线路 1500km 及以上。

3）大二型：售电量 20 亿 kWh 及以上，40 亿 kWh 以下；送电线路 1000km 及以上，1500km 以下。

4）中一型：售电量 10 亿 kWh 及以上，20 亿 kWh 以下；送电线路 500km 及以上，1000km 以下。

5）中二型：售电量 5 亿 kWh 及以上，10 亿 kWh 以下；送电线路 200km 及以上，500km 以下。

4. 一、二类仪表和仪表完好率

（1）一类仪表：系统综合误差在允许范围内，指示记录清晰；信号、动作正确；附属设备安装牢固，绝缘良好；管路、阀门不漏、不堵，表牌标志明显；技术资料及校验记录齐全的仪表。

（2）二类仪表：系统中个别点超差，但经调校后符合要求；个别附件有缺陷，但并未妨碍仪表正常使用；其他均符合一类仪表要求的仪表。

（3）仪表完好率：全厂主辅机及各系统所安装仪表中，一、二类仪表数占安装仪表总数的百分率。

5. 安全生产记录

安全生产记录是一个电力生产部门未发生考核事故连续安全生产的天数。

电力生产的安全与否不但关系到人身与设备安全、企业的经济效益，而且关系到电用户的生产的安全及经济性，还可能造成设备损坏的大事故。

二、技术经济指标

1. 发电量

发电量是计算电能生产数量的指标，是发电机组在一定时间内转换产出的有功电能数量。计算单位为“kWh”。

2. 发电厂供电量

发电厂供电量是在一定时间内发电厂实际向外供出电量的总和。计算单位为“kWh”。

3. 售电量

售电量是供电公司在一定时间内向电用户供应的电能数量的总和，计算单位为“kWh”。

4. 电力负荷

电力负荷是指发电厂、供电公司或电力系统在某一瞬间实际承担的电力负荷。计算单位是“kW”。根据电力生产过程可分为发电负荷、供电负荷和用电负荷。

5. 供热量

供热量是供热电厂在一定时间内向外供给的热能数量，计算单位为“GJ”。

6. 负荷曲线

各个发电厂、供电公司所承担的有功或无功负荷，随着时间不断变化，将记录的数列绘制成图形来表示，称为负荷曲线。

7. 效率

电力生产的效率指标反映电力生产设备在工作时，输出能量与输入能量的比值。主要有汽轮发电机组热效率、锅炉热效率、供热热效率、发电厂热效率、热电厂全厂热效率等。以上指标在分析设备效率、经济性、设备技术改进前后时做试验分析用。

8. 发电标准煤耗率

发电标准煤耗率是指发电厂每发 1kWh 电能平均耗用的标准煤量。计算单位为“g/kWh”。

9. 供电标准煤耗率

供电标准煤耗率是指火电厂向厂外每供出 1kWh 电能平均耗用的标准煤量，计算单位为“g/kWh”。它是发电厂最重要的考核指标之一，是包括发电厂自用电在内的综合性煤耗指标。

10. 发电厂用电率

发电厂用电率是指发电厂为发电所耗用的厂用电量与发电量的比率，计算单位为“%”。

11. 供热标准煤耗率

供热标准煤耗率是指热电厂每供出 1GJ 热量平均耗用的标准煤量，计算单位为“g/GJ”。

12. 供热厂用电率

供热厂用电率是指热电厂对外供热所耗用电量与供热量的比率。计算单位为“kWh/ × 10^6kJ”。

13. 线损率

线损率是指电力企业在变压、输送电力过程中所损失的电量占发电厂供电量的百分比，它是供电企业的一项综合技术经济指标，反映了电网运行的经济性和安全水平。计算单位为“%”。

14. 频率（周波）合格率

频率和电压是电能质量的两项重要指标。频率是交流电在 1s 内为变化周期的次数。

我国电力系统额定频率为 50Hz，规定允许偏差为：3000MW 及以上的电力系统为±0.2Hz，3000MW 以下的电力系统为±0.5Hz，运行频率在前述频率范围内称为合格频率。

频率合格率是在一定时间内统计的频率合格时间与统计时间段的比值的百分数。

15. 电压合格率

由电力系统根据所辖电网的特性和用户对电压的要求，在做好有功、无功负荷平衡的基础上，确定各级电压监视中枢点及其规定值。35kV 及以上电网的电压监视中枢点的电压值，允许偏差在 5%以内，称为电压合格；超出允许偏差范围时，称为电压不合格。电压合格率是电压合格时间与运行时间的比率（%）。

一个中枢点的电压合格率称为点电压合格率，全网各点电压合格率的平均值称为电压合格率。

16. 水量利用率

水量利用率是指水电站水库中用于发电水量与净入库水量之比。

17. 耗水率

耗水率是指水电站单位出力或单位电量的耗水流量或耗水量，用来评价水电站对水头的利用程度。

18. 技术经济小指标

技术经济小指标可根据电力生产的特点，按工种、设备、岗位，在电力系统内所辖的发、供电企业，将技术经济指标逐级分解成小指标，落实到各个岗位，反映各种不同情况，看得见，算得出。技术经济小指标在电力生产中具有显著的作用，是检查、分析生产各环节效益好坏的依据，也可通过小指标促进各生产环节的工作，也是各岗位、各工种、每个员工努力工作，提高成效的具体奋斗目标，小指标竞赛工作的开展是整个电力企业、电力系统节能降耗增产的基础。

技术经济小指标繁多，各电力企业不尽相同，如各种水泵或风机的电耗、制水酸碱耗、主蒸汽压力温度偏差、汽机真空度等。

三、经营管理指标

1. 固定资产

固定资产是指企业为了满足生产经营活动的需要，所拥有的使用年限超过一年以上，单位价值在规定标准之上，并在使用过程中保持原来物质形态的资产。

2. 无形资产

无形资产是指能为企业带来未来经济效益，但不具有实物形体的资产。工业企业的无形资产包括专利权、商标权、著作权、土地使用权、非专利技术、商誉等。

3. 递延资产

递延资产是指不能全部计入当年损益、应当在以后年度内分期摊销的各种费用。具体包括开办费、以经营租赁方式租入的固定资产改良支出、长期待摊费用等。

4. 流动资产

流动资产是指企业可以在一年或者超过一年的一个营业周期内变现或耗用的资产。

5. 负债

负债是指企业所承担的能以货币计量，需以资产或劳务偿付的债务。

6. 发电单位成本

发电单位成本是指发电厂每向外供出 1kWh 电能所耗用的成本费用。计算单位为“元/kWh”。

7. 供电单位成本和售电单位成本

供电单位成本是指供电总成本与售电量的比率。

售电单位成本是指售电总成本与售电量的比率。

8. 全员劳动生产率

全员劳动生产率是劳动消耗量与劳动成果之间对比关系的经济指标。它是企业劳动者在一定时间内平均提供的生产成果的多少，单位为（元/人）。

9. 生产人员劳动生产率

生产人员劳动生产率是反映一定时间内企业生产人员平均提供的生产成果的多少，单位为（元/人）。

复习题

一、名词解释

1. 发电设备容量；2. 发电标准煤耗率；3. 供电标准煤耗率；4. 供热标准煤耗率；5. 发电厂用电率；6. 供热厂用电率；7. 线损率；8. 水量利用率；9. 耗水率；10. 无形资产。

二、问答题

1. 电力系统的供电质量考核指标有哪几个？

2. 安全生产记录标志着什么？

复习题答案

第一章

一、填空题

1. 锅炉设备、汽轮机设备、发电机及电气设备和辅助生产设备

2. 水工建筑物、水轮发电机组、电气设备

3. 磨煤机、送风机、引风机

4. 凝汽器、加热器、除氧器、给水泵、凝结水泵、循环水泵

5. 光热发电、光伏发电

6. 5mg/Nm^3、35mg/Nm^3、50mg/Nm^3

7. 风力机（风轮）将风能转换为机械能、发电机将机械能转换为电能

二、选择题

1. C；2. B

三、问答题

1. 火力发电是火力发电厂把煤、石油、天然气等燃料的化学能，通过火力发电设备转变为电能的生产过程。

2. 水力发电是将自然界水所蕴藏的能量，通过水力发电设备转换成电能的生产过程。

3. 发电机由汽轮机、水轮机等原动机拖动旋转，在旋转过程中发电机把原动机输入的机械能转变为电能。

4. 火电厂是把化石燃料送入锅炉燃烧把燃料的化学能转换成热能，加热水变为具有一定参数的蒸汽去做功。而核电站则是核燃料的原子在核反应堆中裂变链锁反应放出热，再把水加热成蒸汽去做功。

5. 可被利用发电的其他能源有地热能、风力能、海洋能、太阳能、氢能等。

6. 由于发电厂与负荷中心及用户之间的距离不同，且受环境、地理条件的限制，为保证用户有合格的电力，它是通过电力网（输电网和配电网）进行输送的。对不同地区的用户以不同的电压等级输送，距离远的电压等级高（如 500、220kV），一般采用架空线路输送，对于城市、发电厂或变电站的出线拥挤时，也有以电缆线路输送的。

7. 水平轴风力发电机组主要构成部件有风力机（风轮）、传动装置、制动装置、偏航装置、变桨距装置、液压装置、发电机以及支撑保护装置等部分。

8. 光伏发电系统主要由太阳电池组件、蓄能元件（蓄电池）、逆变器和控制

器等部分构成。

9. 生物质能是蕴藏在生物质中的能量，是绿色植物通过叶绿素将太阳能转化为化学能而储存在生物质内部的能。它具有储量丰富、可再生、清洁等特点。

第二章

一、填空题

1. 燃煤发电厂、燃油发电厂、燃气发电厂、余热发电厂

2. 凝汽式电厂、热电厂

3. 中压炉（p=2.45～3.82MPa）、高压炉（p=9.8MPa）、超高压炉（p=13.73MPa）、亚临界炉（p=16.67MPa）、超临界炉（p≥22.5MPa）

4. 自然循环炉、强制循环炉（包括多次强制循环炉和直流炉）、复合循环炉

5. 汽水系统、燃烧系统、附件

6. 低速磨煤机、中速磨煤机、高速磨煤机

7. 直吹式、储仓式

8. 室燃炉（即煤粉炉）、层燃炉、旋风炉、沸腾炉

9. 层状燃烧、悬浮燃烧、旋风燃烧、沸腾燃烧

10. 冲动式、反动式

11. 压力、温度、汽流速度

12. 静止、转动、汽缸、喷嘴、隔板、轴承、汽封、叶轮、轴、叶片、联轴器

13. 外壳

14. 单缸、多缸

15. 水平面对分的上、下

16. 隔板、静叶片

17. 滑动、汽轮机油

18. 推力轴承与某一支持轴承

19. 等截面叶片、变截面叶片、叶根、叶型、叶顶

20. 套装式、整锻式、焊接式、组合式

21. 刚性、半挠性、挠性

22. 超速、轴向位移、低油压、低真空

23. 危急保安器、危急遮断油门

24. 各轴承润滑与冷却、调节、保护系统的工作

25. 发生事故、停机后盘车、轴承

26. 润滑油系统、抗燃油系统

27. 油箱、油泵、滤油器、卸载阀、蓄能器、冷油器、抗燃油再生装置

28. 供热碟阀

29. 同步、汽轮机、电磁感应

30. 定子、转子

31. 交流励磁机励磁系统、无励磁机励磁系统

32. 空气冷却、氢气冷却、液体冷却

33. 直流供水系统、循环供水系统、循环供水系统

34. 自然通风冷却塔、强制通风冷却塔

35. 水资源缺乏而煤资源丰富

36. 凝汽器、布置在汽机间外的表面式空气冷却器中、空气

37. 凝汽器、冷却水在密闭系统中形成循环

38. 海勒式、哈蒙式

39. 锅炉补给水处理、给水处理、锅内水处理、凝结水处理、冷却水（循环水）处理

40. 电除尘器、布袋除尘器、电袋混合除尘器

41. 自动检测、自动调节、顺序控制、自动保护

42. 硬件、软件

43. 模拟量、开关量、脉冲量

44. 系统软件、应用软件

45. 标准键盘、非标准键盘、标准键盘

46. 过程控制级、控制管理级、数据通信系统

47. 星形网络结构、环形网络结构、总线型网络结构

48. 查询式、广播式、存储转发式

49. 处理机系统、显示设备、操作键盘、打印设备、存储设备以及支撑台子

二、判断题

1. ×；2. √；3. √；4. √；5. ×；6. ×；7. √；8. √；9. ×；10. ×；11. ×；12. ×；13. √；14. ×；15. ×；16. ×；17. ×；18. √；19. ×；20. √；21. ×；22. √；23. √；24. ×；25. √；26. ×；27. ×；28. √；29. √；30. √；31. ×；32. √；33. ×；34. ×；35. ×；36. √；37. ×；38. √

三、选择题

1. A；2. D；3. C；4. A；5. A；6. B；7. C；8. C；9. B；10. A；11. B；12. A；13. C；14. B；15. A；16. B；17. B；18. C；19. A；20. B；21. A；22. B；23. B

四、问答题

1. 按供出能源分，火电厂可分为凝汽式发电厂和热电厂。

2. 按发电厂总装机容量分，火电厂可分小容量发电厂、中容量发电厂、大中

容量发电厂、大容量发电厂、超大容量发电厂。

3. 按供电范围分，火电厂可分为区域性发电厂、孤立发电厂、自备发电厂。

4. 按蒸汽参数分，火电厂可分为中低压发电厂、高压发电厂、超高压发电厂、亚临界发电厂、超临界发电厂。

5. 汽包的作用是：

（1）由于汽包是一个大圆筒式的，有较大的容积，既容汽又容水，内部装有汽水分离器，有足够的空间进行汽水分离，有足够的水存于汽包中，保证水冷壁供水充足。

（2）在炉内汽水循环中，它起枢纽作用。省煤器来水经过它以保证蒸发供水，水冷壁的汽水混合物又都进入汽包，在其内部分离，分离出的水又继续循环蒸发，分离出的汽送入过热器。

6. 过热器和再热器的作用是吸收烟气中热量提高蒸汽的内能。过热器把饱和蒸汽变为过热蒸汽达到额定温度。而再热器把在汽轮机做部分功后，内能降低的蒸汽加热到额定温度，再送入汽轮机做功。

7. 引风机的作用是把炉内的烟气经烟囱排出炉外。在负压运行中，用引风机维持炉膛出口有一定的负压值，以维持锅炉正常运行。

送风机的作用是把空气送入炉内供燃烧燃料用。首先把空气送入空气预热器加热到一定温度后，一部分送入磨煤机作干燥剂并输送煤粉用；另一部分经喷燃器作二次风用。根据负荷大小的需要控制送风量的大小。

排粉风机的作用是输送煤粉，把磨煤机磨制的煤粉抽出，经煤粉分离器把不合格的煤粉分离出继续磨制，而合格的煤粉送入炉膛燃烧或经细粉分离器送入煤粉仓储存，其空气作一次风用。

8. 滚筒型钢球磨煤机属低速磨煤机。其工作原理为：滚筒是空心的，内部装有适量的钢球（直径为 40～60mm），滚筒转动时带动着被磨制的煤和钢球一起转动，钢球被抛到一定的高度落下把煤击碎，钢球在筒内滚动时，起研磨作用，磨制煤粉主要靠钢球的撞击作用。

9. 磨煤机磨制出的煤粉被气流带入粗粉分离器后，气流由挡板引导变为旋转气流，由于离心力、重力等作用把气流中较粗（不合格）的煤粉分离出来送回磨煤机重新磨制，合格的煤粉气流被送入炉膛燃烧或被送入细粉分离器。

10. 燃料的燃烧方式有层状燃烧、悬浮燃烧、旋风燃烧、沸腾燃烧四种。

层状燃烧的特点是燃料（块状煤）在炉箅上形成一定厚度的燃料层进行燃烧，燃烧所需的空气自炉箅下面送入。采用层状燃烧方式的锅炉称为层燃炉。

悬浮燃烧的特点是没有炉箅而具有高大的炉膛，燃料随空气一起流动着进入炉膛，并在悬浮状态下燃烧。采用悬浮燃烧方式的锅炉称为室燃炉。

旋风燃烧的特点是燃料和空气沿切线方向进入旋风燃烧室（旋风筒）内作强烈的旋转运动并进行燃烧。采用旋风燃烧方式的锅炉称为旋风炉。

沸腾燃烧的特点是使空气以适当的速度通过炉床（布风板）将煤粒吹起，使煤粒（大部分比层燃炉中的小得多，而比煤粉炉中的大得多）悬浮在床层的一定高度范围内，煤粒与空气混合成像液体一样具有流动性的流体，形成煤粒的上下翻腾.并在这种状态下强烈燃烧。采用沸腾燃烧方式的锅炉称为沸腾炉。

11. 在送入炉膛的空气中，一次风的作用是起输送煤粉作用的，直吹式系统将从磨煤机出来的风粉气流直接送入炉膛。储仓式系统中，经细粉分离器分离煤粉后的风，作一次风，再把给粉机排出的煤粉送入炉膛。

二次风是把热空气从喷燃器送入炉膛的，它的流速与风量都较大，使煤粉和空气充分混合，起助燃作用。

12. 煤粉炉的燃烧系统由制粉系统、喷燃器、燃烧室（或炉膛）、烟道、送风机、引风机、空气预热器、烟囱等构成。

13. 直吹式制粉系统由原煤斗、自动磅秤、给煤机、磨煤机、粗粉分离器、一次风箱排粉机、输粉管道、热风管、冷风管等构成。

14. 直吹式制粉系统在运行中，磨煤机磨制出的煤粉全部直接送炉膛燃烧。因此，其产粉量随锅炉负荷大小的需要而变化。该炉的制粉系统不与邻炉的制粉系统发生联系。而仓储式则不同，磨煤机磨制的煤粉不直接送入炉膛，而经细粉分离器送入煤粉仓备用。因此，其产粉量不受锅炉负荷变化的影响，磨煤机可固定在经济负荷下运行，降低其耗电率。该炉的制粉系统可通过螺旋输粉机与邻炉互相送粉，互相支援，制粉系统一般故障，可不停炉处理。

15. 一列喷嘴和其后的一列叶片组成汽轮机的一个级。

16. 蒸汽通过喷嘴膨胀获得高速度。第二级以后的各级喷嘴安装在隔板上，隔板还将汽缸沿轴向间隔成若干个汽室。

17. 蒸汽在汽封内曲折流动并经过若干次节流增大流动阻力减小漏汽量。

18. 支持轴承用来支撑汽轮机转子，并使其中心与汽缸中心保持一致。

推力轴承承受汽轮机转子产生的轴向推力，并使转子与静止部分之间保持一定的轴向间隙。

19. 汽轮机转子由叶片，叶轮、主轴等主要部件组成。运行中转子处于高速转动状态。

20. 回热加热器的作用在于将汽轮机回热抽汽的热量传给主凝结水或给水。

按换热面结构型式不同，加热器有 U 形管式和螺旋管式。

21. 除氧器用来除去锅炉给水中溶解的氧。它采用加热法，将给水加热到饱和状态，使溶解的氧自动逸出。

22. 为了保证汽轮机出力与外界负荷平衡，同时维持汽轮机转速在额定值，以保证机组发出电能的频率在规定范围内，为此汽轮机设置了调速系统。

调速系统有高速弹簧片调速器、旋转阻尼调速器、径向泵调速器等三种系统。

23. 超速保护装置的作用是，当汽轮机转速超过额定转速 10%～12%时，超速保护装置动作，自动关闭汽轮机自动主汽门和调速汽门而停机，避免发生超速事故。

超速保护装置由危急保安器和危急遮断油门组成。

24. 按照电磁感应定律，导线切割磁力线感应出电动势，这是汽轮发电机的基本工作原理。图 2-49 为发电机工作原理图。

汽轮发电机转子直接与汽轮机转子连接，当蒸汽推动汽轮机高速旋转时，发电机转子随着转动，发电机转于绕组通入直流电流后，便建立一个磁场，它随着汽轮发电机转子旋转，见图 2-50 中虚线所示，其磁通自转子的一个极（N 极）出来，经过空气隙、定子铁芯、空气隙、进入转于另一个极（S 极）构成回路。

发电机转子旋转一周，在定子绕组内感应的电动势正好变化一次，所以电动势每秒变化的次数，恰好等于磁极每秒钟的旋转次数。

若发电机转子为 1 对磁极（即 1 个 N 极、1 个 S 极）时，转子旋转一周，定于绕组中的感应电动势正好交变一次。汽轮机以 3000r/min 的转速旋转时，每秒钟发电机转子旋转 50 周，磁极也要变化 50 次，这样发电机转子以每秒钟 50 周的恒速旋转，主磁极的磁力线被装在定子铁芯内的 U、V、W 三相绕组（导线）依次切割，在定子三相绕组内感应出相位不同的三相交变电动势。

25. 汽轮发电机主要参数有：额定容量、额定功率、额定定子电压、额定定子电流、额定功率因数、额定频率、额定转速、额定温度等。

在我国国家标准中规定了我国电力系统额定频率为 50Hz。

26. 发电机励磁系统的主要作用是：

（1）发电机正常运转时，按主机负荷情况能自动调节励磁电流，以维持一定的端电压和无功功率的输出；

（2）发电机并列运行时，还应使无功功率分配合理；

（3）当系统发生突然短路故障，能对发电机进行强励，以提高系统运行的稳定性；

（4）当发电机负荷突减时，能进行强行减磁，以防止电压过分升高；

（5）发电机发生内部故障，如匝间短路或转子发生两点接地故障掉闸后以及正常停机能对发电机自动灭磁等。

27. 交流励磁机带静止整流器励磁系统的原理如图 2-57 所示。同步发电机转子绕组的励磁电流由静止半导体整流器供给，与同步发电机同轴的交流主励磁机是整流器的交流电源。主励磁机的励磁电流由与其同轴的一台交流副励磁机经三相可控硅整流供给，交流副励磁机做成永磁式。

随着发电机运行参数的变化，励磁调节器 AVR 自动地改变主励磁机励磁回路可控整流装置的控制角，以改变其励磁电流，从而改变主励磁机的输出电压，也就调节了发电机的励磁电流。

28. 这种励磁系统将交流励磁机制成旋转电枢式，旋转电枢输出的多相交流电流经装在同轴的硅整流器整流后，直接送给同步发电机的转子绕组，如图 2-60 所示。这样就无需通过电刷及集电环装置，所以又称为无刷励磁系统。

同静止整流器励磁系统相比，由于旋转整流器励磁系统中没有集电环及电刷的装置，从而避免了大型汽轮发电机集电环及电刷易发生故障的难题，是最有前途的励磁方式。在国产 300MW 的机组中，目前旋转整流器励磁系统配套使用于全氢冷及水氢氢冷机组上。

29. 直流供水系统：用循环水泵自水源上游吸取冷却水，送到凝汽器冷却汽轮机排汽后，排至水源的下游不再使用。

循环供水系统：冷却水进入凝汽器吸收汽轮机排汽的热量后，引至冷却设备中冷却，然后再用循环水泵打入凝汽器循环使用。

30. 自然通风冷却塔供水系统的工作过程：在凝汽器中吸热后的冷却水，沿压力水管从冷却塔的底部中心进入冷却塔竖井。水经竖井被送到一定高度后，沿各主水槽流向塔的四周，再经分水槽流向配水槽。在配水槽下部装设有喷嘴，水通过喷嘴喷溅成水花均匀地洒落在淋水填料层上。水沿填料表面形成表面积很大的薄膜向下流动，从填料层出来的水下落到储水池。水在塔中整个下淋过程中与周围冷空气接触，通过蒸发与对流将热量传给空气而被冷却。冷空气吸热温度升高后沿塔筒向上从顶部排出，塔外部的冷空气则不断地从塔下部进口吸入，在塔内形成自然通风。空气在塔内与下落的水滴成逆向流动换热（主要靠蒸发换热，其次是对流换热）。落入储水池的冷却水由循环水泵送往凝汽器，重复使用。

31. 空气冷却系统最大优点是，耗水量极少。因它省去了占电厂总耗水量 95% 左右的循环水或只向密闭的循环水系统补充很少的因泄漏损失的水。

该系统有直接空气冷却系统和间接空气冷却系统两种型式。

32. 因为天然水含有许多杂质，如不经过处理直接进入水、汽循环系统，就会造成热力设备腐蚀、结垢、积盐，严重影响其安全经济运行。

33. 中压电厂一般采用离子软化化学水处理系统，这种系统只能除掉水中的钙、镁盐类，使生水变为软水。

34. 高温高压锅炉的蒸汽参数较高，对水质的要求也高，尤其直流锅炉要求更高，不仅要除掉水中的钙、镁盐，还要除掉硅酸盐、钠盐等，使之接近纯水，才能使受热面内不结水垢，以保证安全、经济运行。

35. 化学除盐水处理系统由阳离子交换器、除二氧化碳器、中间水箱、中间水泵、阴离子交换器、一级除盐水箱、一级除盐水泵、混合离子交换器、二级除盐水箱、二级除盐水泵等设备构成。一般情况下只有一级阴离子交换器就可满足要求。直流炉还要采用二级阴离子交换处理。

36. 凝结水处理一般采用混合离子交换器。由于凝汽器泄漏后，循环水进入凝结水中，把钙镁盐、金属腐蚀物及悬浮物带入凝结水中，为保证锅炉水质的要求，避免在受热面内结水垢，故对凝结水进行处理。

37. 为了防止凝汽器结垢、腐蚀，目前采取的措施是使用弱酸阳离子交换树脂处理循环冷却水的补给水，再在循环水中加入水质稳定剂进行处理。常用的水质稳定处理方法有：加酸处理、炉烟处理、添加缓蚀阻垢剂和零排污等。

38. 燃煤锅炉绝大部分是燃烧煤粉的，煤粉中有部分为不可燃烧的灰分，这些灰分为很细小的灰粒被烟气带走，排入大气会造成严重的污染。为减轻对大气的污染，必须对烟气除尘。

一般有离心水膜式除尘器、文丘里湿式除尘器和电除尘器等。

39. 水力除灰系统主要有低浓度水力除灰系统（如灰渣泵除灰系统）和高浓度水力除灰系统（如喷水式柱塞泵除灰系统）。

灰渣泵除灰系统的特点是：灰渣可混合输送，但该系统的设备和管道的磨损较大，水耗、电耗都大。

40. 气力除灰属于干式除灰具有可节省大量的水，送出的干灰易综合利用，系统可实现自动化运行工作强度小，设备简单，系统布置灵活等优点。

41. 高浓度气力除灰系统具有高效节能、流速低、磨损小、输送管道可用普通钢管、投资和维修费用少等优点。

高浓度水力除灰系统的特点是：灰浆浓度高，节水、省电；泵的扬程高，输送距离远。

42. 根据预先拟定的步骤，自动地对设备进行一系列的操作，称为顺序控制。

43. 计算机控制系统是由硬件和软件组成的。通用机是用于一般数字计算和信息处理的计算机。通用机由主机和外部设备组成，主机包括运算器、控制器和主存储器；外部设备包括输入设备、输出设备和外部存储器，起着人机联系和扩展主机存储能力的作用。控制机与通用机根本不同的地方是：控制机除了要像通用机一样同使用机器的人交流信息外，还要自动地控制生产过程，因此，控制机必须直接从生产过程获取信息，些信息由主机加工处理变为控制信息，然后送给生产过程设备，即生产过程通道。控制机由通用机和外围设备组成。

44. 对现场送来的生产过程信号进行数据采集、转换、校正、补偿和运算，从而对生产过程提供闭环控制、顺序控制等调节功能。

45. 是利用计算机技术对生产过程进行集中监视操作、管理和分散控制的一种新型控制技术，是计算机技术、信息处理技术、测量控制技术、通信网络技术和人机接口技术相互渗透发展而产生的一种先进的控制技术。

46. 用来实现集中显示、操作与管理它主要包括操作员站、工程师站和通信设备。当然有些分散控制系统有管理整个系统和计算的上位机。

47. 有查询式、广播式、存储转发式三种方式。

48. 分散控制系统通过自己的控制系统主要对机组实现运行参数及状态的采集（DAS）、完成对元件、子系统、系统组的顺序控制（SCS）以及实现机炉协调控制（CCS）和锅炉燃烧系统的管理（BMS）与控制汽轮机的数字电液控制系统（DEH）等。

49. 输煤系统由皮带输煤机、输煤煤斗、给煤机、碎煤机、电磁分离器、木屑分离器和计量装置等构成。

50. 翻车卸煤机把整个运煤车皮进行翻转，整车皮煤卸到受煤斗中。因此，这种卸煤方式的卸煤机械化程度高，卸煤速度快，卸煤彻底，便于自动化，工作人员的劳动条件好，适用于大型电厂。

51. 这种专用车皮的底部有两块可翻动、对合的平板，车皮开到卸煤沟或高架桥上，翻动平板，煤自动从车皮底部滑落到煤沟中。因此，这种卸煤方式只需受煤设施，不需卸煤机械，省去了卸煤用电设备，适用于大中型电厂。

第三章

一、填空题

1. 坝式水电站、引水式水电站、混合式水电站、梯级水电站、抽水蓄能电站

2. 河床式、坝后式、低水头水电站、高中水头水电站

3. 无压引水、有压引水

4. 水流量较小、坡降较大、较大坡降、高差较大相距较近

5. 集中落差、调节流量、完成各种综合利用任务、保证水轮机安全正常运行

6. 各种水工建筑物共同组成的综合体

7. 挡水建筑物、泄水建筑物、水电站厂房、通航建筑物、过鱼建筑物

8. 蓄能介质、调节电量

9. 重力坝、拱坝、支墩坝、土坝、堆石坝、砌石坝、混凝土坝、钢筋混凝土坝、溢流坝、非溢流坝

10. 集中河段落差、调节河中水流量、防洪、灌溉、航运、给水

11. 在平面上向上游弯曲成拱形

12. 彼此间有一定间距的支墩及其所支撑的挡水面板

13. 平板坝、大头坝、连拱坝

14. 进水口、引水道、压力前池、调压室、将河流或水库中的水引至水轮机

15. 渠道、隧洞、压力水管、渡槽、倒虹吸管

16. 泄放洪水、洪水漫顶、大坝及水电站的安全

17. 河床式、坝后式、坝内式

18. 反击式、冲击式

19. 混流式、轴流式、斜流式、贯流式

20. 水流的压力能、水流的动能

21. 切击式、斜击式、双击式

22. 引水室、导水机构、叶轮、主轴、尾水管

23. 345°～360°、180°～225°

24. 改变布置在叶轮外圆周的一系列导水叶开度

25. 叶片、上冠、下环、12～20、扭曲状

26. 叶片、叶轮体、泄水锥、一套叶片转动机构、3～8

27. 调速器、调节对象、测量、放大、执行、稳定、机组

28. 落差、进入水轮机的水流量

29. 测量元件、放大和执行元件

30. 定子、转子、机架、推力轴承

31. 悬式水轮发电机、伞式水轮发电机

32. 水轮发电机组、油系统、气系统、水系统

33. 润滑油系统、绝缘油系统、高压气系统、低压气系统、供水系统、排水系统

34. 轴承润滑与散热、调速器和转桨式转轮叶片控制机构的操作、机组进水口闸门油压启闭机、变压器和油断路器

35. 调速系统的压力油箱充气、空气断路器、机组停机制动、调相压水、风动工具、吹扫用气、水轮机轴承检修密封围带、蝶阀止水转围带充气、防冻吹冰、气动隔离开关操动机构

36. 生产供水、消防供水、生活用水、生产用水的排水、检修排水、渗漏排水

37. 自动检测、控制

38. 有功功率

二、判断题

1. √；2. ×；3. ×；4. √；5. √；6. ×；7. ×；8. ×；9. ×；10. ×；11. ×；12. ×；13. √；14. ×；15. √；16. ×；17. √；18. ×；19. ×；20. √；21. ×；22. ×；23. √；24. ×；25. ×；26. ×；27. √

三、选择题

1. C；2. C；3. A；4. B；5. C；6. B；7. A；8. B；9. B；10. C；11. B；12. A；13. A；14. C；15. B；16. B；17. B

四、问答题

1. 利用所建拦河大坝提高水位，集中落差建成的水电站称为坝式水电站。

坝式水电站一般库容较大、蓄水多，可以调节径流量，发电流量大，电站的规模较大。但其投资和工程量大，水库淹没损失较大，建设工期较长。

2. 在河流上建低坝或不建坝取水，通过坡降比原河道小得多的引水道集中水

头，就形成了引水式水电站。

3. 重力坝是依靠坝体自身重量与坝基之间产生的摩擦力来抵抗外力的作用维持稳定。

拱坝是靠拱的作用将水的大部分推力传到两岸的岩基上，维持坝的稳定的。

支墩坝承受的水压力由档水面板传给支墩，再由支墩传给地基，以库内水作用力帮助坝体稳定。

4. 混凝土坝强度高、稳定性好，且断面尺寸比同高度的主坝、堆石坝为小。

5. 土坝、堆石坝可就地取材，施工简便，构造简单，便于维修和扩建加高。但它们的断面尺寸大，工程量大，施工中度汛困难。

6. 要求水通过时，能量损失小，水流平稳，并设置拦污栅、迅速启闭的工作闸门和检修闸门，在有泥沙沉积影响的地方还要设置拦沙、沉沙、冲沙等设施。

7. 压力前池是引水渠道向压力水管过渡的连接建筑物。

其作用是方便地将明流转化成压力流进入压力水管并起到分配水量、调节流量、清除泥沙和杂物的作用。

8. 当水轮机导水叶迅速关闭时，水流流速瞬间变为零，从而造成压力水管及整个引水道内的压力急剧升高，后又迅速降低，且周期性的变化，同时伴有锤击声和振动，这种现象称为水锤。

水锤现象出现后将严重威胁到水利枢纽及机组的安全，甚至导致压力水管变形甚至破裂的恶性事故。

在有压引水道与压力水管的连接处设调压室或在压力钢管与水轮机蜗壳连接处设置调压阀，用以防止水锤现象发生。

9. 闸门主要用来关闭和开启过水孔口，以控制水流量，调节上游水位，排除泥沙、浮冰及其他漂浮物和过船等。

常见的型式有平板闸门和弧形闸门。

10. 平板闸门多为钢制闸门，在闸墩或边墩的门槽内沿垂直方向（个别沿水平方向）移动（滚动或滑动）。平板闸门结构简单，成本低，使用方便，但重量大，所需启闭力也大。

弧形闸门多用在溢洪道上，它通过两端支腿，绕安装在闸墩上的固定铰链转动完成启闭。

弧形闸门轻便，启闭力较小，操作灵活。

11. 混流式水轮机，适应水头为30～700m。轴流式水轮机，适应水头为3～80m。斜流式水轮机，适应水头为 25～200m。贯流式水轮机，适应水头不大于25m。

12. 有轴流定桨式和轴流转桨式两种水轮机。后者的桨叶在叶轮体上可转动一定角度，以适应不同水头和负荷的水流情况，其结构虽复杂，但调节效率高，所以广泛应用于大中型水轮机。

13. 引水室的作用是将压力管道来的水以尽可能小的水头损失，均匀地从圆周引入导水机构。

导水机构的作用是按照最小的水流阻力损失将水引入叶轮，同时根据需要调节进入水轮机的水流量，以调节机组的负荷与转速。

叶轮的作用是将水流的能量转换成叶轮的旋转机械能。

主轴的作用是把叶轮获得的机械能传递给发电机主轴，同时承受叶轮产生的轴向推力和转动部分的重量。

尾水管的作用是将从叶轮流出的水引向下游，并回收一部分水流的位能和动能，减少水轮机出口的能量损失。

14. 金属蜗壳将导水机构全部包围称为全蜗壳。混凝土蜗壳只包围部分导水机构称为非完全蜗壳。

15. 参看图 3–34，当需改变进入水轮机水流量时，接力器活塞则按规定方向移动并带动控制环转动，控制环的动作又通过连杆、转臂传给导水叶，使导水叶做相应的转动，从而改变导水叶开度及进入水轮机的水流量。

16. 随电力系统负荷的需要，改变机组负荷，同时保证生产的电能频率符合要求。

17. 单一调速系统是单纯改变导水叶开度来调节进入水轮机的水流量。它用于叶轮叶片固定的水轮机。

双调速系统是同时改变导水叶开度和叶轮叶片角度来实现流量调节的。它用于转桨式水轮机。

18. 水轮发电机的结构主要特点是：大容量水轮发电机定子有时采用分瓣结构或在现场整体叠压定子铁芯；大中型水轮发电机定子绕组由于极数多，每极每相槽数较少，为了改善电压波形，广泛采用分数槽单匝波绕组；转子都是凸极式的；水轮发电机的主轴主要是传递力矩，并承受转动部分的重量；另外水轮发电机的轴承有导轴承和推力轴承。大型水轮发电机装有制动装置或叫制动闸。

因为水轮发电机转速低、磁极对数多，故其转子都是凸极式结构。

19. 水轮发电机的冷却方式有：

（1）大中型水轮发电机一般采用装有空气冷却器的闭路循环空气冷却方式；

（2）容量很大的水轮发电机采用氢气冷却或水内冷方式；

（3）小容量的水轮发电机往往采用开启式通风或管道通风的冷却方式。

20. 电厂主设备运行参数与状态监测；机组及其他设备的自动顺序操作；自动发电控制；自动电压控制；画面显示；制表打印；历史数据存储；人机联系；事件顺序记录；事故追忆和相关量记录；运行指导；数据通信；系统自检。

21. 有四种分别是数据处理、运行指导控制、监督控制方式、双重监控方式。

第四章

一、填空题

1. 核反应堆

2. 裂变发电厂、聚变发电厂

3. 核岛、常规岛

4. 二回路系统

5. 控制棒、强吸收中子能力

6. 压力容器、堆芯

7. 1%～2%、60%～70%

8. 核岛部分

9. 稳压器

10. 无放射性

11. 蒸汽的热能转化为电能

12. 带有放射性的废水、废气、固态废料

13. 单项演习、综合演习和联合演习

二、判断题

1. √；2. √；3. ×；4. ×；5. √；6. √；7. ×；8. √；9. ×；10. √；11. √；12. √

三、选择题

1. A；2. B；3. C；4. B；5. A；6. A

四、问答题

1. 它的简单工作过程是：堆内产生的热量由液态钠载出，送给中间热交换器，在中间热交换器中，一回路钠把热量传给中间回路钠，中间回路钠进入蒸汽发生器，将蒸汽发生器中的水变成蒸汽，蒸汽驱动汽轮发电机组。

2. 工质流程为：蒸汽发生器生产的高温蒸汽→汽轮机高压缸→汽水分离器→汽轮机低压缸。在汽轮机高压缸和低压缸中，蒸汽的热能部分地转换成旋转机械功，进而带动发电机产生电能输出。低压缸汽轮机排汽→凝汽器。在凝汽器中低压蒸汽与三回路循环冷却水进行热交换，凝结成为低压凝结水→凝结水泵初步升压→低压加热器→二回路循环泵升压到二回路蒸汽所需工作压力→高压加热器→回到蒸汽发生器，完成工质在二回路中做功循环过程。

3. 核电汽轮机与常规火电汽轮机的相比，但因其初参数低，所以又有如下特点：

（1）排汽容积流量大，故末级叶片更长，低压缸数目更多。同时设计背压较高，以降低余速损失。还可将汽轮机转速设计为半速即 1500 转/分，这样可采用

更长的末级叶片（可达 1300～1500mm），以增大流通面积。

（2）新蒸汽容积流量大，高压缸亦采用双流式。

（3）因大多数级处于湿蒸汽区工作，故除在机内设去湿装置外，还在高压缸后设汽水分离再热器作为机外去湿装置，以防止湿蒸汽中水滴对汽轮机部件的冲刷和侵蚀。

（4）尺寸与重量更大更重，增大了制造、运输和安装方面的难度。

4. 对控制棒驱动机构的动作要求是在正常运行情况下棒应缓慢移动，每秒钟的行程约为 10 毫米；在快速停堆或事故情况下，控制棒应快速下插，从接到信号到控制棒全部插入堆芯的时间要求一般不超过 2s，从而保证反应堆的安全。

5. 核电站在运行时，不可避免地会产生带有放射性的废水、废气和固态废料，称为核电厂的“三废”。尽最大可能保证核燃料元件包壳的完整性和一回路系统的密封性，是减少核电站三废产生量和放射性浓度的首要、积极的三废防治根本办法。对已产生的三废物质，严格按废物种类、性质和放射性水平进行有效的控制、收集和处理，是核电站为保护环境和人体健康，必须做好的重要工作。

6. 核应急是针对核电站可能发生的核事故，进行控制、缓解、减轻核事故后果而采取的紧急行动，所有核电国家都设有核应急机构。中国是国际原子能机构成员国，同时也是“核应急国际公约”及“核安全公约”的缔约国，承担着相应的国际义务。在核电站选址的过程中，综合考虑了周边公众的安全。

在厂址确定后，针对可能受到的影响，我国核电站的周边划分有 5 公里、10 公里等不同的应急区域。在核电站建设和运营过程中，根据国家规定，必须建立完备的应急计划、应急设备和应急体系，并进行定期的应急演习，确保核电站在可能发生事故时周边群众能及时安全地得到转移。

根据 2003 年颁布的《核电厂核事故应急演习管理规定》，核电站营运单位、核电厂所在地的省、市需要定期开展核应急演习。根据演习的具体目的和所涉及的范围与内容，核应急演习分为三类：单项演习、综合演习和联合演习。

第五章

一、填空题

1. 发电厂、电力用户、升降电压、汇集和分配
2. 电压等级、变压器总容量、各级电压出线回路数
3. 维护简单、运行可靠
4. 油浸自冷、油浸风冷、强迫油循环风冷、强迫油循环水冷、强迫油循环导向冷却
5. 开断、关合、短路电流
6. 通断元件、支持绝缘元件、传动元件、基座、操动机构

7. 油断路器、真空断路器、六氟化硫断路器

8. SF_6气体、超高压、特高压

9. 隔离电源、倒闸操作、接通或断开小电流电路

10. 电流互感器、电压互感器

11. 保护装置

12. 电磁式、电容式、光电式

13. 电磁式、光电式

14. 串联补偿装置、并联补偿装置

15. 无功功率

16. 同期调相机、并联电容器、静止补偿装置、并联电抗器

17. 发电机、变压器、汇集、分配

18. 支持、固定、绝缘、绝缘强度、机械强度

19. 电力电缆、控制电缆

20. 电缆线芯、绝缘层、保护层

21. 电气一次、接受、分配、有母线、无母线

22. 单母线、双母线、二分之三断路器接线、内桥、外桥

23. 交流电流、电压回路，控制回路，调节回路，信号回路，直流电源系统

24. 事故信号，预告信号，位置信号，保护及自动化装置启动、动作、呼唤信号

25. 蓄电池、充电设备、直流母线及输出馈线、直流监控装置

26. 可靠性、灵敏性、选择性、速动性

二、判断题

1. √；2. ×；3. √；4. √；5. √；6. ×；7. √；8. √；9. ×；10. √

三、选择题

1. C；2. B；3. A

四、问答题

1. 变电所在电力系统中按其作用和地位可分为：

（1）枢纽变电站。枢纽变电站就是位于电力系统枢纽点的变电站，进出线回路多，容量大，对电力系统运行的稳定性和可靠性起着重要的作用。

（2）中间变电站。中间变电站在系统中起交换功率的或使高压长距离输电线路分段作用，同时降压向所在地区用户供电。若全所停电，将引起区域网络解列。

（3）地区变电站。该类型变电站是一个地区或城市的主要变电站。

（4）终端变电站。该类型变电站处于输电线路终端，一般经降压后直接向用户供电。

2. 变电所按其管理形式分有：

（1）有人值班变电所。有人值班变电所是在所内常驻值班人员，对设备运行

情况进行监督、维护、操作、管理。这类变电所容量一般较大。

（2）无人值班变电所。变电所不常驻值班人员，而是由设在别处的控制中心通过远动设备或指派专人，对变电所设备进行检查、维护，遇有操作随时派人去切换运行设备或停、送电等。

3. 变电所按其结构型式分有：

（1）屋外变电所。屋外变电所主要电气一次设备布置在屋外，这是大多数高压变电所采用的方式。

（2）屋内变电所。屋内变电所电气设备均布置在室内，这类变电所多用于市民密集的地区或污秽严重的地区，电压一般在 110kV 以下。

4. 有的变电所由于受地形条件或受大城市的繁华地区影响，在地面上建筑有困难时，可将变电所建于地下或洞内。

5. 数字化变电站是以变电站一、二次设备为数字化对象，依靠统一数据模型和高速网络通信平台，通过对数字化信息进行标准化，实现智能设备之间信息共享和互操作的现代化变电站。

数字化变电站的基本特征：

（1）一次设备的数字化和智能化。其标志性特征为电子式互感器代替传统电磁式互感器，实现了电气量的数字化输出，为变电站的网络化、信息化以及一次设备的数字化和智能化奠定了基础。

（2）二次设备的数字化和网络化。二次信号变为数字化信息，信息交换通过网络实现，设备成为整个系统中的一个节点。

（3）变电站通信网络和系统实现标准统一化。利用 IEC61850 的完整性、系统性和开放性，实现变电站信息建模标准化。

6. 变压器主要作用是：

（1）升压变压器。它将一种等级的电压升高成同频率的另一种电压，以利于电力的传输，并可减小线路损耗。

（2）降压变压器。它把高电压变换成用户所需的低电压，以满足用户的需要。

变压器的部件主要有铁芯、绕组、分接开关、绝缘、油箱、冷却器以及保护装置（亦称附件）等。

7. 变压器保护（附件）装置包括油箱的附件及气体继电器。油箱的附件包括：① 储油柜（油枕）；② 吸潮器又叫呼吸器；③ 安全气道又叫防爆筒；④ 温度计、油位计；⑤ 净油器又叫热虹吸过滤器等。

以上这些附件既是变压器的附件，又起保护变压器的作用。

8. 变压器的气体继电器是变压器的主要保护装置之一，当变压器运行中内部发生故障时，由于变压器油箱内产生大量气体使其动作，切断变压器电源，保护变压器。

9. 变压器净油器又叫热虹吸过滤器。它通过油的自然循环利用吸附剂进行过滤、净化，减缓油的老化。

10. 变压器的吸湿器又叫呼吸器。它用以保持变压器油箱内压力正常，吸湿器内装有硅胶，用以吸收进入油枕内空气中的水分。

11. 变压器的冷却方式常见的有以下几种：① 油浸自冷式；② 油浸风冷式；③ 强迫油循环风冷或水冷式等。

12. 断路器的作用是：

（1）正常情况下，根据电力系统运行需要，通过断路器将电气设备投入或退出运行；

（2）故障情况下，由继电保护动作控制断路器，使故障设备或线路从系统中迅速切除，以保证电力系统内无故障设备继续运行。

13. 断路器在运行中的基本要求是：① 工作可靠性；② 有足够的开断能力；③ 满足电力系统要求的分闸时间；④ 能实现重合闸；⑤ 结构简单。

14. 隔离开关主要作用是：① 将电气设备与带电部分隔离开，以保证电气设备能安全地进行检修或故障处理；② 可以用来改变运行方式；③ 接通或断开小电流电路。

15. 隔离开关的类型有：① 按安装地点分为屋内和屋外两种；② 按绝缘支柱数目分为单立柱式、双柱式和三柱式；③ 按用途分有输配电用、发电机引出线用、变压器中性点接地用和快分用四种；④ 按断口两侧装设接地刀情况可分为单接地、双接地和不接地三种；⑤ 按触头运动方式分为水平旋转式、垂直旋转式、摆动式和插入式等；⑥ 按操动机构分为手动、电动和气动操作等；⑦ 按极数分为单极和三极两种。

16. 对隔离开关的基本要求是：① 断开时应有明显的断开点；② 断开点之间应有可靠的绝缘；③ 运行中应有足够的热稳定性和动稳定性；④ 结构应尽量简单、动作可靠，对带有接地开关的隔离开关，必须有闭锁装置等。

17. 互感器在发电厂和变电所内的作用是把高电压和大电流变换成适于仪表和保护装置使用的低电压和小电流。

18. 电压互感器类型有：① 电磁式电压互感器；② 电容式电压互感器；③ 光电式电压互感器；

电流互感器的类型有：① 干式电流互感器；② 油浸式电流互感器；③ 浇注式电流互感器；④ 气体绝缘型电流互感器等。

19. 消弧线圈主要用于中性点不直接接地的电力系统中，当电力系统发生单相接地故障时补偿接地电容电流，使接地电容电流值在允许的范围内，使电弧很快熄灭。

消弧线圈与变压器很相似，是一个带有铁芯的电感线圈，铁芯具有间隙，以便得到较大的电感电流，线圈的接地侧有若干个抽头，以便在一定的范围内分级调节电感的大小，满足电力系统运行方式的需要。

20. 根据电力系统需要，在变电站内可装设并联补偿电容器、串联补偿电容器和静止补偿器。它们的作用是：

（1）并联补偿电容器主要用于增加无功功率及提高受电端电压；

（2）串联补偿电容器用于 220kV 及以上的电力系统中，可以提高线路的输电容量、系统稳定性和合理分布并联线间电容等，在 110kV 及以下的系统中，可以改善线路电压水平，提高配电网络输送能力；

（3）静止补偿器由电容器和可控饱和电抗器组成，兼有调相机及电容器的优点。

21. 绝缘子按其主绝缘材料分有瓷绝缘子、玻璃绝缘子、有机材料绝缘子和复合绝缘子等。

22. 主接线是发电厂和变电所电气一次设备通过连接线组成的接受和分配电力的电路。具体地说，就是把发电机、变压器、断路器等各种电气设备通过导线有机地连接在一起，并配置避雷器、互感器以及保护电器等。

23. 单母线接线的优点是接线简单、操作方便、投资省。它的缺点是电源与送出线都连接在一条母线上，当电源断路器或母线故障时，将会造成全厂（站）及用户停电。

24. 单断路器双母线的接线方式的特点是：

（1）这种接线方式具有两组母线，一组工作另一组备用，也可以两组母线同时工作；

（2）在检修母线时或检修母联断路器时，可以不中断对用户的供电；

（3）当一组母线发生故障时，另一组母线可继续运行，可缩小停电范围；

（4）当任一台断路器故障时，可以变换运行方式，由母联断路器代替故障断路器。

25. 按照发电厂和变电所规模和供电要求，如输电回路较多、不能中断对用户供电等，为提高供电的可靠性、连续性和运行的灵活性，在大型发电厂、变电所广泛采用带旁路母线的主接线。

26. 这种接线方式在大型发电厂的大中型机组广为采用。因为发电机和变压器连接成一个单元，发电机和变压器都不能单独工作，不论发电机或变压器在检修或故障时，二者必须全部停止运行。

27. 扩大单元接线是为了节省投资。减少变压器台数和高压断路器台数，大中型发电厂机组在 4 台以上时采用。它的接线如图 5－26 所示，2 台发电机与 1 台主变压器相连接。这样当 1 台发电机检修或故障停用时，另 1 台发电机仍可继续运行，但增加了变压器的损耗。而当变压器检修或故障时，两台机组均被迫停运。扩大单元接线水电站采用较多。

28. 二次回路的图纸按其作用分为原理图和安装图。原理图是体现二次回路工作原理的图纸，又分为总归式原理图和展开式原理图；安装图又分为屏面布置图和安装接线图。

29. 电力系统继电保护的作用是：

（1）当电力系统中的电气设备或电力线路发生故障时，将故障部分从电力系统中切除，使故障元件免于继续遭到破坏，保证无故障部分迅速恢复正常运行。

（2）对电力系统的不正常运行及某些设备的不正常状态能及时发出警报信号，以便迅速处理，使之恢复正常状态。

继电保护装置一般由测量元件、逻辑环节和执行输出三部分组成。

30. 备用电源自动投入装置是当电力系统故障或其他原因使工作电源被断开后，能迅速将备用电源自动投入工作，或将被停电的设备自动投入到其他正常工作的电源，使用户能迅速恢复供电的一种自动装置。

31. 故障录波装置按功能一般分为线路故障录波器、主变故障录波器和发电机—变压器组故障录波器三种类型。

第六章

一、填空题

1. 容量、电压、阻抗

2. 高压、超高压、特高压

3. 导线、避雷线、绝缘子、金具、杆塔、基础、接地装置

4. 导电率、力学强度、小、气候条件、化学

5. 截面比、钢芯铝绞线、轻型钢芯铝绞线、加强型钢芯铝绞线

6. 临界电晕电压、分裂

7. 镀锌钢材、铝材、铝合金

8. 大量的补偿设备、无功补偿、稳定性、操作过电压

二、判断题

1. ×；2. √；3. ×

三、选择题

1. B；2. B；3. A；4. A

四、问答题

1. 在输送容量一定时，输电电压越高电流越小，线损越小，另外可选用较细导线节省投资，因此要根据不同的输送功率和输送距离，采用不同等级的电压输送。

2. 避雷线通常采用镀锌钢绞线，有时也采用钢芯铝绞线或铝包钢线。它的作用主要是防御雷电直击导线。

3. 绝缘子的作用是使导线与杆塔绝缘并承受机械载荷。因为它暴露在大气中，除承受电压外，还承受机械荷载，如导线自重、张力和导线上的风、冰、雪

等荷载以及温度的作用。

4. 杆塔按其用途可分为直线杆塔、耐张杆塔、转角杆塔、终端杆塔、特殊杆塔。

耐张杆塔的作用是在正常情况下承受导线和避雷线的不平衡张力；在导线断线的故障情况下，承受断线张力，并将线路的故障（如倒杆、断线）限制在一个耐张段内。

5. 杆塔基础有电杆基础、铁塔基础、金属基础、灌注桩式基础、岩石基础。

电杆基础用作钢筋混凝土电杆的基础；铁塔基础一般根据铁塔类型、地形、地质及施工条件等实际情况而定，常见的有现场浇制和预制钢筋混凝土基础；金属基础适用于高山地区交通运输困难的塔位；灌注桩式基础适用于当塔位处于河滩时，考虑到河床冲刷及漂浮物对铁塔的影响；岩石基础应用在山区岩石地带，利用岩石的整体性和坚固性代替混凝土基础。

6. 输电线路常用的绝缘子有针式绝缘子、悬式绝缘子和瓷横担三种。

7. 输电线路金具按其用途、性能分为支持金具、紧固金具、接线金具、连接金具、接续金具、保护金具等。

8. 直流输电系统中的送电端进行整流的场所称为整流站，受电端进行逆变的场所称为逆变站。实现整流和逆变的装置分别称为整流器和逆变器，统称为换流器。

9. 两端直流系统通常由不同地理位置的一个整流站和一个逆变站，连接两端的直流输电线路，以及接地极和接地线路等部分组成。在换流站内的直流系统部分包括多个换流器、直流场设备和交流场设备。换流器主要包括换流阀及阀控系统、换流变压器；直流场设备主要包括平波电抗器、直流滤波器及各种直流开关设备；交流场设备主要包括交流滤波器、电容器组等滤波及无功补偿装置。另外还有由直流控制保护系统和相关通信系统等组成的直流二次系统。

10. 直流输电有以下优点：

（1）直流架空输电线路只需正负两极导线，杆塔结构简单，线路走廊窄，造价低。直流系统还可利用大地（或海水）为回路，省去回路导线。直流线路无电容电流，不需装设并联电抗器。

（2）直流架空线路输电主要是电阻损耗，损耗小，沿线电压分布均匀，通过提高输电电压，更适合长距离输电。

（3）直流电缆耐受电压高、输送容量大、输电密度高、损耗小、寿命长，输送距离不受电容电流限制。

（4）由于直流的隔离，所联交流电网可以具有不同的频率，各交流电网可保持各自的频率和电压独立运行，无需同步运行，作为大区电网间的联络线，能提高互联系统的稳定性、可靠性和灵活性。

第七章

一、填空题

1. 发电厂、电网、电力用户

2. 中心、其他形式的能源、电能

3. 50Hz、±0.2Hz

4. 线路（和变压器）、全系统线损电量

二、判断题

1. √；2. ×；3. ×；4. ×

三、选择题

1. C；2. A

四、问答题

1. 电网是电力系统的重要组成部分，是发电厂和电力用户之间必不可少的中间环节。它由各种电压等级的输配电线路及其两端的变电站组成。

按其供电范围分为区域电网、地方电网和超高压远距离输电网。

2. 有功负荷是指用电设备在能量转换过程中所消耗的有功功率；

无功负荷是指电动机、变压器运行时，在电磁能量转换过程中，建立磁场所需要的无功功率；

供电负荷是指综合负荷（各用电部门消耗的功率综合所得的负荷）加上网损（线路、变压器损耗）；

发电负荷是指供电负荷加上发电厂厂用电负荷。

3. 大电网的优越性有以下几点：① 提高了供电的可靠性和电能质量；② 减少了系统装机容量，提高了设备利用率；③ 便于安装大型机组；④ 合理利用动力资源，提高运行的经济性。

4. 发电机并入电力系统，必须满足以下三个条件：① 待并发电机的电压应和电力系统电压大小相等、相位相同；② 待并发电机的频率应和电力系统频率相同；③ 待并发电机的相序应和电力系统相序一致。

5. 变压器并联运行的理想条件是：① 各变压器一、二次绕组的额定电压分别相同，即变压器的变比相同；② 各变压器的接线组别必须相同；③ 各变压器的短路电压应相等，短路阻抗角也应相同。

6. 提高电力系统中枢点电压可采取以下几项措施：① 装设必要的无功补偿设备；② 提高用户的功率因数；③ 采用有载调压变压器。

7. 电力负荷是指用户用电设备所消耗的功率，分为有功负荷和无功负荷两种。

8. 电力系统最常见的故障有：

（1）短路故障。短路故障是最危险的故障，所谓短路是指正常运行以外一切相与相或相与地之间的连接。在中性点直接接地的系统中，一相对地短路最为常见，据统计占故障总数的90%左右。在中性点不接地或经消弧线圈接地的系统中，故障形式主要是各种相间短路，因为在这种系统中的单相接地有的并不构成短路，有的由于消弧线圈的作用，故障电流很小。

（2）发电机和变压器还可能出现单相匝间短路等故障。

（3）输电线路还可能发生断线故障。

（4）系统中瞬时故障，如雷击引起绝缘表面闪络，大风引起的树枝碰触线路等。

（5）永久性故障，如有缺陷的绝缘子被高电压击穿或损坏、线路倒杆（塔）等。

9. 短路故障对电力系统的危害有：

（1）短路电流可达额定电流的几倍到十几倍，短路电流产生的热效应和电动力，使故障支路内的电气设备遭到破坏或缩短使用寿命；

（2）短路电流引起强烈电弧，可能烧坏故障元件及其周围设备；

（3）短路使系统电压大幅度下降，用户正常工作遭到破坏，严重时可能引起电压崩溃，造成大面积停电；

（4）发生不对称短路时，负序电流在发电机气隙中将产生反向旋转磁场，在发电机转子回路内将引起2倍额定频率的额外电流，可能造成转子局部发热烧伤；

（5）短路故障时，可能破坏发电机并联运行的稳定性，使系统产生振荡，严重时造成整个系统瓦解；

（6）发生接地短路时，零序电流还对邻近的通信线路及铁路自动信号系统产生严重干扰。

10. 电力系统遭到以下几种大干扰都会影响稳定运行：

（1）负荷突然变化，如切除或投入大容量的用电设备；

（2）切除或投入电力系统的某些元件，如发电机组、变压器、输电线路等；

（3）电力系统内发生短路故障等。

11. 提高电力系统静态稳定性的措施有：

（1）减少系统各元件的感抗；

（2）采用快速自动励磁装置；

（3）采用按频率启动减负荷装置。

12. 提高电力系统暂态稳定性的措施有：

（1）快速切除短路故障；

（2）采用自动重合闸装置；

（3）采用电气制动和机械制动；

（4）设置开关站和采用强行串联补偿；

（5）采用自动切机或快速控制调速汽门。

13. 电能质量是指电力系统交流电的频率和电压。质量标准的规定如下：对3000MW 及以上的电力系统频率规定偏差为±0.2Hz，小于 3000MW 的电力系统频率偏差为±0.5Hz。

对各级电压的偏差规定：10～35kV 及以上电压的用户和对电压质量有特殊要求的用户为±5%，低压照明用户为+5%、−10%。

14. 电力系统低频率运行的危害有：

（1）汽轮机低压级叶片将由于振动加大而产生裂纹，甚至断裂。

（2）使发电厂内的水泵、风机、磨煤机等的出力降低，影响发电机出力。

（3）电力系统中所有的交流电动机出力下降，且其转速都按其比例降低，影响产品质量和产量。

15. 电力系统低电压运行的危害有：① 烧坏电动机；② 电灯不亮；③ 增大线损；④ 降低电力系统稳定性；⑤ 降低输、变电设备能力。

16. 静态稳定性是指正常运行的电力系统受到小扰动后，有自动恢复到原来运行状态的能力。扰动是多种多样的，如架空线路因风吹摆动引起线间距离变化，发电机组的输入功率发生瞬时的增大或减小等，均使电力系统受到一种瞬间的小扰动。若扰动消失后，电力系统能回到原来的运行状态，这种变化称电力系统静态稳定性。

17. 发电、输电、变电、配电、用电设备及相应的辅助系统组成电能的生产、输送、分配、使用的统一整体称为电力系统。

18. 电能生产使用同时完成；过渡过程十分短暂；地域性较强；与国民经济关系密切。

19. 电力系统运行状态分为正常状态、警戒状态、紧急状态、崩溃状态和恢复状态。

正常运行状态。电力系统向用户连续提供质量合格的电能，电力系统各发电机发出的有功和无功功率应随时随刻与随机变化的电力系统负荷消耗的有功功率和无功功率（包括系统损耗）相等，同时，发电机发出的有功功率和无功功率、线路上的功率潮流（视在功率）和系统各级电压应在安全运行的允许范围之内。正常运行状态下的电力系统是安全的，可以实施经济运行调度。

警戒状态。当负荷增加过多，或发电机组因出现故障不能继续运行而计划外停运，或者因发电机、变压器、输电线路等电力设备的运行环境变化，使电力系统中的某些电力设备的备用容量减少到使电力系统的安全水平不能承受正常干扰的程度时，电力系统就进入了警戒状态。

紧急状态。一个处于正常状态或警戒状态的电力系统，如果受到严重干扰，比如短路或大容量发电机组的非正常退出工作等，系统则有可能进入紧急状态。突然跳开大容量发电机或大的负荷引起电力系统的有功功率和无功功率严重不平衡。发电机失步，即不能保持同步运行。

紧急状态下的电力系统是危险的。电力系统进入紧急状态后，应及时依靠继电保护和安全自动装置有选择地快速切除故障，采取提高安全稳定性措施。争取使系统恢复到警戒状态或正常状态。避免发生连锁性的故障，导致事故扩大和系统的瓦解。

系统崩溃。在紧急状态下，如果不能及时消除故障和采用适当的控制措施，或者措施不能奏效，电力系统可能失去稳定。在这种情况下为了不使事故进一步扩大并保证对部分重要负荷供电。自动解列装置可能动作，调度人员也可以进行调度控制。将一个并联运行的电力系统解列成几部分。这时电力系统就进入了崩溃状态。

系统崩溃时，电力系统调度控制应尽量挽救解列后的各个子系统，使其能部分供电，避免系统瓦解。电力系统瓦解是由于不可控制的解列而造成的大面积停电状态。

恢复状态。通过继电保护、自动装置和调度人员的调度控制，使故障隔离，事故不扩大。在崩溃系统大体上稳定下来以后，可使系统进入恢复状态。这时调度控制应重新并列已解列的机组，增加并联运行机组的出力，恢复对用户供电，将已解列的系统重新并列。根据实际情况将系统恢复到警戒状态或正常状态。

20. 电网调度自动化系统的作用是对电网安全运行状态实现监控；对电网运行实现经济调度；对电网运行实现安全分析和事故处理。

21. 电网调度自动化系统按功能可分为信息采集与命令执行子系统；信息传输子系统；信息的采集、处理与控制子系统；人机联系子系统。

22. “四遥”指的是：

遥信：应用远程通信技术，完成对设备状态信息的监视遥控；

遥测：应用远程通信技术，传输被测变量的测量值；

遥控：远程命令；

遥调：向管辖发电机发送调节命令，例如变压器挡位的调整。

23. 电力系统自动化高级应用软件包括：网络建模、网络拓扑、状态估计、调度员潮流、静态安全分析、无功优化及短期负荷预报等一系列高级应用软件。

24. 我国电网调度管理实行的原则是：统一调度、分级管理。

25. 调度的主要作用是：保证系统运行的安全水平；保证供电质量；保证系统运行的经济型；保证提供有效的事故后恢复措施。

26. 大干扰是指电力系统元件的短路（三相短路、相间短路或者单相接地）故障或突然断开等。

27. 正常运行的电力系统的平衡状态有三个主要特征是：① 系统中所有的发电机均以相同的额定或接近于额定的电角速度运行；② 系统中所有的发电厂、

变电站母线的电压在额定值或附近运行；③ 系统频率在正常范围内。

28. 电力系统调度是指电力系统调度机构为保证电网的安全、优质、经济、环保运行，对电力系统运行进行的组织、指挥、指导和协调。

第八章

一、名词解释

1. 发电设备容量即为生产能力，也称装机容量，以发电机组的铭牌容量为计算标准，单位为“MW”。

2. 发电标准煤耗率是火力发电厂每 1kWh 电能平均耗用的标准煤量。

3. 供电标准煤耗率是火力发电厂向外供出 1kWh 电能平均耗用的标准煤量。

4. 供热标准煤耗率是热电厂每供出 1GJ 热量平均耗用的标准煤量。

5. 发电厂用电率是发电厂生产电能过程中消耗的电量与发电量的比率。

6. 供热厂用电率是热电厂在对外供热生产过程中所耗用的厂用电量与供热量的比率。

7. 线损率是电力企业在供电生产过程中耗用和损失的电量与供电量的比率。

8. 水量利用率是水电站水库中用于发电水量与净入库水量之比。

9. 耗水率是水电站单位出力或单位发电量的水流量或耗水量。

10. 无形资产是指能为企业带来未来经济效益，但不具有实物形体的资产。工业企业的无形资产包括专利权、商标权、著作权、土地使用权、非专利技术、商誉等内容。

二、问答题

1. 电力系统供电质量考核指标主要有供电频率合格率、电压合格率及供电可靠率。

2. 安全生产记录是电力生产部门未发生考核事故连续安全生产的天数。因此，记录越长说明该部门安全生产的时间越长，其经济效益越高。

参　考　文　献

［1］ 柏学恭. 电力生产知识［M］. 2 版. 北京：中国电力出版社，2004.

［2］ 周振. 电力环境保护［M］. 北京：中国电力出版社，2019.

［3］ 惠晶，颜文旭. 新能源发电与控制技术［M］. 北京：机械工业出版社，2018.

［4］ 张昌兵. 水轮机调节系统［M］. 成都：四川大学出版社，2015.

［5］ 于立军，周耀东，张峰源. 新能源发电技术［M］. 北京：机械工业出版社，2018.

［6］ 夏勇，张争. 高职高专“十三五”电力技术类专业规划教材 发电厂动力部分［M］. 北京：机械工业出版社，2017.

［7］ 嵇敬文，陈安琪. 锅炉烟气袋式除尘技术［M］. 北京：中国电力出版社，2006.

［8］ 刘振亚. 特高压交直流电网［M］. 北京：中国电力出版社，2013.

［9］ 国家电力调度通信中心. 继电保护培训教材［M］. 北京：中国电力出版社，2009.

［10］ 国家电网公司人力资源部. 继电保护［M］. 北京：中国电力出版社，2010.

［11］ 国家电网公司生产技能人员职业能力培训专用教材　变电运行（330kV）［M］. 国家电网公司人力资源部. 北京：中国电力出版社，2010.

［12］ 张全元. 变电运行一次设备［M］. 北京：中国电力出版社，2010.

［13］ 文群英. 热工自动控制系统［M］. 北京：中国电力出版社，2014.

［14］ 代云修. 汽轮机设备及运行［M］. 北京：中国电力出版社，2014.

［15］ 柏学恭. 电力生产概论［M］. 北京：中国电力出版社，2008.